9.4 装饰风格：休闲装

U0377877

装饰风格是指对人物形象和服装的线条进行高度概括、归纳和修饰，并通过大色块和平面化，使画面产生节奏感和秩序的美感。这种风格通过点、线、面等元素结合色彩作为表达形式和表达手段，带有强烈的装饰画的特点。

10.2 参照法：将图片转换成时装画

8.10 铂金耳环

7.3.2 派力斯面料

参照法是指通过临摹时装图片来绘制时装画，这种方法可以启发绘画灵感，捕捉到更加新颖时尚的人体动态。临摹图片并不是完全依循图片上的客观主体，而是以图片中人物的动态为主，人物的肢体可进行适当夸张，表情、服饰也可以重新塑造。

8.7 披肩

7.5.3 蜡染面料

8.15 木质钮扣

7.3.10 毛线编织面料

7.4.6 粗糙质感：棉麻面料

9.5 卡通风格：少女服装

7.3.9
毛线面料

7.4.1
柔软质感：天鹅绒面料

卡通风格主要分为冷峻、可爱和搞笑三种不同的表现形式。无论用线、用色、还是造型、构图，不同的作者有迥然不同的的表达方法。卡通风格的时装画适合表现童装、少男少女服装。

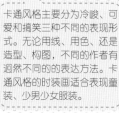

7.5.1
印花面料

7.3.1
方格棉面料

制作要点：

钢笔工具可以绘制三种图形，这个实例中主要以形状图层来表现。将人物按照不同部位与颜色进行划分，每个形状图层中都包含一个或几个路径形状。通过图层样式表现描边效果。这种方法绘制的效果图无论在调整轮廓还是填色方面都很方便，不足之处是图层比较多。

4.4 服装款式的整体设计

10.10 晕染效果公主裙：画笔与图层样式的结合

晕染是从中国画和水彩画中汲取的一种绘画手法。晕是指用水将颜色扩散，使色彩逐渐变淡；染是指两种颜色之间的过渡。晕染法的主要特点是通过水的调和来柔和画面效果，营造柔美朦胧的意境，因此，这种技法的关键在于水的运用。

2.9.1 铅笔

2.9.2 彩色铅笔

2.9.3 蜡笔

2.9.4 马克笔

2.9.5 水彩笔

7.3.7 摇粒绒

10.6 马克笔效果男士休闲装：笔触的表现技巧

马克笔又称麦克笔，它的的最大特点是风格洒脱、豪放，适合快速表现构思。马克笔的出现克服了水粉、水彩等工具携带不方便、表现技法不易掌握等弊端。表现马克笔绘画效果时，应体现出运笔的力度，笔触要果断，作画时还应适当留有空白。

10.11

拓印效果：双重画笔的使用

8.4 腰带

7.4.5

厚重质感：粗呢面料

7.3.4

薄缎面料

制作要点：

10.7 水彩效果晚礼服：透明度的灵活运用

水彩画的特点是以薄涂保持其透明性，产生晕染、渗透、叠色等特殊效果，适合表现轻薄柔软的丝绸、薄纱面料。水彩画色彩鲜艳，充满生气，在一定程度上暗示了造型的活力和动感。

2.12 透明度的变化

2.10 色彩融合效果

8.3 水晶鞋

10.8 水粉效果运动装：画笔的灵活运用

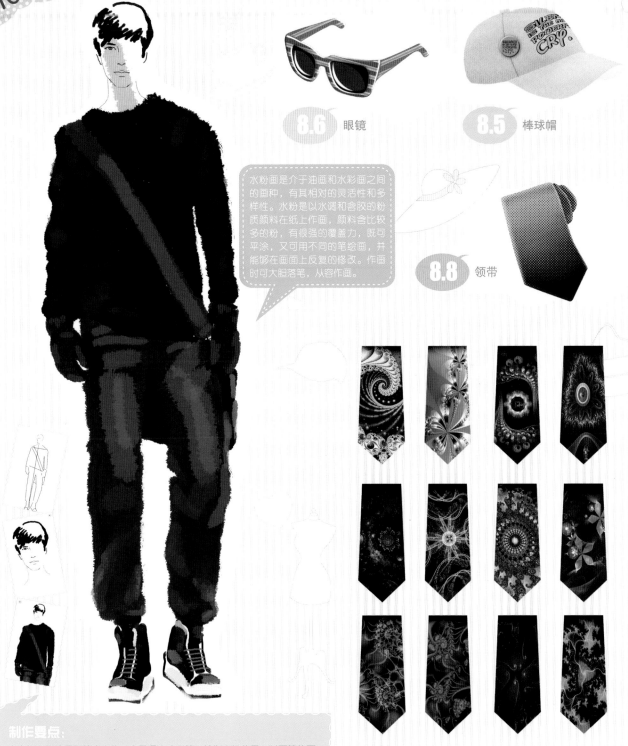

8.6 眼镜

8.5 棒球帽

水粉画是介于油画和水彩画之间的画种，有其相对的灵活性和多样性。水粉是以水调和含胶的粉质颜料在纸上作画，颜料含比较多的粉，有很强的覆盖力，既可平涂，又可用不同的笔绘画，并能够在画面上反复的修改。作画时可大胆落笔，从容作画。

8.8 领带

6.4.5 用KPT5制作分形图案

制作要点：

本实例主要使用画笔库中的"中号湿边油彩笔"绘制水粉效果，对画笔的原始参数进行修改，取消"湿边"选项的勾选，使画笔笔触更接近水粉效果。再调整画笔的大小、不透明度和流量进行绘制。

9.6 趣味风格：时装插画

> 趣味风格可以带有一定的异样、可爱、搞笑甚至荒诞的味道。最典型的特点不在于对服装和人物进行合理的描绘，而是通过变形的手法突出个性、追求与众不同、突破常规的视觉效果。

8.14 发饰

8.13 黄金手镯

8.11 金镶玉项链

制作要点：
本实例将使用丰富的素材进行图像合成，制作带有巴洛克风格的服装效果图。巴洛克追求的是繁复夸张、富丽堂皇，服装上用艳丽奢华的配饰加以点缀，散发着浓郁的贵族气质。制作这幅插画时使用的技法包括用快速选择工具和钢笔工具抠图、用图层蒙版合成图像、用变换命令制作有装饰感的图案等。

10.5 贴图法：抠图与贴图的综合运用

贴图法是一种能够休现Photoshop服装绘画优势的技术。它的特点是操作方法便捷、效果直观。贴图法既可以使用真实的面料作为素材，也可以用Photoshop制作或加工的面料，然后通过剪贴蒙版、图层蒙版等将其贴在款式图或直接覆盖在模特原有的服装上。由于需要确定贴图区域，因此，贴图法会用到抠图技术。

7.4.2

光滑质感：丝绸面料

7.3.12 蛇皮面料

8.12 翡翠戒指

9.3 夸张风格：女式运动装

7.3.13 豹皮面料

7.3.14 孔雀面料

美洲鳄鱼面料

印度豹面料

斑马面料

夸张风格的特点是突出表现服饰的局部细节或人体的局部特征，如夸张的人体比例、人体动态、脸部五官等，以突出主题、强调服装的特征和绘画风格的营造。

7.3.5 迷彩面料

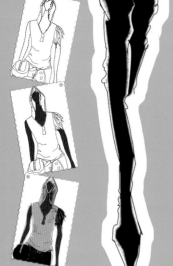

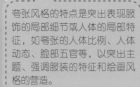

7.3.6 牛仔布面料

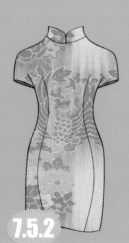

7.5.2 印经面料

7.3.11 裘皮面料

7.3.3
泡泡纱面料

8.9 女士钱包

8.16 钻石胸针

7.5.5
发光面料

10.1 临摹法：向大师学习技巧

临摹优秀时装画是初学者快速进步的最好方式，我们可以从不同风格、不同技巧的作品中吸收营养，归纳出自己需要的元素，通过实践充分掌握绘制时装画的要点与精髓。

7.4.3
透明质感——蕾丝面料

7.5.6
亮片面料

7.4.4 轻薄质感：纱质面料

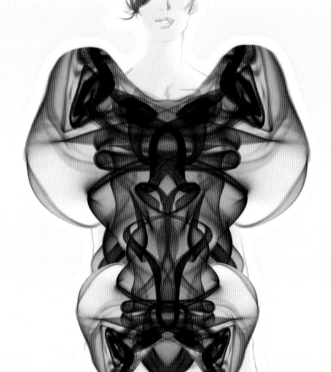

6.3.5 用AI+PS制作纹样

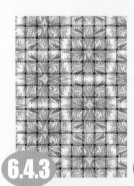

6.4.3 用Eye Candy 4000制作
编织图案

6.4.4 制作分形图案

6.3.4 制作四方连续纹样

6.4.6 用KPT7制作分形图案

9.1

写实风格：中式旗袍

9.2 写意风格：职业装

"写意画"风格的时装画构图明快，用笔洒脱，造型简洁概括而富于神韵。

制作要点：

本实例主要使用"大蜡彩蜡笔"为服装着色，使用橡皮擦工具修正图像边缘，擦出衣服亮部。通过"液化"滤镜对色块进行涂抹，表现笔触效果。使用"强化的边缘"、"纹理化"滤镜表现上衣的质感。用"图层样式"为手袋添加图案。

10.9 彩铅效果舞台服：用滤镜制作铅笔线条

彩色铅笔在绘制时应注重几种颜色的结合使用，色与色之间的相互交叠形成多层次的混色效果，使画面面色调既有变化又统一和谐。彩色铅笔可以与其他技法结合使用，产生多变的风格，但不适合表现浓重的色彩。

10.4 结合法：探索新的表现方式

多媒体课堂——Photoshop视频教学67例

01 PS操作界面概览	02 旋转画布	03 内容识别比例缩放	04 使用调整面板	05 使用蒙版面板
06 使用bridge管理文件	07 使用bridge浏览文件	08 制作PDF演示文稿	09 制作Web照片画廊	10 使用3D工具
11 创建3D明信片	12 创建3D易拉罐	13 创建3D酒瓶	14 创建3D球体	15 在3D汽车上绘画
16 使用色调调整工具	17 调整界面背景	18 CG特效	19 标牌	20 表现速度感
21 冰凌	22 冰雪字	23 波纹字	24 不锈钢	25 布纹
26 布纹字	27 彩色晶片	28 层叠字	29 封套	30 海浪
31 红外效果	32 花朵	33 华灯初上	34 火光	35 火焰字
36 立方锥体	37 琉璃字	38 毛线织物	39 墨竹	40 木板画
41 木纹	42 泥墙	43 皮革	44 燃烧的星球	45 色彩渲染
46 水	47 陶艺字	48 条纹立体字	49 铜像	50 图章
51 网点字	52 网纹立体字	53 污渍	54 岩石	55 荧光向日葵
56 邮票	57 油画	58 如此投手	59 孪生兄弟	60 眼中"钉"
61 变形艺术字	62 幻境	63 会发光的炫彩手机屏幕	64 局部色调调整	65 制作反转负冲照片
66 制作红外摄影效果照片	67 人在气泡中飞行			

多媒体课堂——Illustrator视频教学40例

01方向线与方向点	02绘制直线路径	03绘制曲线路径	04绘制由角点连接的曲线	05在直线后面绘制曲线
06编辑锚点	07均匀分布锚点	08铅笔工具使用技巧	09擦除路径	10轮廓化描边
11编组对象的编辑	12排列对象	13选择相同属性的对象	14中心点与参考点变换对象	15布贴字
16发光字	17光晕立体字	18金属字	19棉花字	20描边立体字
21霓虹灯字	22皮革字	23漂浮的文字	24浅浮雕字	25区域文字与版式设计
26图形运算	27变换	28	29混合	30图层与蒙版
31图形效果	32棉布	33呢料	34麻纱	35牛仔布
36矩阵网点	37流线网点	38金属拉丝	39多彩光线	40水晶花纹

电脑制作的面料

面料 (1) – 面料 (100)

墨点

墨点 (1) – 墨点 (50)

纹饰

纹饰 (1) – 纹饰 (25)

扫描的面料

面料 (1) – 面料 (40)

烟雾

烟雾 (1) – 烟雾 (24)

外挂滤镜使用手册（包含KPT7、Eye Candy 4000、Xenofex等经典外挂滤镜）、CMYK色谱手册、色谱表

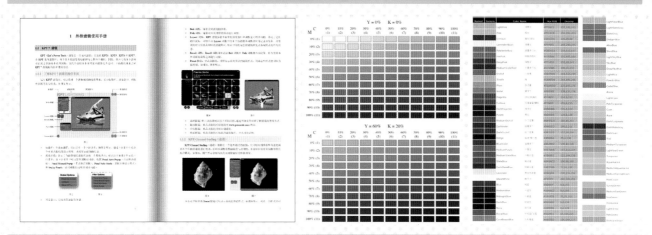

使用"样式库"文件夹中的各种样式，只需轻点鼠标，就可以为对象添加金属、水晶、纹理、浮雕等特效

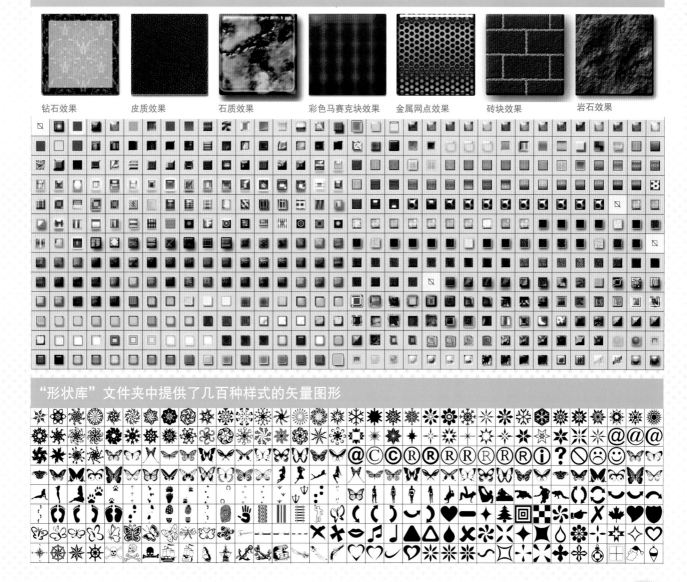

钻石效果　　　皮质效果　　　石质效果　　　彩色马赛克块效果　　　金属网点效果　　　砖块效果　　　岩石效果

"形状库"文件夹中提供了几百种样式的矢量图形

"渐变库"文件夹中提供了500个超酷渐变颜色

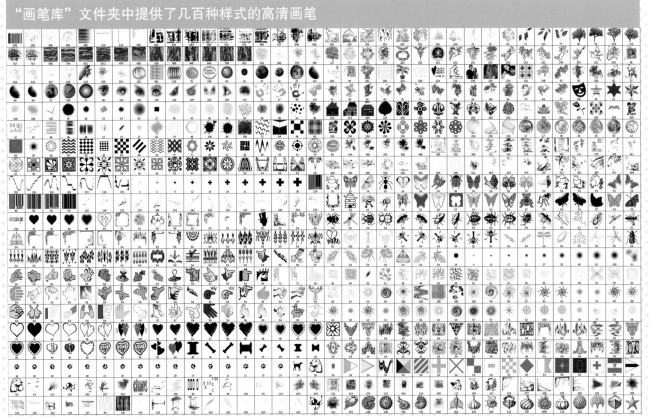

"画笔库"文件夹中提供了几百种样式的高清画笔

平面设计与制作

突破平面

服装设计技法剖析

Photoshop

李宏宇 编著

fashion

清华大学出版社
北 京

内容简介

本书从服装线稿、填充颜色、调整色彩入手到制作各种图案、面料、配件再到绘制不同风格的服装效果图和时装画，全面、深入地解读了Photoshop服装设计流程。85个实例涵盖了款式图、旗袍、职业装、休闲装、少女装、长裙、短裙、晚礼服、运动装、舞台服装、公主裙等不同的服装种类。本书深入挖掘了Photoshop服装绘画优势，解密怎样使用Photoshop模拟马克笔、水彩、水粉、彩铅、蜡笔、晕染、拓印等绘画效果。实例中穿插了大量技巧，充分展现了Photoshop多种功能协作进行服装绘画创作的详细方法，技术含量较高，可操作性强。

本书配套光盘中提供了实例素材和效果文件，附赠近千种图形库、样式库、画笔库、面料和纹饰素材，以及色谱、外挂滤镜使用手册、Photoshop视频教学67例、Illustrator视频教学40例等学习资料。

本书适合高等院校服装专业的学生，从事服装设计的专业人员以及服装设计爱好者学习使用，亦可作为相关院校和培训机构的教材。

图书在版编目（CIP）数据

突破平面Photoshop服装设计技法剖析 / 李宏宇编著. – 北京：清华大学出版社，2014（2023.8重印）
（平面设计与制作）
ISBN 978-7-302-35672-1

Ⅰ.①突… Ⅱ.①李… Ⅲ.①服装设计–计算机辅助设计–图像处理软件Ⅳ.①TS941.26

中国版本图书馆CIP数据核字（2014）第052974号

责任编辑：陈绿春
封面设计：潘国文
责任校对：徐俊伟
责任印制：沈　露

出版发行：清华大学出版社
　　　　　网　　　址：http://www.tup.com.cn，http://www.wqbook.com
　　　　　地　　　址：北京清华大学学研大厦A座　　邮　　编：100084
　　　　　社 总 机：010-83470000　　　　邮　　购：010-62786544
　　　　　投稿与读者服务：010-62776969，c-service@tup.tsinghua.edu.cn
　　　　　质量反馈：010-62772015，zhiliang@tup.tsinghua.edu.cn
印 装 者：天津鑫丰华印务有限公司
经　　销：全国新华书店
开　　本：203mm×260mm　　　印　　张：19.5　　插　　页：8　　字　　数：540千字
　　　　　（附DVD1张）
版　　次：2014年10月第1版　　　印　　次：2023年8月第10次印刷
定　　价：79.00元

产品编号：054088-01

前　言

　　电脑绘画的出现为服装设计和传统手绘时装画开拓了新的表现形式，注入了新的设计元素，也提升了时装画的艺术表现力。

　　本书针对Photoshop在服装设计领域的应用，采用85个典型实例，全面、深入地讲解了Photoshop服装设计流程，以及服装效果图和时装画的绘制技巧。书中实例与Photoshop的功能结合紧密，绘画风格和绘制方法丰富多样，服饰、面料、图案、配件效果生动逼真。不同类型的实例可以让读者更深入理解Photoshop服装设计技法的精髓，全面掌握时装画的绘制技巧，并做到学以致用。

　　全书分为10章。第1章简要介绍服装设计基础知识，包括服装设计的绘画形式和方法、服装设计的辅助软件和设备。

　　第2章介绍Photoshop基本操作方法以及与服装设计有关的各种功能，并通过实例讲解Photoshop服装设计基本功和绘画技巧，包括怎样恰当地提取和表现线稿，怎样模拟铅笔、彩色铅笔、蜡笔、马克笔、水彩的笔触效果，怎样表现色彩融合效果，以及怎样表现色相、饱和度、透明度的变化等。

　　第3章介绍时装画的人体比例，讲解眼睛、眉毛、鼻子、嘴、腿、脚、手、发型、姿势等的绘画要领。

　　第4章介绍服装款式与结构表现技法，着重讲解怎样使用Photoshop中的矢量工具绘制各种款式图。

　　第5章介绍服装色彩表现技法、Photoshop的调色和配色工具、在Kuler网站下载配色方案。

　　第6章介绍服装图案的构成形式，讲解单独纹样、二方连续、四方连续、用Photoshop+ Illustrator制作图案、用外挂滤镜制作图案、用电脑生成分形图案等。

　　第7章介绍服装面料的制作方法，实例涉及方格棉、派力丝、泡泡纱、薄缎、迷彩、牛仔布、摇粒绒、绒线、毛线、裘皮、蛇皮、豹皮、孔雀羽毛、天鹅绒、丝绸、蕾丝、纱、粗呢、棉麻等常用面料，此外，还有印花、印经、蜡染、扎染、发光、亮片等特殊工艺的面料，共27种。

第8章介绍服饰配件制作方法。

第9章介绍不同风格的时装画的绘制方法，包括写实风格旗袍、写意风格职业装、夸张风格运动装、装饰风格休闲装、卡通风格少女装、趣味风格时装插画等。

第10章通过实例揭秘绘画技巧，包括临摹大师作品、以图片为参照绘制时装画、基于模版快速创作服装画、通过结合法探索全新的表现方式、通过贴图法展示服装，以及绘制马克笔、水彩、水粉、彩色铅笔、晕染、拓印等效果的时装画。这一章深入挖掘了Photoshop服装绘画优势，解密各种关键技术，如笔触表现技巧、透明度和画笔的灵活运用、铅笔线条表现技巧、画笔与图层样式的结合、双重画笔、抠图技术等。不同类型的实例展现了Photoshop多种功能协作进行服装绘画创作的详细流程，具有较高的技术含量。

书后附录提供了Photoshop快捷键、服装设计大赛、服装专业院校、世界各地服装周、世界著名服装设计师等业界实用资讯。

本书由李宏宇主笔，此外，参与编写工作的还有李金蓉、李金明、贾一、徐培育、包娜、李哲、郭霖蓉、周倩文、王淑英、李保安、李慧萍、王树桐、王淑贤、贾占学、周亚威、王丽清、白雪峰、贾劲松、宋桂华、于文波、宋茂才、姜成增、宋桂芝、尹玉兰、姜成繁、王庆喜、刑云龙、赵常林、杨山林、陈晓利、杨秀英、于淑兰、杨秀芝、范春荣等。由于编者水平有限，书中难免有疏漏之处。如果您有什么意见或者在学习中遇到问题，请与我们联系，我们的Email: ai_book@126.com。

作者

CONTENTS

第 **1** 章

服装设计
基础知识

m d'envies

1.1 服装设计的绘画形式

1.1.1 绘画形式分类

服装设计的绘画形式有两种，即时装画和服装效果图。时装画强调绘画技巧，突出整体的艺术气氛与视觉效果，主要用于广告宣传，如图1-1所示；服装效果图则强调设计的新意，注重服装的着装具体形态以及细节的描写，以便于在制作中准确把握，保证成衣在艺术和工艺上都能完美地体现设计意图，如图1-2所示。

图1-1 图1-2

1.1.2 时装画的起源

时装画的起源可以追溯到文艺复兴时期，当时便有刊物通过时装插画反映宫廷的着装。17世纪出版的杂志《美尔究尔·嘎朗》中，开始以铜版画的形式刊登时装画，这一时期的时装画已经包含了对服装设计流行趋势的预测，并为人们提供流行的服装样式。18世纪，在欧洲、俄罗斯和北美，时装概念开始通过报纸和杂志传播。1759年，第一张被记入历史的时装画发表于《女性杂志》。19世纪后，随着照相凸版印刷技术的诞生出现了专业的时装杂志，这些杂志作为时装画的主要载体，在时尚传播中起着举足轻重的作用，使时装画这门新兴的艺术形式逐渐形成和完善起来，如图1-3所示。到了20世纪，广告业的发展、插画的广泛流行、艺术思潮和艺术形式的活跃以及电脑绘画技术的出现，开拓了时装艺术的新风格。

查尔斯·达纳·吉布森为《时代周刊》、《生活》等杂志创作的吉布森女郎。这个人物形象被演化成舞台角色、用于宣传产品，甚至被写进歌中。女人们纷纷效仿她的服饰、发型及举止，真实地反映了时装画在当时的影响力。

图1-3

20世纪以来，服装界出现了许多知名的时装画家，如法国的安东尼·鲁匹兹、埃尔代、埃里克、勒内·布歇，意大利的威拉蒙蒂，美国的史蒂文·斯蒂波曼、罗伯特·扬，日本的矢岛功、英国的David Downton、西班牙的Arturo Elena等，他们虽然不像时装设计师那样被大众所熟悉，但他们深厚的艺术造诣，以及在时装画中创造出来的曼妙意境，令人深深折服，如图1-4、图1-5所示。

David Downton作品 Arturo Elena作品
图1-4 图1-5

时装画以其特殊的美感成为了一个专门的画种，如时装广告画、时装插画、时装效果图、商业时装设计图等，如图1-6~图1-8所示。

Mustafa Soydan时装插画

图1-6

Janomica内衣插画

图1-7

carven产品广告插画

图1-8

1.1.3 时装画的特点

时装画强调绘画技巧，突出整体的艺术气氛与视觉效果。它是时装设计师表达设计思想的重要手段，也是一种理念的传达，主要用于强化时尚氛围，并起到宣传和推广的作用。

时装画的特点是以绘画为基本手段，通过一定的艺术处理手法体现服装设计的造型特征和整体艺术氛围。由于其自身具有明显的实用性，因而时装画不同于纯绘画，不是纯粹的欣赏艺术。与其他绘画艺术相比，它具有双重性的特点，即实用性和欣赏性，一方面，时装画属于实用艺术范畴，是服装设计的表达方式之一；另一方面，时装画是借助于绘画手段来展示服装的整体美感的，又具有一定的艺术审美价值，这种特殊性形成了它特有的艺术语言和艺术内涵。

1.1.4 服装效果图的特点

服装设计效果图最初用于记录当时社会流行的服装样式，而后发展成为服装设计师用来预测服装流行、表达设计意图的工具。如图1-9所示为一组服装效果图及其成衣展示，这组作品兼具了艺术美感与实用价值。

图1-9

一幅完美的服装设计效果图应具备两个方面的特点，一是极佳的设想构思，二是扎实的绘画表现。设计效果图虽不是纯艺术品，但必须有一定的艺术魅力。具有美感的效果图应干净、简洁有力，悦目、切题，它本身是一件好的装饰品，融艺术与技术为一体，是形状、色彩、质感、比例、大小、光影的综合表现，代表了设计师的工作态度，品质与自信力，如图1-10所示。

服装设计效果图不能完全等同于艺术欣赏性极强的时装画，服装效果图的艺术性是从属于实用性的。作为传达设计意图的媒介，设计师的表现重点集中在清晰体现设计意图方面，而非一味追求画面绚烂的艺术效果。

服装设计效果图既便于生产部门理解其设计意图，也可为客户提供流行信息，为服装广告和时装展示传播信息。通过专业性的刊物、杂志、网络等传媒，给服装厂商和销售商带来促销效果，如图1-11、图1-12所示。

图1-10

图1-11

图1-12

1.2 服装传统绘画技法

1.2.1 勾线

线是时装画造型的重要基础，有着虚实、转折、顿挫变化的线条会使时装画更加生动，如图1-13、图1-14所示。

1.2.2 马克笔

马克笔的最大特点是风格洒脱、豪放，适合快速表现构思。用马克笔绘画讲究运笔力度，笔触果断，作画时需适当留有空白，如图1-15、图1-16所示。

图1-13

图1-14

图1-15　　　　　　　　　图1-16

1.2.3　素描

素描由线条排列形成块面，风格细腻、写实而逼真，如图1-17、图1-18所示。绘制时重在表现服装与人物的结构、明暗、空间和质感等。

图1-17　　　　　　　　　图1-18

1.2.4　彩色铅笔

彩色铅笔与素描相似，但它可以产生颜色，在绘制时应注重几种颜色的结合使用，色与色之间的相互交叠形成多层次的混色效果，使画面色调既有变化又统一和谐，如图1-19、图1-20所示。彩色铅笔可以与其他技法结合使用，产生多变的风格，但不适合表现浓重的色彩。

图1-19　　　　　　　　　图1-20

1.2.5　蜡笔

蜡笔往往结合水彩或水粉进行绘画，可先用蜡笔进行勾勒，再使用水彩或水粉铺色，形成的风格较为粗犷，如图1-21、图1-22所示。蜡笔适合表现针织或花呢等纹理粗糙的面料，也可以表现蜡染效果。

图1-21　　　　　　　　　图1-22

1.2.6　水彩

水彩画的特点是以薄涂保持其透明性，产生晕染、渗透、叠色等特殊效果，适合表现轻薄柔软的丝绸和薄纱等面料，如图1-23、图1-24所示。

1.2.7　水粉

水粉画与水彩画在时装画中的应用十分广泛。水粉画兼有油画与水彩画的特征，能够细致地再现面料的真实质感，形成较强的写实风格，如图1-25、图1-26所示。

图1-23

图1-24

图1-25

图1-26

1.2.8 色纸

利用色纸固有的颜色，表现服装面料或人物皮肤的色彩，如图1-27、图1-28所示。

图1-27

图1-28

✂ **提示**

用于绘制时装画的纸张一般有水彩纸、水粉纸、素描纸、复印纸、白报纸、白卡纸及各种有色纸、底纹纸等。根据时装画的大小裁成4开、8开、16开等，常用复印纸为A4、A3大小。

1.3 电脑绘画及辅助设备

1.3.1 电脑绘画的出现

1946年2月14日，世界上第一台电脑ENIAC在美国宾夕法尼亚大学诞生。1975年，首台个人计算机Altair研制成功。两年后，苹果Ⅱ型电脑问世。

计算机的出现无论是在人类的科技史还是艺术史上，都是一座划时代的里程碑。

计算机的最初目的是使之成为处理抽象符号的数学工具，直到加上显示器运行之后，人们才能看到计算结果。这种视觉的、而不是书写的结果，导致了电子图像的产生，如图1-29、图1-30所示为早期计算机生成的分形图案。

图1-29

图1-30

1968年，首届计算机美术作品巡回展览自伦敦开始，遍历欧洲各国，最后在纽约闭幕，从此宣告了计算机美术成为一门富有特色的应用科学和艺术表现形式，开创了设计艺术领域的新天地。

电脑绘画作为计算机美术的一种表现形式拓展了绘画的创作领域，也为服装设计和传统手绘时装画注入了新的元素，如图1-31、图1-32所示。

电脑3D印花

图1-31

Nikki Farquharson时装插画

图1-32

小贴士：电脑绘画用PC好还是Mac好？

这是很多想要学习电脑绘画的初学者最普遍的问题。PC是指个人计算机，Mac则是指苹果机。PC价格较低，普及率高，适合家庭和个人使用。Mac运行稳定，外形和操作界面都非常漂亮，但价格较高。由于Mac的色彩还原精确，更接近于印刷色，因此，专业的广告公司和设计公司都采用Mac。在软件的操作上，PC和Mac没多大差别，只是键盘按键的标识有些不太一样而已。

1.3.2 基本输入和输出设备

扫描仪

在进行服装设计时，如果使用铅笔、钢笔等绘制线稿，想要用电脑上色、添加图案和纹理，就需要先通过扫描仪将图稿扫描到电脑中。

将绘制好的线稿平铺在扫描仪的玻璃板台面，运行Photoshop，在"文件>导入"下拉菜单中单击扫描仪的名称，弹出扫描设置对话框，如图1-33所示。不同扫描仪的设置对话框有所不同，但选项大同小异。

将分辨率设置为300ppi，如图1-34所示。单击"扫描杂志（或照片等）"按钮，就可以将图稿扫描到Photoshop中，最后可以执行"文件>存储"命令保存图稿。

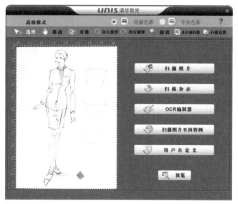

图1-33

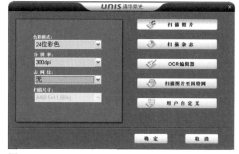

图1-34

分辨率是扫描仪最主要的技术指标，它决定了扫描仪记录图像的细致度。分辨率的单位为DPI，指每英寸长度上扫描图像所含有像素点的个数。分辨率越高，扫描得到的图像就越大。

扫描分辨率一般有两种：真实分辨率（又称光学分辨率）和插值分辨率。光学分辨率就是扫描仪的实际分辨率，而插值分辨率则是通过软件运算的方式来提高分辨率的数值。

打印机

打印机是计算机最基本的输出设备之一。用电脑绘制的服装效果图需要通过打印机才能输出到纸上。

激光打印机和喷墨打印机是目前最流行的两种打印机。激光打印机接收来自CPU的信息，然后进行激光扫描，将要输出的信息在磁鼓上形成静电潜像，并转换成磁信号，使碳粉吸附到纸上，加热定影后输出。喷墨式打印机是将墨水通过精制的喷头喷到纸面上形成字符和图形的。激光打印机的打印速度快，打印质量好，但价格较高；喷墨打印机价格低廉，适合家庭用户。

1.3.3 数位板

用电脑绘画有一个很大的困扰，就是鼠标不能像画笔一样听话。鼠标毕竟不是为绘画而专门设计的，因此不免有许多局限。使用电脑进行服装设计的从业人员最好配备一个数位板，在数位板上作画。

数位板由一块板子和一支压感笔组成，可以模拟各种各样的画笔效果。例如，模拟最常见的毛笔时，当用力的时候毛笔能画出很粗的线条，用力很轻的时候，它又可以画出很细很淡的线条。数位板结合Painter、Photoshop等绘图软件，可以创作出各种效果的绘画作品，如油画、水彩、素描、丙烯画等。

目前市场上主要有3种品牌的数位板：汉王数位板、友基数位板和Wacom数位板。Wacom是最专业的数位板制造厂商，如图1-35所示，它提供了面向中小学生的丽图系列、面向美术专业学生的贵凡系列、面向广大电脑使用者的Bamboo系列、面向资深的CG用户和商业用户的影拓系列，以及更加专业的液晶数位屏。

Wacom官方网站：http://www.wacom.com.cn/
图1-35

Wacom的Intuos（影拓）系列是数码艺术家和爱好者最钟爱的工具，如图1-36所示。它可以感知手腕的各种细微动作，对于压力、方向、倾斜度等具有精确的灵敏度，能够表现出各种真实的笔触。

图1-36

Intuos（影拓）的压感笔可以更换不同类型的笔尖，如图1-37所示。它甚至可以采用传统画笔、钢笔和记号笔的艺术方式，在iPad上进行创作。

Intuos压感笔的压感级别为2048级，并可更换笔尖
图1-37

Photoshop和Painter都支持数位板。安装了数位板后，可以在Photoshop"画笔"面板的各个选项中选择"钢笔压力"选项，如图1-38所示。此后使用画笔、铅笔等绘画工具时，画笔的大小、硬度和角度等可通过压感笔的压力来控制，这样就可以绘制出与手绘效果完全一样的线条和笔触，如图1-39所示。

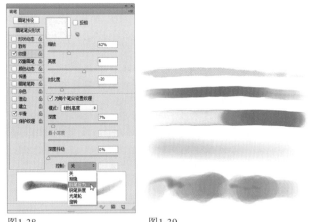

图1-38   图1-39

1.3.4 服装CAD软件

服装CAD全名服装计算机辅助设计，是服装Computer Aided Design的缩写。它由硬件系统和软件系统两部分组成。

硬 件 系 统 ....

● **专用扫描仪**：用来扫描款式效果图或面料。

● **数字化纸样读入仪**：把手工做好的纸样通过数字化仪输入到电脑中去。

● **电脑**：对电脑配置的要求不高。

- **打印机：** 把设计好的效果图或者缩小比例的纸样图、放码图、排料图打印出来。
- **绘图仪：** 把做好的纸样、放好码的纸样或者排料图，按照1：1的比例或需要的比例绘制出来。
- **自动切割机：** 把做好的纸样按照1：1的比例或需要的比例用硬纸板自动切割出来。

软件系统

- **服装款式设计系统：** 服装款式设计、服装面料设计、服装色彩搭配、服饰配件设计等。
- **服装纸样设计系统：** 运用结构设计原理在电脑上绘制出纸样。
- **服装样片放码系统：** 运用放码原理在电脑上放码。
- **服装纸样设计系统：** 设置门幅、缩水率等面料信息、进行样片的模拟排料，确定排料方案。

提示

服装CAD是从20世纪70年代才起步发展的，比较知名的有富怡服装CAD系统、丝绸之路、至尊宝纺、日升、金顶针服装设计大师和盛装打版系统等。

1.3.5 Illustrator

Adobe公司的Illustrator是目前使用最为广泛的矢量图形软件之一，它功能强大、操作简便，深受艺术家、插画家和电脑美术爱好者的青睐。

Illustrator包含绘图、文字、图表、3D、效果、符号、混合、渐变网格等功能，并提供了大量实用的模版和资源库，特别适合绘制矢量风格的时装画和艺术插画，如图1-40、图1-41所示。

Illustrator绘制的时装画及矢量线稿

图1-40

图1-41

小贴士：关于Adobe公司

Adobe公司是由乔恩·沃诺克和查理斯·格什克于1982年创建的，总部位于美国加州的圣何塞市。其产品遍及图形设计、图像制作、数码视频、电子文档和网页制作等领域，包括大名鼎鼎的Photoshop、矢量软件Illustrator、动画软件Flash、专业排版软件InDesign、影视编辑及特效制作软件Premiere和After Effects等。

1.3.6 CorelDRAW

Corel公司的CorelDRAW也是一款强大的矢量软件，它集图形绘制、文字编辑、图形效果处理等于一体，广泛地应用于包装设计、UI设计、网页设计、插画设计等领域。

用CorelDRAW制作服装款式图和效果图不仅结构准确，效果也十分真实，如图1-42、图1-43所示。

图1-42   图1-43

提示

Illustrator和CorelDRAW绘制的图形不受分辨率的限制，可以任意缩放而不会出现锯齿，并且可以输出为任意大小的打印尺寸。

1.3.7 Painter

Painter，意为"画家"，由加拿大著名的图形图像类软件公司Corel公司开发。

Painter是目前最为专业的电脑绘画软件，其惊人的仿真绘画效果和造型能力在业内首屈一指，它将数字绘画提高到一个新的高度，如图1-44所示为国外艺术家使用Painter绘制的精美绘画作品。

Painter提供了大量仿真画笔和纹理，如图1-45～图1-48所示，结合数位板可以模拟出400多种笔触，并且还允许用户自定义笔刷和材质，例如，可重新定义笔刷样式、墨水流量、压感以及纸张的穿透能力。此外，Painter独创的纸纹材质功能更是独树一帜，用户可以在一幅作品中的不同部分运用不同的纸纹特效肌理来丰富视觉效果，这一点令传统媒介望尘莫及。

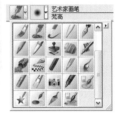

图1-44　　　　　　　　　　图1-45

图1-46　　　　图1-47　　　　图1-48

1.4　Photoshop在服装设计中的应用

1.4.1　Photoshop应用概览

Adobe公司的Photoshop是当今世界上最优秀的图像编辑软件，它的出现引发了印刷业的技术革命，也成为图像处理领域的行业标准。图1-49、图1-50所示为Photoshop在平面广告设计中的应用。

作为最强大的图像处理软件，Photoshop可以完成从照片的扫描、输入、校色、图像修正、影像合成，再到分色输出等一系列专业化的工作；如图1-51、图1-52所示为其在数码摄影后期处理中的应用。

Galeria Inno商场广告　　　　生命阳光牛初乳广告

图1-49　　　　　　　　　图1-50

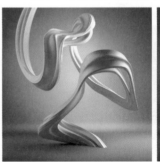

图1-51　　　　　　　　　图1-52

Photoshop强大的图像编辑功能，为数码艺术爱好者和普通用户提供了无限广阔的创作空间。用户可以随心所欲地对图像进行修改、合成与再加工，制作出充满想象力的作品，如图1-53、图1-54所示。

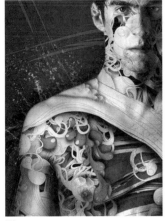
图1-53

图1-54

Photoshop在网页设计、UI设计、插画设计、动画设计、效果图后期等领域也有着广泛的应用。

小贴士：什么是Photoshop？

Photoshop 都有哪些功能？登录网址http://tv.adobe.com/watch/visual-design-cs6/what-is-photoshop-cs6/?go=13211，Adobe专家会告诉你。

1.4.2 矢量工具：线稿和款式

Photoshop是典型的位图软件，但它也提供了大量矢量工具。其中，钢笔工具 使用方法非常灵活，绘图精度极高，可以绘制模特、时装画线稿、服装效果图的线稿和款式图线稿（需要对绘制的路径进行描边才能得到线稿），再基于线稿进行上色，如图1-55~图1-59所示。

矩形工具 、椭圆工具 、自定形状工具 等可以创建各种现成的矢量图形。此外，用户还可以载入Photoshop提供的形状库或外部形状库，如图

1-60所示，使用形状库中的图形轻松创建各种图案。

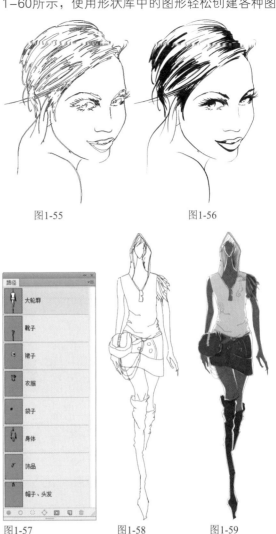
图1-55　　　　　　　图1-56

图1-57　　　　图1-58　　　　图1-59

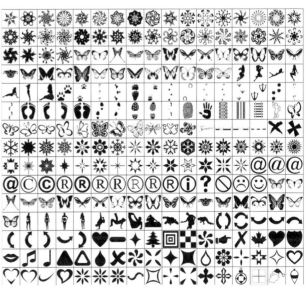
图1-60

1.4.3 绘画工具：服装风格和效果

Photoshop的画笔工具 ✏ 是服装绘画中最常用的工具，它可以更换几百、甚至上千种笔尖，能够绘制各种风格的服装效果图，表现真实的纹理和质感，如图1-61所示，也可以用来渲染环境氛围，烘托主题。

此外，颜色替换工具 🖌 可以替换图像的颜色；混合器画笔工具 🖌 可以混合颜色；加深工具 ◉ 和减淡工具 🔍 可以改变图像的色调明暗；油漆桶工具 🎨 可以填充颜色和图案；渐变工具 ▭ 可以填充各种颜色的渐变，特别适合表现绸缎面料的光滑质感；涂抹工具 🖐 可以模拟手指绘画，将线条涂抹出一种晕染效果；海绵工具 🧽 可以调整色彩的饱和度；仿制图章 🔖 工具可以复制图像或去除图像中的缺陷；橡皮擦工具 ◢ 可以擦出透明效果等，如图1-62所示。

Photoshop中的图层样式、图层混合模式和透明度等也都是表现绘画效果的重要辅助功能，如图1-63所示。

涂抹工具抹出发丝

橡皮擦工具擦出线条

用自定义的画笔绘制裙子

"硬边圆"笔尖绘制裙摆

"半湿描油彩笔"笔尖绘制大色块

橡皮擦工具擦出透明效果

图1-61

原图及用混合器画笔工具涂抹出的面料光滑质感

图1-62

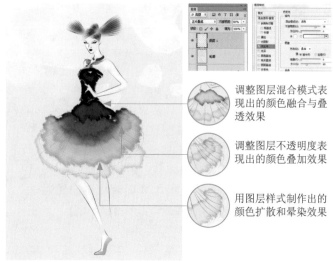

调整图层混合模式表现出的颜色融合与叠透效果

调整图层不透明度表现出的颜色叠加效果

用图层样式制作出的颜色扩散和晕染效果

图层样式、图层不透明度和混合模式在时装画中的应用

图1-63

1.4.4 色彩工具：服装色彩

配色工具

Photoshop提供的"拾色器"、"色板"面板和"颜色"面板可以配置出各种色彩，如图1-64、图1-65所示。

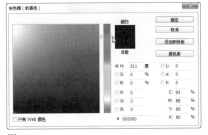

图1-64　　　　　　图1-65

如果用户将电脑连接到互联网，还可以使用"Kuler"面板从Kuler 社区下载由在线设计人员所创建的数千个颜色组，也可访问Kuler网站。Kuler是由Adobe公司创建的在线配色方案的网站，可以为服装配色提供参考和借鉴，如图1-66所示。

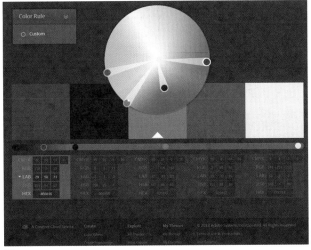

图1-66

调色工具

Photoshop的"图像>调整"菜单中包含了大量用于调整图像色彩的工具，如图1-67所示。这其中既有专业的"色阶"和"曲线"命令，也有适合初学者使用的"色相/饱和度"、"亮度/对比度"和"变化"等简单命令。这些调整工具可以对服装图片、服装效果图、纹理材质、图案、扫描的手稿和拍摄的照片等进行调色处理，如图1-68~图1-70所示。

调色命令　　　　　　原图
图1-67　　　　　　　图1-68

调整裙子和鞋子颜色　　调整后的效果
图1-69　　　　　　　图1-70

1.4.5 滤镜：图案、纹理和面料

滤镜是Photoshop中最神奇的功能，它能改变图像的外观，制作出各种特效。例如，瞬间便可以让一幅普通的图像呈现水彩、素描、油画、版画等艺术效果，为我们的设计作品锦上添花，如图1-71~图1-74所示。

滤镜还可用于制作图案、纹理和面料，如图1-75所示。此外，Photoshop还支持其他厂商开发的外挂滤镜。外挂滤镜弥补了Photoshop滤镜的不足，为用户制作特殊效果提供了更加广阔的选择空间。

原图（左侧为模特，右侧为时装画）

图1-71

用"油画"滤镜编辑后的图像效果

图1-72

用"绘图笔"滤镜编辑后的图像效果

图1-73

用"彩色铅笔"滤镜编辑后的图像效果

图1-74

 小贴士：Photoshop的诞生历程

1987年秋，美国密歇根大学博士研究生托马斯·洛尔（Thomes Knoll）编写了一个叫做Display的程序，用来在黑白位图显示器上显示灰阶图像。

托马斯的哥哥约翰·洛尔（John Knoll）在一家影视特效公司工作，他让弟弟帮他编写一个处理数字图像的程序，于是托马斯重新修改了Display的代码，使其具备羽化、色彩调整和颜色校正功能，并可以读取各种格式的文件。这个程序被托马斯改名为Photoshop。后来Adobe买下了Photoshop的发行权，并于1990年2月推出了Photoshop 1.0。

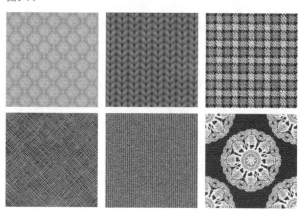

用滤镜制作的各种服装面料

图1-75

第 **2** 章

Photoshop
快速入门

2.2
选区

2.1
Photoshop基本操作

2.6
绘画工具

2.3
图层

2.7
绘图工具

2.1 Photoshop基本操作

2.1.1 Photoshop操作界面

Photoshop的工作界面中包含菜单栏、文档窗口、工具箱、工具选项栏以及面板等组件，如图2-1所示。

工具箱　菜单栏　工具选项栏　选项卡　文档窗口　　　　面板

图2-1

技巧

按下Alt+F1快捷键，可以将工作界面的亮度调暗（从深灰到黑色）；按下Alt+F2快捷键，可以将工作界面调亮。

文档窗口

文档窗口是用于编辑图像的区域。在Photoshop中每打开一个图像，便会创建一个文档窗口。打开多个图像时，它们会停放到选项卡中，如图2-2所示。单击一个文档的名称，即可将其设置为当前操作的窗口，如图2-3所示。

图2-2　　　　　　图2-3

工具箱和工具选项栏

工具箱中包含了用于创建和编辑图像、图稿、页面元素的工具和按钮。单击一个工具即可选择该工具，如图2-4所示。如果工具右下角带有三角形图标，则表示这是一个工具组，在这样的工具上按住鼠标按键可以显示隐藏的工具，如图2-5所示；将光标移动到隐藏的工具上然后放开鼠标，即可选择该工具，如图2-6所示。

图2-4　　　图2-5　　　　　　图2-6

选择一个工具后，可以在工具选项栏中设置工具的参数选项，如图2-7所示为选择画笔工具 时显示的选项。

图2-7

菜单

在Photoshop窗口中，最顶部一行是菜单。单击一个菜单即可打开该菜单，带有黑色三角标记的命令表示还包含下拉菜单，如图2-8所示。选择菜单中的一个命令即可执行该命令。

图层(L)	文字(Y)	选择(S)	滤镜(T)	3D(D)	视图(V)	窗口(W)	帮助(H)
新建(N)				图层(L)...			Shift+Ctrl+N
复制图层(D)...				背景图层(B)...			
删除				组(G)...			
				从图层建立组(A)...			
重命名图层...							
图层样式(Y)				通过拷贝的图层			Ctrl+J
智能滤镜				通过剪切的图层			Shift+Ctrl+J

图2-8

在文档窗口的空白处、在一个对象上或在面板上单击右键，可以显示快捷菜单。

面板

面板用来设置颜色、工具参数以及执行编辑命令。如果要打开一个面板，可以在"窗口"菜单中选择它。默认情况下，面板以选项卡的形式成组出现，如图2-9所示。单击一个面板的名称，即可显示面板中的选项。单击面板组右上角的 ▀▀ 按钮，可以将面板折叠为图标状。

单击面板右上角的 ▼≡ 按钮，可以打开面板菜单，如图2-10所示。菜单中包含了与当前面板有关的各种命令。在一个面板的标题栏上单击右键，可以显示快捷菜单，如图2-11所示。选择"关闭"命令，可以关闭该面板；选择"关闭选项卡组"命令，可以关闭当前面板组。

图2-12

图2-13

图2-9

图2-10

图2-11

可以使用预设的尺寸创建文件

单击可以显示高级选项，可选择颜色配置文件、设置像素长宽比

显示了当前参数设置状态下空白文件的大小

图2-14

提示

在工具箱和菜单中，工具和命令右侧如果有英文字母，表示这是工具或命令的快捷键。因此，用户可以通过按下快捷键来选择工具、执行菜单命令。例如，按下V键可以选择移动工具 ▶⊕ 。

2.1.2 打开、创建与保存文档

打开文档 ·············

执行"文件>打开"命令，弹出"打开"对话框，选择一个文件（如果要选择多个文件，可以按住Ctrl键单击它们），如图2-12所示，单击"打开"按钮，或双击文件即可将其打开，如图2-13所示。

创建文档 ·············

执行"文件>新建"命令，打开"新建"对话框，如图2-14所示，输入文件名，设置文件尺寸、分辨率、颜色模式和背景内容等选项，单击"确定"按钮，即可创建一个空白文件。

保存文档 ·············

执行"文件>存储"命令，弹出"存储为"对话框，输入名称，选择保存位置和文件格式，如图2-15所示，单击"保存"按钮即可保存文档。如果打开的是一个现有的文件，则编辑过程中可以随时执行"文件>存储"命令（快捷键为Ctrl+S），保存当前所作的修改，文件会以原有的格式存储。

Photoshop支持20多种文件格式，如图2-16所示。通常情况下，文件保存为PSD格式比较好。PSD格式可以保存文档中的所有图层、蒙版、通道、路径、未栅格化的文字、图层样式等，这样以后可以随时修改文件。

图2-15

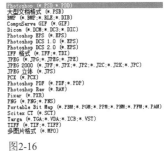

图2-16

2.1.3 文档导航

　　文档导航是指调整文档窗口的缩放比例，以及图像在画面中的显示位置。

　　使用缩放工具 🔍 ，按住Alt键在画面中单击可以缩小窗口的显示比例，如图2-17所示；放开Alt键单击可以放大窗口的显示比例，如图2-18所示。当窗口中不能显示全部图像时，可以使用抓手工具 ✋ 移动画面，查看图像的不同区域，如图2-19所示。此外，使用旋转视图工具 🔄 在画面中单击并拖动鼠标还可以旋转画布，如图2-20所示。

图2-17

图2-18

图2-19

图2-20

技巧

按住Alt键，滚动鼠标中间的滚轮可以缩放窗口；按住空格键单击并拖动鼠标，可以切换为抓手工具 ✋ 移动画面；双击缩放工具 🔍 ，图像会以实际像素（即100%）的比例显示；双击抓手工具 ✋ ，可以在窗口中最大化显示完整的图像；使用缩放工具 🔍 时，按住H键，然后单击鼠标，窗口中就会显示全部图像并出现一个矩形框，将矩形框定位在需要查看的区域，然后放开鼠标按键和H键，可以快速放大并转到这一图像区域。

2.1.4 撤销操作

用命令撤销操作••

　　编辑图像时，如果操作出现了失误或对创建的效果不满意，需要返回到上一步编辑状态，可以执行"编辑>还原"命令，或按下Ctrl+Z快捷键，连续按下Alt+Ctrl+Z快捷键，可依次向前还原。如果要恢复被撤销的操作，可以执行"编辑>前进一步"命令，或连续按下Shift+Ctrl+Z快捷键。

用"历史记录"面板撤销操作••••••••••••••••••••••••••••

　　编辑图像时，用户每进行一步操作，Photoshop都会将其记录在"历史记录"面板中，如图2-21所示。单击其中的一个操作名称，就可以将图像直接还原到该状态当中，如图2-22所示。此外，面板顶部有一个图像缩览图，那是打开图像时Photoshop为它创建的快照，单击它可以撤销所有操作。

图2-21

图2-22

　　在默认情况下，"历史记录"面板只能保存20步操作，而使用画笔、涂抹等绘画工具时，每单击一下鼠标都会被记录为一个操作步骤。如果想要增加历史记录的保存数量，可以执行"编辑>首选项>性能"命令，在打开的对话框中进行设置，如图2-23所示。需要注意的是，历史步骤数量越多，其占用的内存也就越多。

图2-23

此外，还有一种更加实用的方法，即每当绘制完重要的效果以后，可以单击"历史记录"面板底部的创建新快照按钮 ，将画面的当前状态保存为一个快照，如图2-24所示。以后不论绘制了多少步，即使面板中新的步骤已经将其覆盖了，都可以通过单击快

照将图像恢复为快照所记录的效果。

图2-24

Fashion

2.2 选区

2.2.1 选区的概念

在Photoshop中，如果要编辑局部图像，应使用选区来划定操作范围，即通过选区将需要编辑的内容选中。如果没有选区，则编辑操作将对整个图像产生影响。例如使用快速选择工具 在婚纱上创建选区，如图2-25所示，然后用"色相/饱和度"命令调整图像，只有选区内的图像产生变化，如图2-26、图2-27所示；如果没有创建选区而直接调整，则整个图像的色彩都会被修改，如图2-28所示。

图2-28

选区不仅可以限定编辑范围，还可以将对象从背景中分离出来，放在单独的图层上或与其他图像合成，如图2-29、图2-30所示。这样的操作也被称为"抠图"。

图2-25

图2-26

图2-29　　图2-30

2.2.2 选区的基本操作

创建选区后，如图2-31所示，执行"选择>反向"命令，可以反转选区范围，如图2-32所示。执行"选择>取消选择"命令，可以取消选择。如果要选

图2-27

择当前文档边界内的全部图像，可以执行"选择>全部"命令。

图2-31

图2-32

2.2.3 羽化

创建选区后，如图2-33所示，执行"选择>修改>羽化"命令，可以对选区进行羽化，如图2-34所示。在处理图像时，羽化过的选区会在图像的边界产生逐渐淡出的效果，如图2-35所示，而普通选区具有清晰的边界，如图2-36所示。

图2-33

图2-34

图2-35

图2-36

2.2.4 选区运算

创建选区后，使用选框工具、套索工具和魔棒工具等创建新选区时，需要按下工具选项栏中的选区运算按钮，如图2-37所示，使新建的选区与现有选区之间产生运算。

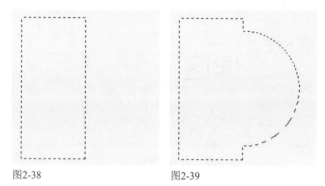
图2-37

- **新选区** ▣：按下该按钮后，如果图像中没有选区，可以创建一个选区，如图2-38所示为创建的矩形选区；如果图像中有选区，则新创建的选区会替换原有的选区。

- **添加到选区** ▣：按下该按钮后，可在原有选区的基础上添加新的选区，如图2-39所示为在现有矩形选区基础之上添加的圆形选区。

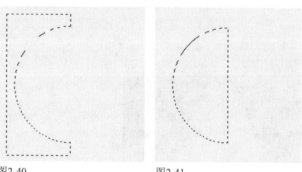
图2-38 　　　　图2-39

- **从选区减去** ▣：按下该按钮后，可在原有选区中减去新创建的选区，如图2-40所示。

- **与选区交叉** ▣：按下该按钮后，画面中只保留原有选区与新创建的选区相交的部分，如图2-41所示。

图2-40 　　　　图2-41

技巧

如果当前图像中有选区，则使用选框、套索和魔棒工具继续创建选区时，按住Shift键可以在当前选区上添加选区，相当于按下添加到选区按钮 ▣；按住Alt键可以在当前选区中减去绘制的选区，相当于按下从选区减去按钮 ▣；按住Shift+Alt键可以得到与当前选区相交的选区，相当于按下与选区交叉按钮 ▣。

2.3 图层

2.3.1 图层的概念

使用传统绘画工具（如马克笔）绘制时装画和服装效果图时，所有内容都绘制在一张画纸上。使用Photoshop绘制时，则可以通过图层来有效地管理图像，例如可以将人物、服装、面料、配饰、背景等分别绘制在不同的图层中，如图2-42所示。甚至还可以将人物细分为线稿、面部、头发和肤色等不同图层，这样不仅修改起来极为方便，也便于制作各种效果。

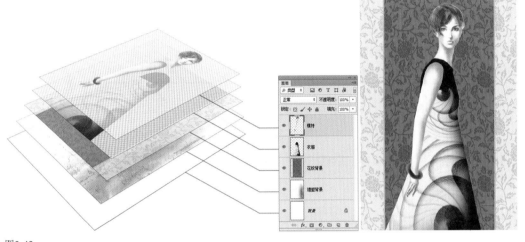

图2-42

在Photoshop中，图层用于承载图像和各种效果，是非常重要的核心功能。图层就像是一张张堆叠在一起的透明的纸张，每一张纸上都承载着图像，上面纸张的透明区域会显示出下面纸张的内容，在文档窗口中看到的图像便是这些纸张堆叠在一起时的效果。

2.3.2 图层的基本操作

"图层"面板可以创建和管理图层。面板中列出了文档中包含的所有的图层、图层组和图层效果，如图2-43所示。

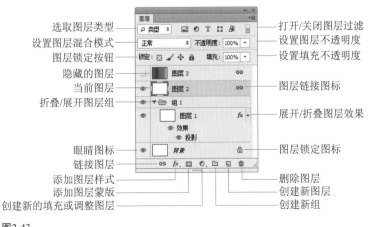

图2-43

 技巧

在"图层"面板中，图层名称左侧的图像是该图层的缩览图，它显示了图层中包含的图像内容，缩览图中的棋盘格代表了图像的透明区域。在图层缩览图上单击右键，可在打开的快捷菜单中调整缩览图的大小。

● **选择图层：** 在编辑图层前，首先应在"图层"面板中单击所需图层，将其选择，如图2-44所示。所选图层称为"当前图层"。

● **创建图层：** 单击创建新图层按钮 🔲，即可在当前图层上面新建一个图层，新建的图层会自动成为当前图层，如图2-45所示。

图2-44　　　　图2-45

● **复制图层：** 在"图层"面板中，将需要复制的图层拖动到创建新图层按钮 🔲 上，即可复制该图层，如图2-46、图2-47所示。

图2-46　　　　图2-47

● **合并图层：** 按住Ctrl键单击两个或多个图层，将它们选择，如图2-48所示，按下Ctrl+E快捷键可以将它们合并，如图2-49所示。

图2-48　　　　图2-49

● **删除图层：** 将需要删除的图层拖动到"图层"面板中的删除图层按钮 🗑 上，即可删除该图层。此外，单击一个图层，然后按下Delete键也可将其删除。

● **调整图层的堆叠顺序：** 在"图层"面板中，图层是按照创建的先后顺序堆叠排列的，如图2-50、图2-51所示。将一个图层拖动到另外一个图层的上面（或下面），即可调整图层的堆叠顺序。改变图层顺序会影响

图像的显示效果，如图2-52、图2-53所示。

图2-50　　　　图2-51

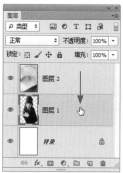 

图2-52　　　　图2-53

● **调整图层的不透明度：** 单击一个图层，在"不透明度"选项中调整不透明度值，可以使图层呈现透明效果，如图2-54、图2-55所示。

图2-54　　　　图2-55

● **显示/隐藏图层：** 单击一个图层前面的眼睛图标 👁，可以隐藏该图层，如图2-56、图2-57所示。如果要重新显示图层，在可原眼睛图标处单击。

● **锁定图层：** "图层"面板顶部提供了可以锁定图层属性的按钮。按下 按钮后，可以将编辑范围限定在图层的不透明区域，图层的透明区域会受到保护；按下 按钮后，只能对图层进行移动和变换操作，不能在图层上绘画、擦除或应用滤镜；按下 按钮后，图层不能移动；按下 按钮，可以锁定以上全部选项。

图2-56

图2-57

2.3.3 有效管理图层

修改图层名称·······

当图层数量较多时，可以为图层设置容易识别的名称，以便在操作中能够快速找到它们。双击一个图层的名称，如图2-58所示，可以在显示的文本框中输入新名称。

用图层组管理图层·······

随着绘画的深入，图层的数量会越来越多，图层组可以管理图层，使图层结构更加清晰，也便于查找图层。

单击"图层"面板中的创建新组按钮 🗀 ，可以创建图层组，如图2-59所示。图层组类似于文件夹，将图层拖入图层组后，如图2-60所示，可单击组前面的三角图标 ▷ 关闭组或展开图层组，如图2-61所示。

如果要取消图层编组，可以单击图层组，然后执行"图层>取消图层编组"命令。

图2-58

图2-59

图2-60

图2-61

2.3.4 设置图层的混合模式

图层的混合模式决定了当前图层中的像素与下面图层中像素的混合方式，可以用来创建特殊的图像合成效果。

在"图层"面板中选择一个图层，单击面板顶部的 ✧ 按钮，打开下拉列表即可选择混合模式，如图2-62所示。混合模式分为6组，共27种，每一组的混合模式都可以产生相似的效果或有着相近的用途。例如，加深模式组可以使混合结果的颜色变深，如图2-63所示；减淡模式组可以使混合结果的颜色变浅，如图2-64所示。

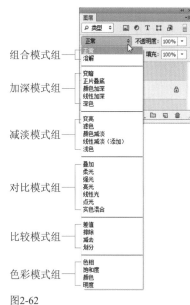

图2-62

图2-63

图2-64

2.4 图层蒙版

2.4.1 图层蒙版的概念

图层蒙版是一个256级色阶的灰度图像，它蒙在图层上面，起到遮盖图像的作用，其本身并不可见，图层蒙版可用于创建图像合成效果。

在图层蒙版中，纯白色对应的图像是可见的，纯黑色会遮盖图像，灰色区域会使图像呈现出一定程度的透明效果（灰色越浅、图像越透明），如图2-65所示。基于以上原理，想要隐藏图像的某些区域时，为它添加一个蒙版，再将相应的区域涂黑即可；想让图像呈现出半透明效果，则可以将蒙版涂灰。

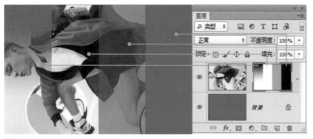

图2-65

2.4.2 创建图层蒙版

单击"图层"面板中的添加图层蒙版按钮 ◻，可以为图层添加空白的图层蒙版，白色蒙版不会遮盖图像。

如果创建了选区，如图2-66所示，然后单击添加图层蒙版按钮 ◻，则可以从选区中生成蒙版，选区内的图像是可见的，选区外的图像会被蒙版遮盖，如图2-67所示。按住Alt键单击添加图层蒙版按钮 ◻，可以创建一个反相的蒙版，将选中的图像隐藏。

图2-66

图2-67

2.4.3 编辑图层蒙版

● **选择图层蒙版／图像：** 添加图层蒙版后，蒙版缩览图外侧有一个白色的边框，如图2-68所示，它表示蒙版处于编辑状态，此时进行的所有操作将应用于蒙版。如果要编辑图像，则应单击图像缩览图，将边框转移到图像上，如图2-69所示。

图2-68　　　　　　　　　图2-69

● **复制图层蒙版：** 按住 Alt 键将一个图层的蒙版拖至另外的图层，可以将蒙版复制到目标图层。

● **编辑蒙版图像：** 图层蒙版是位图图像，可以使用所有绘画工具来编辑它。例如用柔角画笔工具 ✎ 修改蒙版可以使图像边缘产生逐渐淡出的过渡效果，如图2-70所示；用渐变工具 ▦ 编辑蒙版可以将当前图像逐渐融入到另一个图像中，图像之间的融合效果自然、平滑，如图2-71所示。

图2-70

图2-71

● **取消链接**：蒙版缩览图和图像缩览图中间有一个链接图标 ⑧，它表示蒙版与图像处于链接状态，此时进行变换操作（如移动、旋转图像），蒙版会与图像一同变换。如果要单独变换图像或蒙版，可单击该图标，取消链接，然后单击图像或蒙版缩览图，再进行变换操作。

● **删除图层蒙版**：在"图层"面板中，将图层蒙版的缩览图拖动到删除图层按钮 🗑 上，即可删除蒙版。

2.5 移动与变换

2.5.1 移动图像

在"图层"面板中单击要移动的对象所在的图层，使用移动工具 ▶⊕，在画面中单击并拖动鼠标即可移动该图层中的图像。

如果打开了两个或多个文档，想要将一个图像拖入另一文档，可以选择移动工具 ▶⊕，将光标放在画面中，单击并拖动鼠标至另一个文档的标题栏，如图2-72所示，停留片刻切换到该文档，如图2-73所示，移动到画面中放开鼠标可将图像拖入该文档，如图2-74所示。

图2-72

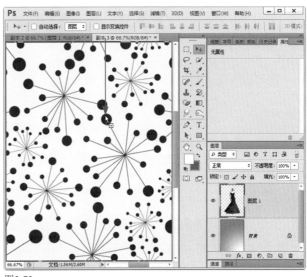

图2-73

图2-74

2.5.2 变换操作

选择图像所在的图层，如图2-75所示，执行"编辑>自由变换"命令，或按下Ctrl+T快捷键，显示定界框，如图2-76所示，将光标放在定界框外，当光标变为 ↺ 状时，单击并拖动鼠标可以旋转对象，如图2-77所示。

变为 ↘ 状时，单击并拖动鼠标即可拉伸对象，如图2-78所示；如果同时按住Shift键操作，则可进行等比缩放，如图2-79所示。将光标放在定界框四周的控制点上，按住Ctrl键，光标会变为 ▷ 状，单击并拖动鼠标可以扭曲对象，如图2-80所示。

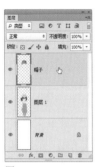

图2-75　　　　图2-76　　　　图2-77

将光标放在定界框四个边角的控制点上，当光标

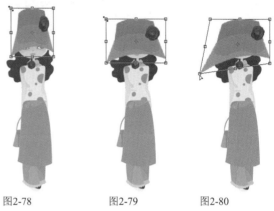

图2-78　　　　图2-79　　　　图2-80

操作完成后，可按下回车键确认。如果对变换结果不满意，可以按下Esc键取消操作。

Fashion

2.6 绘画工具

2.6.1 设置颜色

前景色和背景色

Photoshop工具箱底部有一组前景色和背景色设置图标，如图2-81所示。前景色决定了使用绘画工具（画笔和铅笔）绘制线条，以及使用文字工具创建文字时的颜色；背景色决定了使用橡皮擦工具擦除图像时，被擦除区域所呈现的颜色。

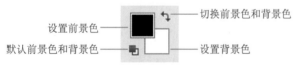

切换前景色和背景色

设置前景色

默认前景色和背景色

设置背景色

图2-81

默认情况下，前景色为黑色，背景色为白色。单击设置前景色或背景色图标，如图2-82、图2-83所示，可以打开"拾色器"修改颜色。此外也可以在"颜色"和"色板"面板中进行设置。

单击切换前景色和背景色图标 ↰ 或按下X键，可以切换前景色和背景色的颜色，如图2-84所示。修改了前景色和背景色以后，单击默认前景色和背景色图标

或按下D键，可以将它们恢复为系统默认的颜色，如图2-85所示。

图2-82　　　图2-83　　　图2-84　　　图2-85

拾色器

单击工具箱中的前景色图标或背景色图标，打开"拾色器"。在竖直的渐变条上单击，可以定义颜色范围，如图2-86所示；在色域中单击可以调整颜色深浅，如图2-87所示。

图2-86　　　　　　图2-87

勾选S单选钮，拖动渐变条即可调整饱和度，如图2-88所示；勾选B单选钮，拖动颜色条可以调整颜色

的明度，如图2-89所示。

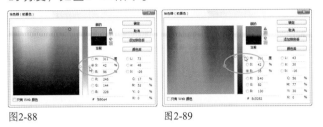

图2-88　　　　　　　图2-89

颜色面板

"颜色"面板采用类似于美术调色的方式来混合颜色。如果要编辑前景色，可单击前景色块，如图2-90所示；如果要编辑背景色，则单击背景色块，如图2-91所示，此后在R、G、B文本框中输入数值，或拖动滑块即可调整颜色，如图2-92所示。

图2-90　　　　图2-91　　　　图2-92

色板面板

"色板"中的颜色都是预先设置好的，单击一个颜色样本，即可将它设置为前景色，如图2-93所示；按住Ctrl键单击，则可将它设置为背景色，如图2-94所示。

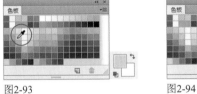

图2-93　　　　　　图2-94

2.6.2 画笔面板

"画笔"面板可以设置绘画工具（画笔、铅笔和历史记录画笔等工具），以及修饰工具（涂抹、加深、减淡、模糊和锐化等工具）的笔尖种类、画笔大小和硬度。执行"窗口>画笔"命令，打开"画笔"面板，如图2-95所示。

笔尖分为3种：圆形笔尖、非圆形的图像样本笔尖，以及毛刷笔尖，如图2-96所示。

在圆形类笔尖中，比较常用的是尖角和柔角笔尖。将笔尖硬度设置为100%可以得到尖角笔尖，它具有清晰的边缘，如图2-97所示；笔尖硬度低于100%时可得到柔角笔尖，它的边缘是模糊的，如图2-98所示。

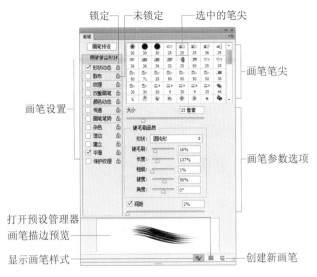

图2-95

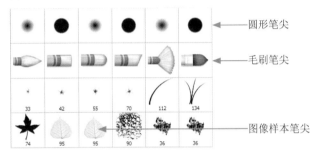

图2-96

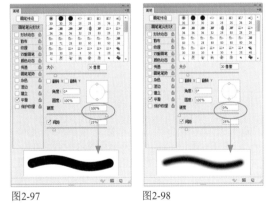

图2-97　　　　　图2-98

2.6.3 画笔工具

画笔工具 类似于传统的毛笔，它使用前景色绘制线条，可用于绘制图画、修改蒙版和通道，如图2-99所示为画笔工具的工具选项栏。

图2-99

● **画笔下拉面板**：单击"画笔"选项右侧的 按钮，可以打开画笔下拉面板，单击面板右上角的 按钮，可以打开面板菜单，如图2-100所示。在面板中可以选择笔尖，设置画笔的大小和硬度参数。在菜单中可以选择面板的显示方式，以及载入预设的画笔库等。

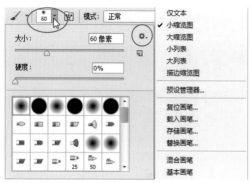

图2-100

- **模式**：在下拉列表中可以选择画笔笔迹颜色与下面像素的混合模式。

- **不透明度**：设置画笔的不透明度，该值越低，线条的透明度越高。

- **流量**：设置当光标移动到某个区域上方时应用颜色的速率。在某个区域上方涂抹时，如果一直按住鼠标按键，颜色将根据流动速率增加，直至达到不透明度设置。

- **喷枪**（ ）：按下该按钮，可以启用喷枪功能，Photoshop 会根据鼠标按键的单击程度确定画笔线条的填充数量。例如，未启用喷枪时，每单击一次鼠标便填充一次线条；启用喷枪后，按住鼠标不放可持续填充线条。

- **绘图板压力按钮**（ ✎ ✎ ）：按下这两个按钮后，用数位板绘画时，光笔压力可覆盖"画笔"面板中的不透明度和大小设置。

技巧

- 按下 [键可将画笔调小，按下] 键则调大。对于实边圆、柔边圆和书法画笔，按下 Shift+[键可减小画笔的硬度，按下Shift+] 键则增加硬度。
- 按下键盘中的数字键可调整画笔工具的不透明度。例如，按下1，画笔不透明度为10%；按下75，不透明度为75%；按下0，不透明度会恢复为100%。
- 使用画笔工具时，在画面中单击，然后按住Shift 键单击画面中任意一点，两点之间会以直线连接。按住Shift键还可以绘制水平、垂直或以45°角为增量的直线。

2.6.4 混合器画笔工具

混合器画笔工具 ✎ 可以混合像素，模拟真实的绘画技术，如混合画布上的颜色、组合画笔上的颜色以及在描边过程中使用不同的绘画湿度。该工具有两个绘画色管（一个储槽和一个拾取器）。储槽存储最

终应用于画布的颜色，并且具有较多的油彩容量。拾取色管接收来自画布的油彩；其内容与画布颜色是连续混合的，如图2-101所示为混合器画笔的工具选项栏。

图2-101

- **预设**：提供了"干燥"、"潮湿"等预设的画笔组合，如图2-102所示。如图2-103所示为原图像，如图2-104、图2-105所示为使用不同预设选项时的涂抹效果。

图2-102　　　　　　　图2-103

湿润，浅混合　　　　　非常潮湿，深混合
图2-104　　　　　　　图2-105

- **自动载入 ✎ /清理 ✗**：按下 ✎ 按钮，可以使光标下的颜色与前景色混合，如图2-106、图2-107所示；按下 ✗ 按钮，可以清理油彩。如果要在每次描边后执行这些任务，可以按下这两个按钮。

图2-106　　　　　　　图2-107

- **潮湿**：可以控制画笔从画布拾取的油彩量。较高的设置会产生较长的绘画条痕。

- **载入**：用来指定储槽中载入的油彩量。载入速率较低时，绘画描边干燥的速度会更快。

- **混合**：用来控制画布油彩量同储槽油彩量的比例。比例

为100%时，所有油彩将从画布中拾取；比例为0%时，所有油彩都来自储槽。

● **对所有图层取样**：拾取所有可见图层中的画布颜色。

2.6.5 铅笔工具

铅笔工具 ✏ 使用前景色绘制线条。它与画笔工具的区别在于，画笔工具可以绘制带有柔边效果的线条，而铅笔工具只能绘制硬边线条。

如图2-108所示为使用铅笔工具 ✏ 勾画的线稿，如图2-109所示为使用画笔工具 ✏ 勾画的线稿。从中不难看出它们的区别，用铅笔工具 ✏ 画的线稿中，笔迹的宽度是一致的，曲线线条容易出现锯齿；用画笔工具 ✏ 画的线稿中，笔迹的宽度有变化，也能体现墨色的浓淡效果。

用铅笔工具勾画的线稿

图2-108

用画笔工具勾画的线稿

图2-109

2.6.6 橡皮擦工具

橡皮擦工具 ✏ 可以擦除图像，如图2-110所示为

该工具的选项栏。

图2-110

● **模式**：可以选择橡皮擦的种类。选择"画笔"，可创建柔边擦除效果，如图2-111所示为原图像，如图2-112所示为擦除效果；选择"铅笔"，可创建硬边擦除效果，如图2-113所示；选择"块"，擦除的效果为块状，如图2-114所示。

图2-111　　　　　　　图2-112

图2-113　　　　　　　图2-114

● **不透明度**：用来设置工具的擦除强度，100%的不透明度可以完全擦除像素，较低的不透明度将部分擦除像素。将"模式"设置为"块"时，不能使用该选项。

● **流量**：用来控制工具的涂抹速度。

● **抹到历史记录**：勾选该选项后，在"历史记录"面板选择一个状态或快照，在擦除时，可以将图像恢复为指定状态。

2.6.7 加深和减淡工具

加深工具 ✏ 和减淡工具 ✏ 可以对图像的色调进行加深和减淡处理，如图2-115~图2-117所示。

原图

图2-115

加深工具处理效果

图2-116

原图

图2-119

减淡工具处理效果

图2-117

加深和减淡工具的工具选项栏是相同的，如图2-118所示。

模糊工具处理效果   锐化工具处理效果

图2-120   图2-121

模糊工具和锐化工具的工具选项栏完全相同，如图2-122所示。

![工具选项栏] 图2-122

- **画笔**：可以选择一个笔尖，模糊或锐化区域的大小取决于画笔的大小。单击 ![按钮] 按钮，可以打开"画笔"面板。

- **模式**：设置工具的混合模式。

- **强度**：设置工具的强度。

- **对所有图层取样**：如果文档中包含多个图层，勾选该选项，表示使用所有可见图层中的数据进行处理；取消勾选，则只处理当前图层中的数据。

2.6.9 渐变工具

渐变工具 ![图标] 可以创建多种颜色或黑–白–灰逐渐过渡的填色效果。

选择渐变工具 ![图标] 后，Photoshop就会给出默认的渐变颜色：从前景色到背景色。单击工具选项栏中的 ![按钮] 按钮，打开下拉面板，在该面板中可以选择预设的渐变；也可以单击 ![按钮] 按钮，打开面板菜单选择渐变库，如图2-123所示，将其加载到下拉面板中。

![工具选项栏] 图2-118

- **范围**：可以选择要修改的色调。选择"阴影"，可以处理图像中的暗色调；选择"中间调"，可以处理图像的中间调（灰色的中间范围色调）；选择"高光"，则处理图像的亮部色调。

- **曝光度**：可以为减淡工具或加深工具指定曝光。该值越高，效果越明显。

- **喷枪** ![图标]：按下该按钮，可以为画笔开启喷枪功能。

- **保护色调**：可以保护图像的色调不受影响。

2.6.8 模糊和锐化工具

模糊工具 ![图标] 可以柔化图像，减少细节。锐化工具 ![图标] 可以增强相邻像素之间的对比，提高图像的清晰度，如图2-119~图2-121所示。

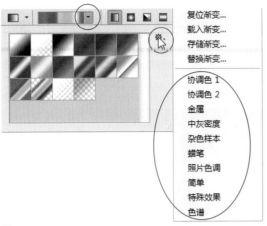

图2-123

选择渐变色以后，还需要按一个按钮，设定渐变的类型，如图2-124所示。以上选项设置完成后，在画面中单击并拖动出一条直线，放开按键后即可填充渐变。

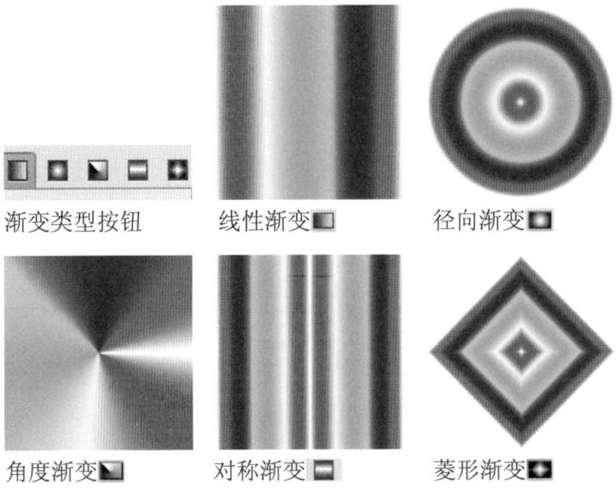

| 渐变类型按钮 | 线性渐变 | 径向渐变 |
| 角度渐变 | 对称渐变 | 菱形渐变 |

图2-124

Photoshop允许用户自行设定渐变颜色。方法是单击渐变颜色条，如图2-125所示，在弹出的"渐变编辑器"中进行调整，如图2-126所示。

图2-125　　图2-126

在"渐变编辑器"对话框中，像油漆桶一样的图标叫做色标。单击一个色标，再单击下面的颜色块，可以打开"拾色器"对话框修改颜色，如图2-127所示。

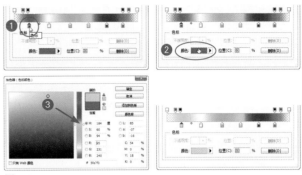

图2-127

如有多余的色标，可将其拖动到对话框外删除，如图2-128所示。如果要添加新色标，可在渐变条下方单击，如图2-129所示。如果要拖动色标位置，单击并拖动色标即可，如图2-130所示，按住Alt键拖动则可以复制色标，如图2-131所示。

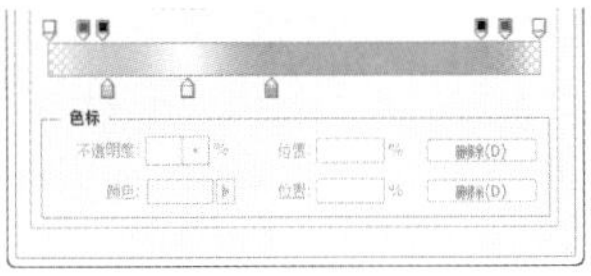

图2-128　　　　　　　　　图2-129

图2-130　　　　　　　　　图2-131

每两个色标的中间都有一个菱形块，它代表了相邻颜色的混合点，拖动菱形块可以调整颜色的混合位置，如图2-132所示。

图2-132

提示

填充渐变时，按住Shift键拖动鼠标，可以创建水平、垂直或以45°角为增量的渐变。

Fashion

2.7 绘图工具

2.7.1 绘画与绘图的区别

在Photoshop中，绘画与绘图是两个截然不同的概念。绘画是指使用画笔工具 ✐、铅笔工具 ✐ 、颜色替换工具 ✐ 和混合器画笔工具 ✐ 等绘画类工具，以及减淡工具 ✐、加深工具 ✐ 和海绵工具 ◯ 等修饰类工具绘制的图画（属于位图）；绘图则是指使用钢笔工具 ✐、矩形工具 ▢、椭圆工具 ◯、自定形状工具 ✦、转换点工具 ⼁ 和路径选择工具 ▶ 等矢量类工具绘制的矢量图形。

2.7.2 位图与矢量图的区别

在计算机世界里，图像和图形等都是以数字方式记录、处理和存储的。它们分为两大类，一类是位图，另一类是矢量图。

位图是由像素组成的，数码相机拍摄的照片、扫描的图像等都属于位图。位图的优点是可以精确地表现颜色的细微过渡，也容易在各种软件之间交换。缺点是占用的存储空间较大，而且会受到分辨率的制约，进行缩放时图像的清晰度会下降。例如图2-133、图2-134所示为照片素材及其放大后的局部细节，可以看到，图像已经变得有些模糊了。

图2-133

图2-134

矢量图由数学对象定义的直线和曲线构成，因而占的存储空间非常小，而且与分辨率无关，任意旋转和缩放图形都会保持清晰、光滑，如图2-135、图2-136所示。矢量图的这种特点非常适合制作图标、Logo等需要按照不同尺寸使用的对象。

图2-135　　　　　　　图2-136

✂ 提示

位图软件主要有Photoshop、Painter；矢量软件主要有Illustrator、CorelDRAW、AutoCAD等。

小贴士

像素是组成位图图像最基本的元素。分辨率是指单位长度内包含的像素点的数量，它的单位通常为像素/英寸（ppi）。分辨率越高，包含的像素越多，图像就越清晰。在Photoshop中执行"文件>新建"命令新建文件时，可以设置它的分辨率。对于一个现有的文件，则可以执行"图像>图像大小"命令修改它的分辨率。

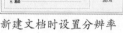

新建文档时设置分辨率　　修改现有图像的分辨率

2.7.3 认识路径与锚点

在Photoshop中，用矢量工具绘制出来的图形被称为"路径"，路径具有以下特点：

路径与分辨率无关，可以任意缩放而始终保持边缘清晰和光滑；另外，选择、移动和修改路径的形状要比编辑像素对象方便；再有就是，路径只是一种用于表现对象轮廓的线条，可以转换为选区、进行描边以及填充颜色，如图2-137所示。

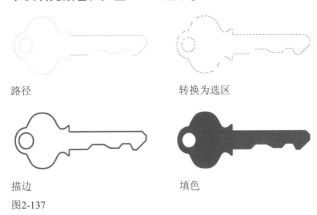

路径　　　　　　　　　　转换为选区

描边　　　　　　　　　　填色

图2-137

路径可以是一段直线、一段曲线或多段直线和曲线的组合。路径段之间通过锚点连接，锚点还决定了路径的形状。例如曲线是由平滑点连接而成的；转角曲线和直线则通过角点连接，如图2-138所示。

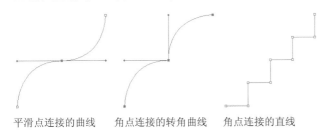

平滑点连接的曲线　　角点连接的转角曲线　　角点连接的直线

图2-138

曲线和转角曲线的锚点上有方向线和方向点，拖动方向点可以改变路径的形状（方向线指明了路径的走向），如图2-139所示。

方向线和方向点　　移动平滑点上的方向点　　移动角点上的方向点

图2-139

2.7.4 设置绘图模式

使用Photoshop中的钢笔工具 、矩形工具 和自定形状工具 等矢量工具时，可以创建不同类型的对象，包括形状图层、工作路径和像素图形。选择一

个矢量工具后，需要先在工具选项栏中选择相应的绘制模式，然后再进行绘图操作。

● **形状**：可在单独的形状图层中创建形状。形状图层由填充区域和形状两部分组成，填充区域定义了形状的颜色、图案和图层的不透明度，形状则是一个矢量图形，它同时出现在"路径"面板中，如图2-140所示。

图2-140

● **路径**：可创建工作路径，它出现在"路径"面板中，如图2-141所示。路径可以转换为选区或创建矢量蒙版，也可以填充和描边从而得到光栅化的图像。

图2-141

● **像素**：可以在当前图层上绘制栅格化的图形（图形的填充颜色为前景色）。由于不能创建矢量图形，因此，"路径"面板中也不会有路径，如图2-142所示。该选项不能用于钢笔工具。

图2-142

提示

"路径"面板用于保存和管理路径，面板中显示了每条存储的路径，当前工作路径和当前矢量蒙版的名称和缩览图。

2.7.5 路径运算

使用钢笔工具 或其他矢量工具绘制多个图形时，可以通过设置选项来让图形之间进行运算，从而得到需要的图形。

单击工具选项栏中的 按钮，可以在打开的下拉菜单中选择路径运算方式，如图2-143所示。下面有两个矢量图形，如图2-144所示，邮票是先绘制的路径，人物是后绘制的路径。绘制完邮票图形后，按下不同的运算按钮，再绘制人物图形，就会得到不同的运算结果。

图2-143

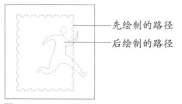
图2-144

先绘制的路径
后绘制的路径

● **新建图层** □：按下该按钮，可以创建新的路径层。

● **合并形状** □：按下该按钮，新绘制的图形会与现有的图形合并，如图 2-145 所示。

图2-145

● **减去顶层形状** □：按下该按钮，可从现有的图形中减去新绘制的图形，如图 2-146 所示。

图2-146

● **与形状区域相交** □：按下该按钮，得到的图形为新图形与现有图形相交的区域，如图 2-147 所示。

图2-147

● **排除重叠形状** □：按下该按钮，得到的图形为合并路径中排除重叠的区域，如图 2-148 所示。

图2-148

● **合并形状组件** □：按下该按钮，可合并重叠的路径组件。

2.7.6 使用钢笔工具绘图

绘 制 直 线 ·······································

选择钢笔工具 ✎，在工具选项栏中选择"路径"选项，在文档窗口单击可以创建锚点，放开鼠标按键，然后在其他位置单击可以创建路径。按住Shift键单击可锁定水平、垂直或以45°角为增量创建直线路径。如果要封闭路径，可在路径的起点处单击，如图2-149所示为一个矩形的绘制过程。

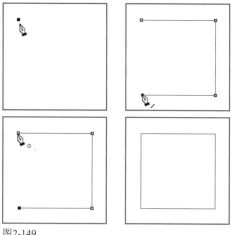
图2-149

如果要结束一段开放式路径的绘制，可以按住Ctrl键（转换为直接选择工具 ▷ ）在画面的空白处单击，单击其他工具、按下Esc键也可结束路径的绘制。

绘 制 曲 线 ·······································

在画面中单击并按住鼠标按键拖动可以创建平滑点；将光标移动至下一处位置，单击并拖动鼠标创建第二个平滑点；继续创建平滑点，可以生成光滑的曲线，如图2-150所示。

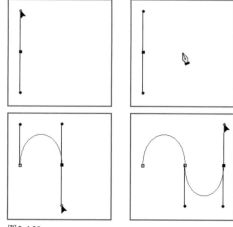
图2-150

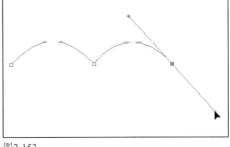

图2-153

2.7.7 使用形状工具

Photoshop中的形状工具包括矩形工具 ▢ 、圆角矩形工具 ▢ 、椭圆工具 ◯ 、多边形工具 ⬠ 、直线工具 ╱ 和自定形状工具 ♨ ，它们可以绘制出标准的几何矢量图形，也可以绘制用户自定义的图形。

- 矩形工具 ▢ ：单击并拖动鼠标可以创建矩形；按住Shift键拖动则可以创建正方形。
- 圆角矩形工具 ▢ ：可以创建圆角矩形。
- 椭圆工具 ◯ ：单击并拖动鼠标可以创建椭圆形，按住Shift键拖动则可创建圆形。
- 多边形工具 ⬠ ：可以创建多边形和星形，如图2-154所示。选择该工具后，首先要在工具选项栏中设置多边形的边数，范围为3～100。如果要创建星形，可单击工具选项栏中的 ⚙ 按钮，打开下拉面板勾选"星形"选项，如图2-155所示，然后再进行绘制。

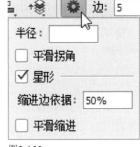

图2-154　　　　图2-155

- 直线工具 ╱ ：单击并拖动鼠标可以创建直线或线段，如果按住Shift键操作，则可创建水平、垂直或以45°角为增量的直线。
- 自定形状工具 ♨ ：选择该工具后，单击工具选项栏中的 ▾ 按钮，在打开的形状下拉面板中可以选择一种形状，如图2-156所示。单击并拖动鼠标即可创建该图形。如果要保持形状的比例，可以按住 Shift 键绘制图形。单击面板右上角的 ⚙ 按钮，打开面板菜单，菜单底部是Photoshop提供的自定义形状库，如图2-157所示。如果选择"载入形状"命令，如图2-158所示，则可在打开的对话框中选择光盘中的"形状库"里的一个文件，如图2-159所示，将其载入Photoshop中。

小贴士：贝塞尔曲线

钢笔工具绘制的曲线叫做贝塞尔曲线。它是由法国计算机图形学大师Pierre E.Bézier在20世纪70年代早期开发的一种锚点调节方式，其原理是在锚点上加上两个控制柄，不论调整哪一个控制柄，另外一个始终与它保持成一直线并与曲线相切。贝塞尔曲线具有精确和易于修改的特点，被广泛地应用在计算机图形领域，如Illustrator、CorelDRAW、FreeHand、Flash、3ds Max等软件都包含贝塞尔曲线绘制工具。

技巧

使用钢笔工具 ✐ 时，光标在路径和锚点上会呈现不同的显示状态，它们代表了钢笔工具的不同功能。

- ▲。：当光标在画面中显示为▲。状时，单击可以创建一个角点；单击并拖动鼠标可以创建一个平滑点。
- ▲+：在工具选项栏中勾选了"自动添加/删除"选项后，当光标在路径上变为▲+状时，单击可在路径上添加锚点。
- ▲_：勾选了"自动添加/删除"选项后，当光标在锚点上变为▲_状时，单击可删除该锚点。
- ▲。：在绘制路径的过程中，将光标移至路径起始处的锚点上，光标会变为▲。状，此时单击可闭合路径。
- ▲。：选择一个开放式路径，将光标移至该路径的一个端点上，光标变为▲。状时单击，然后便可继续绘制该路径；如果在绘制路径的过程中将钢笔工具移至另外一条开放路径的端点上，光标变为▲。状时单击，可以将这两段开放式路径连接成为一条路径。

绘制转角曲线

转角曲线是与上一段曲线之间出现转折的曲线，要绘制这样的曲线，需要在定位锚点前改变曲线的走向。具体的操作方法是：将光标放在最后一个平滑点上，按住Alt键（光标变为▲状）单击该点，将它转换为只有一条方向线的角点，然后在其他位置单击并拖动鼠标便可绘制出转角曲线，如图 2-151~图2-153所示。

图2-151　　　　图2-152

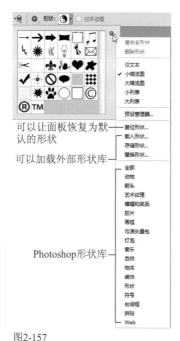

图2-157

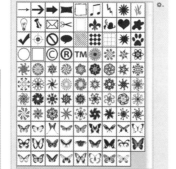

图2-156

可以让面板恢复为默认的形状

可以加载外部形状库

Photoshop形状库

图2-163　图2-164　图2-165

直接选择工具 ▹ 和转换点工具 ⌐ 都可以调整方向线。例如图2-163所示为原图形，使用直接选择工具 ▹ 拖动平滑点上的方向线时，方向线始终保持为一条直线状态，锚点两侧的路径段都会发生改变，如图2-164所示；使用转换点工具 ⌐ 拖动方向线时，可单独调整平滑点任意一侧的方向线，而不会影响到另外一侧的方向线和同侧的路径段，如图2-165所示。

技巧

转换点工具 ⌐ 可以转换锚点的类型。选择该工具后，将光标放在锚点上，如果当前锚点为角点，单击并拖动鼠标可将其转换为平滑点；如果当前锚点为平滑点，则单击可将其转换为角点。

2.7.9　填充和描边路径

使用路径选择工具 ▸ 选择路径，如图2-166所示，单击"路径"面板底部的 ● 按钮，可以用前景色填充路径区域，如图2-167所示。单击 ○ 按钮则可以使用画笔工具 ✐ 对路径进行描边，即依照路径描绘出可见的线条，如图2-168所示。

图2-166　　　图2-167　　　图2-168

图2-158　　　图2-159

2.7.8　编辑路径

使用直接选择工具 ▹ 单击一个锚点即可选择该锚点，选中的锚点为实心方块，未选中的锚点为空心方块，如图2-160所示。单击一个路径段时，可以选择该路径段，如图2-161所示。使用路径选择工具 ▸ 单击路径即可选择整个路径，如图2-162所示。选择锚点、路径段和整条路径后，按住鼠标按键不放并拖动，即可将其移动。

图2-160　　　图2-161　　　图2-162

2.8 线稿表现技巧

服装效果图中的线条可以增加细节的表现效果。线条能很好的体现服装的面料、薄厚、结构与加工剪裁方式。硬朗的直线会使面料显得厚实、笔挺，如图2-169所示；流畅的曲线则给人以面料柔软、舒适的感觉，如图2-170所示。由此可见，线条的质感、粗细、间距不同，会带给服装不同的感觉，线条的练习是画好服装效果图的基础。

图2-169

图2-170

2.8.1 从扫描的线稿中提取线条

01 按下Ctrl+O快捷键，打开光盘中的素材文件，如图2-171所示，这是画在白纸上的效果图线稿，通过扫描仪输入到电脑中的。扫描仪输入的方式比较普遍，可以保持图片的准确性。按下Ctrl+M快捷键打开"曲线"对话框，单击设置白场工具 ✐，如图2-172所示。

图2-171

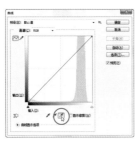
图2-172

02 在图2-173所示的位置单击，将单击点的像素调整为白色，比该点亮度值高的像素也都会变为白色，如图2-174所示。画面背景还没全部变为白色，在画面中灰色的背景上再将单击，如图2-175所示，直到背景变为白色，如图2-176所示。

图2-173

图2-174

图2-175

图2-176

✂ **提示**

扫描后的线稿在调整时往往会丢失一部分细节，可以根据需要用画笔工具进行修整。

03 选择魔棒工具 ✎，在白色背景上单击，将背景选取，如图2-177所示。执行"选择>选取相似"命令，选取画面中所有的白色区域，如图2-178所示。

图2-177   图2-178

图2-183   图2-184

04 按住Alt键双击"背景"图层，将其转换为普通图层，如图2-179所示。按下Delete键删除选区内的白色图像，此时的线稿已被提取出来，并位于一个单独的图层中，如图2-180所示。

07 选择橡皮擦工具 ，清理掉残留的污点，再将五官的线条擦细，使其与服装的线条在粗细上有所区分，如图2-185、图2-186所示。

图2-179   图2-180

图2-185   图2-186

05 按住Ctrl键单击"图层"面板底部的 按钮，在"图层0"下方新建图层，按下Ctrl+Delete键填充白色，如图2-181所示。选择"图层0"，如图2-182所示。

提示

在绘制服装效果图时，会将轮廓线条、服装的填色部分、背景等分别放置在单独的图层中，以便于调整和修改。将扫描线稿中的线条提取出来，才能为下一步的服装绘制提供方便。

图2-181   图2-182

2.8.2 校正相机输入的线稿

01 使用相机拍摄的线稿容易产生暗角。可以使用"曲线"命令进行调整。按下Ctrl+O快捷键，打开一个服装效果图素材，按下Ctrl+M快捷键打开"曲线"对话框，单击设置白场工具 ，在图2-187所示的位置单击，将单击点的像素调整为白色，也可以连续单击，进行多次校正，如图2-188所示。

06 线稿的颜色不局限于黑色，可以通过调整变为彩色。按下Ctrl+U快捷键打开"色相/饱和度"对话框，勾选"着色"选项，调整参数使线条变为蓝色，如图2-183、图2-184所示。

图2-187　　　　　　　图2-188

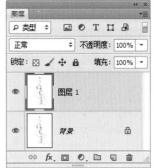

图2-190　　　　　　　图2-191

02 执行"滤镜>镜头校正"命令，打开"镜头校正"对话框，选择"自定"选项卡，显示手动设置选项，向右拖动"晕影"选项组中的"数量"滑块，将边角调亮（向左拖动则会变暗），如图2–189所示。

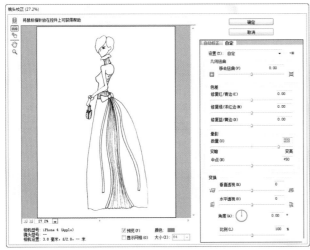

图2-189

图2-192　　　　　　　图2-193

2.8.3　校正透视扭曲

01 拍摄效果图时，相机应尽量与画面垂直，才能避免出现变形的现象，如果相机与画面是非垂直角度，会拍出近大远小的有透视效果的图片，如图2–190所示。出现这种状况，就需要用到"变换"命令来调整了，先按下Ctrl+J快捷键复制"背景"图层，如图2–191所示。

02 将光标放在图像窗口右下角的 ▦ 图标上，按住鼠标拖动，将窗口范围调大，按下Ctrl+T快捷键显示定界框，如图2–192所示。按住Alt+Ctrl+Shift键向外拖动定界框的右上角，校正透视畸变，直到画纸的边缘线与文档边缘平行，如图2–193所示，按下回车键确认。

2.8.4　用画笔工具绘制独立线稿

　　独立线稿是没有参考图片，依照想象及平时训练进行的创作，需要有一定基础，并且能够掌握人体的基本结构和动态。绘制独立线稿前，应先确定画面的视觉中心位置，在新建的图层中绘制出人体动态的中轴线，按照9头身的比例进行分割，如图2–194所示。根据中轴线的位置，用画笔工具 ✎ 以直线和块面结合的方式绘制出人物的基本动态，如图2–195所示。

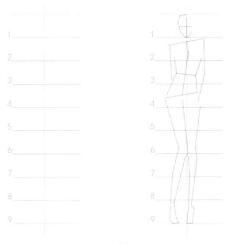

图2-194　　　　　　　图2-195

绘制五官、身体及服装的基本结构时，注意线条的粗细变化，如图2-196所示。脸部线条较细，身体及服装部分的线条要粗一些，再用橡皮擦工具 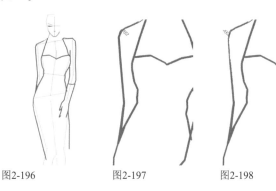 将转折部分的线条擦细，使线条富于变化，如图2-197、图2-198所示。不足之处可用画笔工具 ✍ 修补，最终效果如图2-199所示。该实例的具体制作方法可以参见"10.7 水彩效果晚礼服：透明度的灵活运用"。

图2-196　　　　图2-197　　　　图2-198

图2-199

2.8.5 在参考图片的基础上绘制线稿

在参考图片的基础上绘制线稿，是一种比较简便快捷的方法，有助于培养造型能力，提高表现力。选择适合的图片作为参照，如图2-200所示。为了能够

更加清晰的观看所绘路径，可将图片的不透明度设置为50%，用钢笔工具 🖊 沿着人物的轮廓线描绘路径，如图2-201所示。

图2-200　　　　　　　　图2-201

人物线条描绘完成后，与参考图片的人物动态基本一致，如图2-202所示。再以时装画的标准拉长人体的各部位线条，使人物比例纤细修长。方法是使用路径选择工具 ▶ 选取头部路径，向上移动，如图2-203所示，使用直接选择工具 ▷ 将端点向上移动，贴近面部路径，以延长脖颈，如图2-204所示。

图2-203

图2-202　　　　　　　　图2-204

再用同样方法延长腿部，然后，用画笔描边路径的方式，分别使用"硬边圆"和"硬边圆压力大小"笔尖，描绘出有粗细变化的线条，如图2-205~图2-207所示。最终效果如图2-208所示。详细制作方法参见"10.2 参照法：将图片转换成时装画"。

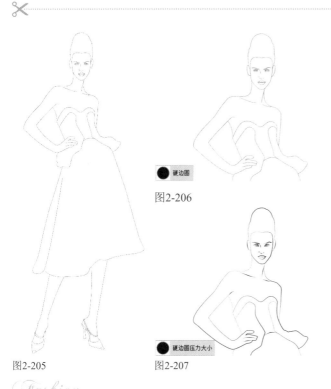

图2-206

图2-205　　　　　图2-207　　　　　　　　　　图2-208

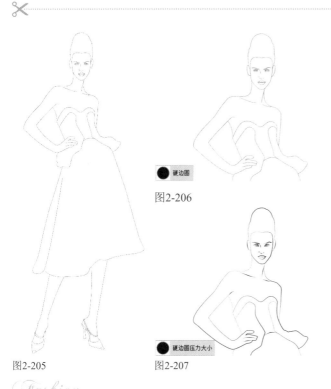

2.9 模拟传统绘画线条

　　用Photoshop模拟传统绘画线条，比较常用的方法是路径描边。下面先来了解一下路径描边的过程。首先，在"路径"面板中单击要描边的路径层，如图2-209所示，使它显示在画面中，如图2-210所示。

图2-211　　　　　　　　　　图2-212

图2-209　　　　　图2-210

　　选择画笔工具 ✐，在画笔下拉面板中选择"硬边圆"，设置大小为7像素，如图2-211所示。单击"路径"面板底部的 ○ 按钮，用画笔描边路径，如图2-212所示，在面板的空白处单击隐藏路径。

　　执行"路径"面板菜单中的"描边路径"命令，或按住Alt键单击"路径"面板底部的 ○ 按钮，打开"描边路径"对话框，选择画笔工具，勾选"模拟压力"选项，如图2-213所示，单击"确定"按钮，对路径进行描边。通过这种方法操作，可以使描边线条呈现出粗细变化，如图2-214所示。

图2-213　　　　　　　图2-214

在"描边路径"对话框中还可以选择画笔、铅笔、橡皮擦、背景橡皮擦、仿制图章、历史记录画笔、加深和减淡等工具描边路径。需要注意的是，描边路径前，应先设置好工具的参数。

2.9.1 铅笔

01 打开一个服装效果图素材，单击"路径1"，如图2-215所示，在画面中显示路径，如图2-216所示。

图2-215　　　　　　　图2-216

02 选择画笔工具 ，打开"画笔"面板菜单，选择"大列表"选项，如图2-217所示，以列表的形式显示画笔名称和缩览图，以便于查找所需画笔。选择"铅笔"，如图2-218所示。

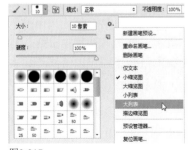

图2-217　　　　　　　图2-218

03 单击"图层"面板底部的 按钮，新建一个图层，如图2-219所示。单击"路径"面板底部的 按钮，用画笔描边路径，如图2-220所示。在"路径"面板空白处单击，可以取消路径的选择，隐藏路径。

图2-219　　　　　　　图2-220

04 按住Ctrl键单击"路径2"，将路径（裙子）作为选区载入，如图2-221、图2-222所示。

图2-221　　　　　　　图2-222

05 新建一个图层，按下Ctrl+Delete键填充背景色（白色），按下Ctrl+D快捷键取消选择。执行"滤镜>杂色>添加杂色"命令，勾选"单色"选项，设置参数如图2-223所示，在裙子上填充杂色，如图2-224所示。

06 执行"滤镜>模糊>动感模糊"命令，将杂色斑点变为倾斜的线，如图2-225、图2-226所示。

图2-223

图2-224

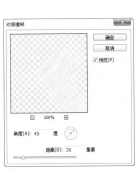

图2-225

图2-226

07 按下Ctrl+L快捷键打开"色阶"对话框，分别调整阴影滑块和高光滑块，增加色调的对比度，使线条明确具体，如图2-227、图2-228所示。

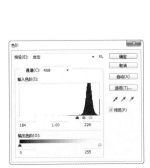

图2-227

图2-228

08 选择橡皮擦工具 ，在下拉面板中选择"柔边圆"，设置大小为30像素，不透明度为60%，如图2-229所示。适当擦除裙子褶皱处的线条，使线条呈现深浅变化，如图2-230所示。

图2-229

图2-230

2.9.2 彩色铅笔

01 彩色铅笔画的制作效果与铅笔画相同，只是有两个步骤要略作调整。在描边路径时，需要将前景色设置为彩色，可以在"色板"中拾取一种颜色作为前景色，如图2-231所示，再进行描边，得到彩色铅笔轮廓图，如图2-232所示。

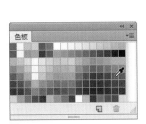

图2-231

图2-232

02 载入裙子选区，在新建图层中填充白色，执行"滤镜>杂色>添加杂色"命令时，不要勾选"单色"选项，如图2-233、图2-234所示。

图2-233

图2-234

03 执行"动感模糊"命令制作出倾斜的线条，如图2-235所示，使用命令及参数均与铅笔效果图的制作方法相同，最终效果如图2-236所示。

图2-235　　　　　图2-236

2.9.3 蜡笔

01 新建一个图层。选择画笔工具 ，在画笔下拉面板中选择"蜡笔"，如图2-237所示。将前景色设置为橙色，在"路径"面板中选择"路径1"，单击"路径"面板底部的 按钮，用画笔描边路径，如图2-238所示。

图2-237　　　　　图2-238

02 这是使用"蜡笔"的默认参数描绘的效果。如果想要使线条边缘更有质感，可以对参数进行调整。先按下Ctrl+Z快捷键取消上一步操作，按下F5键打开"画笔"面板，勾选"散布"选项，设置参数如图2-239所示，再用画笔描边路径，效果如图2-240所示。

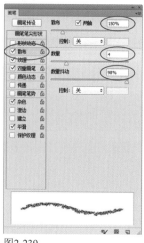

图2-239　　　　　图2-240

03 按住Ctrl键单击"路径2"，将路径（裙子）作为选区载入，如图2-241、图2-242所示。

图2-241　　　　　图2-242

04 选择渐变工具 ，按下径向渐变按钮 ，在渐变下拉面板中选择"橙色和黄色"渐变，如图2-243所示，在选区内拖动鼠标填充径向渐变，按下Ctrl+D快捷键取消选择，如图2-244所示。

图2-243　　　　　图2-244

05 执行"滤镜>模糊>高斯模糊"命令，使图像尤其是边缘变得模糊，如图2-245、图2-246所示。

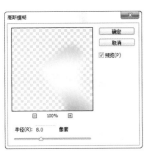

图2-245　　　　　　　　图2-246

06 执行"滤镜>纹理>纹理化"命令，在"光照"下拉列表中选择"左"，使图像产生粗糙的纹理感，如图2-247所示。单击对话框右下方的 按钮，添加一个效果图层，在"艺术效果"滤镜组上单击，展开滤镜，选择"粗糙蜡笔"滤镜，设置参数如图2-248所示。按下回车键关闭对话框。

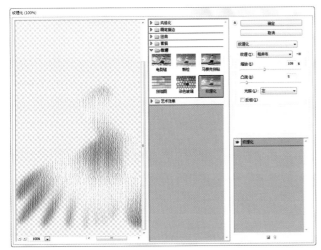

图2-247

 提示

如果"滤镜"菜单中的某些滤镜命令显示为灰色，就表示它们不能使用。在通常情况下，这是由于图像模式造成的问题。RGB模式的图像可以使用全部滤镜，一部分滤镜不能用于CMYK图像，索引和位图模式的图像不能使用任何滤镜。如果要对位图、索引或CMYK图像应用滤镜，可以先执行"图像>模式>RGB颜色"命令，将它们转换为RGB模式，再用滤镜处理。

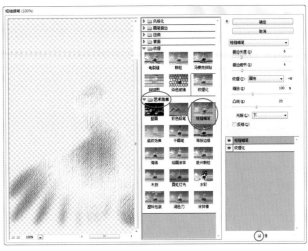

图2-248

07 按下Ctrl+[快捷键将该图层向下移动，放在蜡笔描边图层下方，如图2-249所示，蜡笔效果就制作完了，如图2-250所示。

图2-249　　　　　　　　图2-250

08 如果想改变蜡笔效果图的颜色，可以单击"调整"面板中的 按钮，创建"色相/饱和度"调整图层，调整色相参数，如图2-251、图2-252所示。

图2-251　　　　　　　　图2-252

2.9.4 马克笔

01 新建一个图层，选择画笔工具 ✐，在画笔下拉面板中选择"小圆头水彩笔"，如图2-253所示。将前景色设置为洋红色（R228、G0、B127），在"路径"面板中选择"路径1"，单击"路径"面板底部的 ○ 按钮，用画笔描边路径，如图2-254所示。

图2-253　　　　　　　　图2-254

02 按住Ctrl键单击"图层"面板底部的 🔲 按钮，在当前图层下方新建一个图层，如图2-255所示。设置画笔大小为100像素，如图2-256所示。

图2-255　　　　　　　　图2-256

03 将前景色设置为浅粉色（R241、G158、B194），在裙子上一笔一笔的涂抹，不要全部涂满，要能见到笔触，如图2-257所示。再将前景色设置为浅洋红（R234、G104、B162），绘制出裙子的阴影部分，如图2-258所示。

图2-257　　　　　　　　图2-258

2.9.5 水彩笔

01 新建一个图层，选择画笔工具 ✐，在画笔下拉面板中选择"水彩小溅滴"，如图2-259所示。将前景色设置为黄色（R255、G241、B0），在"路径"面板中选择"路径1"，按住Alt键单击"路径"面板底部的 ○ 按钮，打开"描边路径"对话框，勾选"模拟压力"选项，如图2-260所示。

图2-259　　　　　　　　图2-260

02 单击"确定"按钮，用画笔描边路径，效果如图2-261所示。单击"图层"面板底部的 🔲 按钮，新建一个图层，如图2-262所示。

图2-261　　　　　　　　图2-262

03 在"色板"中拾取紫色作为前景色，如图2-263所示。再次用画笔描边，紫色叠加在黄色描边上，形成柔和的色彩变化，效果如图2-264所示。

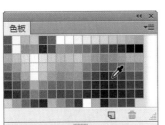

图2-263　　　　　　图2-264

04 执行"滤镜>其他>最小值"命令，设置半径为1像素，如图2-265所示，该滤镜可以扩展黑色像素，收缩白色像素，使线条变粗，如图2-266所示。

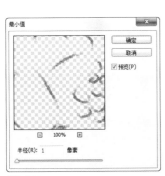

图2-265　　　　　　图2-266

 提示

滤镜菜单中的"最大值"和"最小值"滤镜可以在指定的半径内，用周围像素的最高或最低亮度值替换当前像素的亮度值。"最大值"滤镜具有应用阻塞的效果，可以扩展白色区域、阻塞黑色区域。"最小值"滤镜具有伸展的效果，可以扩展黑色区域、收缩白色区域。这两个滤镜可用来调整线条粗细，"最大值"滤镜可以将线条调细；"最小值"滤镜可以将线条调粗。

05 执行"编辑>渐隐最小值"命令，打开"渐隐"对话框，设置不透明度为50%，降低滤镜效果的强度，如图2-267、图2-268所示。

图2-267　　　　　　图2-268

06 在线稿图层下方新建一个图层，在画笔下拉面板中选择"平扇形多毛硬毛刷"，设置不透明度为25%，如图2-269所示。在裙子上涂抹浅蓝色，如图2-270所示。

图2-269　　　　　　图2-270

07 用"柔边圆"画笔在裙子上添加天蓝色和浅粉色，如图2-271所示。选择"水彩小溅滴"，在裙子上面涂些黄色，如图2-272所示。

图2-271　　　　　　图2-272

2.10 色彩融合效果

本实例通过制作服装面料来学习色彩融合的表现方法。服装面料图案可以使用日常生活中拍摄的花卉素材，在其基础上进行二次创作，通过混合器画笔工具 ✎ 的编辑，将花卉变成抽象的图案，为服装效果图带来更丰富的表现力。

01 按下Ctrl+O快捷键，打开光盘中的两个素材，如图2-273、图2-274所示。

图2-273

图2-274

02 使用移动工具 ▶⊕ 将花朵拖入服装效果图文档中，如图2-275、图2-276所示。效果图文档中人物的衣裙位于一个单独的图层中，便于在其范围内制作效果。

图2-275

图2-276

03 按下Alt+Ctrl+G键创建剪贴蒙版，将花朵素材剪贴到裙子图层中，如图2-277、图2-278所示。

图2-277

图2-278

04 选择混合器画笔工具 ✎ ，在工具选项栏中选择"只载入纯色"选项，以便涂抹时拾取单色，其他参数设置如图2-279所示。

图2-279

05 由裙子腰部的亮色开始向左下方裙角处一笔、一笔的涂抹，如图2-280、图2-281所示。也可以反复涂抹，油彩则会大面积融合，笔触痕迹会变弱。

图2-280

图2-281

06 单击"调整"面板中的曲线按钮 ⊞，创建曲线调整图层，将曲线向上调整，使裙子的色彩变得鲜亮，如图2-282、图2-283所示。

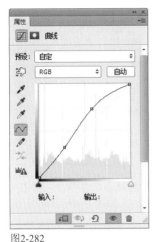

图2-282

图2-283

提示

曲线上面有两个预设的控制点，其中，位于左下方的"阴影"控制点可以调整图像中的阴影区域，它相当于"色阶"中的阴影滑块；位于右上方的"高光"控制点可以调整图像的高光区域，它相当于"色阶"中的高光滑块。如果在曲线的中央（1/2处）单击，添加一个控制点，该点就可以调整图像的中间调，它就相当于"色阶"的中间调滑块。

技巧

选择控制点后，按下键盘中的方向键（→、←、↑、↓）可轻移控制点。如果要选择多个控制点，可以按住Shift键单击它们（选中的控制点为实心黑色）。通常情况下，编辑图像时，只需对曲线进行小幅度的调整即可实现目的，曲线的变形幅度越大，越容易破坏图像。

2.11 色相、明度及饱和度的变化

2.11.1 用加深和减淡工具调整面料明度

在调节特定区域明度时，可以使用加深工具 ◎ 和减淡工具 ◉ 。这两个工具的工具选项栏是相同的，图2-284所示为加深工具的选项栏。

图2-284

打开一个服装效果图文档，如图2-285所示，选择裙子所在图层，如图2-286所示。加深工具 ◎ 和减淡工具 ◉ 也能像画笔工具一样设置笔尖及工具大小。在"范围"下拉列表中选择"阴影"，可以处理图像中的暗色调；选择"中间调"，可以处理图像的中间调（灰色的中间范围色调）；选择"高光"，则处理图像的亮部色调，如图2-287所示。如图2-288所示为使用减淡工具 ◉ 处理后的效果。"曝光度"用来指定曝光，该值越高，效果越明显，为了避免色调出现强反差，可将数值设置在30%左右，"保护色调"则可以保护图像的色调不受影响。

图2-285

图2-286

加深阴影　　　　加深中间调　　　　加深高光

图2-287

减淡阴影　　　　减淡中间调　　　　减淡高光

图2-288

2.11.2 用海绵工具调整面料色彩饱和度

　　海绵工具  可以修改色彩的饱和度。选择该工具后，在画面单击并拖动鼠标涂抹即可进行处理。如图2-289所示为海绵工具的选项栏，其中"画笔"和"喷枪"选项与加深和减淡工具相同。如果要增加色彩的饱和度，可以选择"饱和"，效果如图2-290所示；如果要降低饱和度，则选择"降低饱和度"，如图2-291所示。"流量"可以为海绵工具指定流量。该值越高，修改强度越大。选择"自然饱和度"选项后，在进行增加饱和度的操作时，可以避免颜色过于饱和而出现溢色。

图2-289

图2-290

图2-291

2.11.3 用"色相/饱和度"命令调整局部颜色

　　通过"色相/饱和度"命令可以调整图像中的某一指定色彩。例如图2-292所示为一张照片，要改变模特穿的裙子和丝袜的颜色，可单击"调整"面板中的 按钮，创建一个"色相/饱和度"图层，由于丝袜颜色是以洋红色为主的，在"全图"在下拉列表中选择"洋红"，如图2-293所示。

图2-292

图2-293

　　拖动"色相"滑块，将颜色调蓝，如图2-294、图2-295所示。丝袜的深色区域还保留着原有的颜色，用添加到取样工具 在该区域单击可以扩展颜色范围，如图2-296所示，将其添加到所要修改的范围内，如图2-297所示。

图2-294

图2-295

图2-296

图2-297

将饱和度滑块向左拖动，可以降低色彩的饱和度，向右拖动，则增加色彩的饱和度，如图2-298、图2-299所示。明度滑块也是如此，向左拖动可降低色彩的明度，如图2-300、图2-301所示。向右拖动则增加色彩的明度。

图2-298　　　　　　　　　图2-299

图2-300　　　　　　　　　图2-301

2.11.4 用"替换颜色"命令调整局部颜色

"替换颜色"命令可以选中图像中的特定颜色，然后修改其色相、饱和度和明度。该命令包含了颜色选择和颜色调整两种选项，颜色选择方式与"色彩范围"命令基本相同，颜色调整方式则与"色相/饱和度"命令十分相似。执行"图像>调整>替换颜色"命令，打开"替换颜色"对话框，将光标放在模特的丝袜上，如图2-302所示，单击鼠标，对颜色进行取样，对话框中白色的图像代表了选中的内容，如图2-303所示。

图2-302　　　　　　　　　图2-303

用添加到取样工具 ✏ 在未被选取的丝袜上单击，如图2-304所示，将其添加到选区内，如图2-305所示；拖动"颜色容差"滑块，选中画面中所有的紫红色，如图2-306所示；拖动"色相"滑块，将颜色调整为绿色，如图2-307、图2-308所示。该命令的饱和度与明度的设置与"色相/饱和度"命令相同。

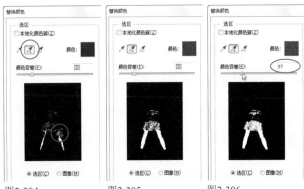

图2-304　　　　　图2-305　　　　　图2-306

图2-307　　　　　　　　　图2-308

2.12 透明度的变化

传统绘画的颜料有透明和不透明之分，如水彩和国画色是透明的，油画色和广告色是不透明的。使用Photoshop作画时，可以通过画笔工具、橡皮擦工具、图层的不透明度、混合模式等来表现颜料的透明效果。

01 按下Ctrl+O快捷键，打开光盘中的素材文件，如图2-309、图2-310所示。

图2-309　　　　　　　　图2-310

02 单击"图层"面板底部的 按钮，新建一个图层，如图2-311所示。按下Alt+Ctrl+G键创建剪贴蒙版，如图2-312所示，剪贴蒙版可以限定图像的显示范围，即使绘画时超出了裙子区域，也不会显示在画面中。

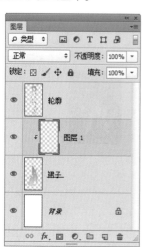

图2-311　　　　　　　　图2-312

03 选择画笔工具 ，设置不透明度为50%，在画笔下拉面板中选择"散布枫叶"，如图2-313所示。在"色板"中拾取红橙色作为前景色，如图2-314所示。

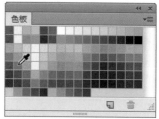

图2-313　　　　　　　　图2-314

04 在裙子上拖动鼠标绘制出枫叶图案，由于画笔工具设置了不透明度，枫叶会呈现半透明的效果，如图2-315所示。如果在绘制时，画笔工具的不透明度为100%，图案则没有任何透明特性，如图2-316所示。

图2-315　　　　　　　　图2-316

05 如果是已经绘制完成的图稿，想要让图案呈现一定的透明效果，可以通过图层来调整。如图2-317、图2-318所示为将图层的不透明度设置为50%时，图案呈现透明效果，这与画笔工具（透明度50%）的效果基本相同。该方法的优势在于可根据当前效果随时调整参数，灵活方便。图层不透明度为100%代表完全不透明、50%代表半透明、0%为完全透明。

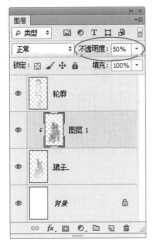

图2-317　　　　　　　　　　图2-318

提示

使用除画笔、图章、橡皮擦等绘画和修饰之外的其他工具时，按下键盘中的数字键即可快速修改图层的不透明度。例如按下"5"，不透明度会变为50%；按下"55"，不透明度变为55%；按下"0"，不透明度会恢复为100%。

06 设置图层的混合模式为"叠加"，这也是另一种形式的混合，能体现出底层图像的高光与暗调，增强图像的色彩感，如图2-319、图2-320所示。

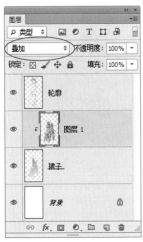

图2-319　　　　　　　　　　图2-320

07 混合模式与不透明度还可以同时应用。例如，设置混合模式为"溶解"，并调整不透明度，可以使半透明区域上的像素离散，产生点状颗粒，如图2-321、图2-322所示。

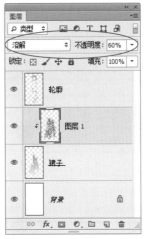

图2-321　　　　　　　　　　图2-322

08 此外，还可以使用橡皮擦工具，将颜料（图案）擦薄，从而形成半透明的效果。选择橡皮擦工具 🩹，在下拉列表中选择"柔边圆压力大小"，设置工具的不透明度为50%，在裙子上涂抹，擦除的区域会呈现半透明的效果，涂抹次数越多，擦除效果越明显，如图2-323、图2-324所示。

图2-323　　　　　　　　　　图2-324

3.2.2
眼睛和眉毛

3.2.4
嘴

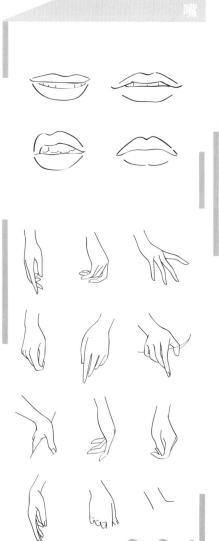

3.2.5
发型变化

3.3.1
手的形态

3.1 人体比例

3.1.1 女性人体比例

时装画和时装设计的核心是人物形象。正确把握人体比例和结构，才能创作出令人赞叹的作品。

时装绘画从某种意义上说是一种夸张的艺术。正常的人体身高一般在7~7.5个头长，而出于视觉审美需要，时装绘画人体的身高可以达到8~10个头长。在时装画中，人物模特是理想化的形体，可以更加完美地展现服装的特点，也符合社会流行趋势，如图3-1所示。

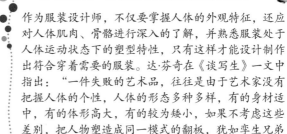

小贴士：了解人体肌肉和骨骼

作为服装设计师，不仅要掌握人体的外观特征，还应对人体肌肉、骨骼进行深入的了解，并熟悉服装处于人体运动状态下的塑型特性，只有这样才能设计制作出符合穿着需要的服装。达·芬奇在《谈写生》一文中指出："一件失败的艺术品，往往是由于艺术家没有把握人体的个性，人体的形态多种多样，有的身材适中，有的体形高大，有的较为矮小，如果不考虑这些差别，把人物塑造成同一模式的翻板，犹如孪生兄弟一样，势必受到批评指责。"

3.1.2 男性人体比例

男性人体的基本特征是骨架、骨骼较大，肌肉发达突出，外轮廓线垂直，头部骨骼方正、突出，前额方而平直，颈粗。肩宽一般为两个头长多一些，胸腔呈明显的倒梯形，胸部肌肉丰满而平实，两乳间距为一个头长。腰部两侧的外轮廓线短而平直，腰部宽度略小于一个头长。盆腔较狭窄，手和脚较女性偏大。整个躯干基本形为倒梯形，如图3-3所示。

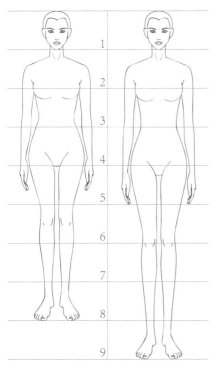

真实的人体比例与时装画人体的差异

图3-1

女性人体的基本特征是骨架、骨节比男性小，脂肪发达，体形丰满，外轮廓线呈圆润柔顺的弧线。女性头部及前额外形较圆，颈部细长。腰部两侧向内收，且具有顺畅的曲线特征，乳房突起，呈圆锥形，臀部丰满低垂。女性人体较男性人体窄，手和脚也较小，如图3-2所示。

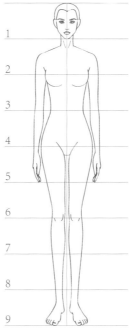

图3-2

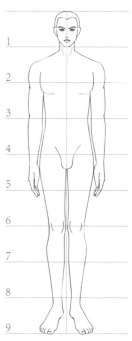

图3-3

小贴士：完美的人体比例

达芬奇根据古罗马建筑师维特鲁威的比例学说，亲手绘制出"维特鲁威人"这一完美的人体。其尺寸安排为：四指为一掌，四掌为一足，六掌为一腕尺，四腕尺为人的身高，四腕尺为一步，二十四掌为为全身。如果叉开双腿，使身高降低十四分之一，分别举起双臂使中指指尖与头齐平，连结身体伸展四肢的末端组成一个外接圆，肚脐恰好在整个圆的圆心处，两腿之间的空间恰好构成一个等边三角形。

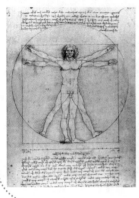 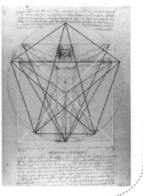

提示

将头部的长度视为一个标准单位，将人体均等分割为8个部分，按照这一理想比例进行绘画，即为8头身法。

3.1.3 儿童比例

小孩子的成长时期大致分为5个年龄段，即婴儿期、幼童期、儿童期、少年期和青少年期。

婴儿期的特点是3.5~4个头长，头大身小，体胖腿短。

幼童期（1~3岁）身高与体重增长较快，身高约为75~100厘米，为4~4.5个头长。体型特点是头大、颈短、肩窄、四肢短、凸肚，头、胸、腰和臀的体积大致相同。整个体型仍然很胖，但比婴儿时期腿略长一些。

儿童期（4~6岁）为5~5.5个头长。肩部开始发育，下半身长得较快，如图3-4所示。

少年期（7~12岁）身高约115~145厘米，5.5~6个头长，如图3-5所示。在这个时期，腿和手臂都变长，肩、胸、腰、臀已经逐渐起了变化。男童的肩比女童的肩宽；女童的腰比男童的腰细，且身高普遍

高于男童。此外，由于原有的婴儿脂肪逐渐消逝，从而显露出膝、肘等部位的骨骼以及其他成人人体的特点。

青少年期（13~17岁）体型已逐步发育完善，男孩子的身高比例为7~8个头长，女孩子大约为6.5~7个头长。尤其是到了高中以后，在身材比例上已趋于成年人，骨骼上的变化亦很明显。

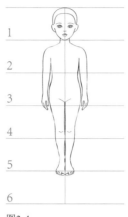 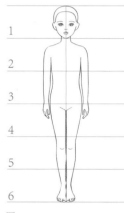

图3-4   图3-5

3.1.4 透视

将三维空间的形象画到二维的平面上，使二维平面产生深度空间的三维效果便是透视。透视是绘画中必须掌握和熟练运用的基本技能。图3-6所示为头部透视。

正侧面仰视   3/4侧面仰视   正面仰视

图3-6

透视基本术语 ···········

- **视平线**：与绘画者眼睛等高的一条水平线。
- **心点**：绘画者眼睛正对着视平线上的一点。
- **视点**：绘画者眼睛所在的位置。
- **视线**：视点与物体任何部位的假象连线。
- **视角**：视点与任意两条视线之间的夹角。
- **灭点**：在正面看物体时，视线最后消失于视平线上的一点。
- **消失点**：从一个角度看物体时，视线会成两个方向消失，最后落在视平线上的两个点。
- **天点**：视平线上方消失的点，即仰视的消失点。

● **地点**：视平线下方消失的点，即俯视的消失点。

 提示

透视一词的英文源自拉丁文Perspicere，意思是透过透明面看物体，把看到的物体画到平面上。

一 点 透 视

一点透视也称平行透视，有一个画面平行于画纸，只有一个消失点，如图3-7所示。

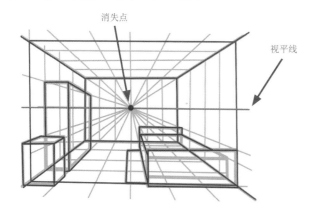

图3-7

两 点 透 视

两点透视也称成角透视，有两个消失点。成角透视的形成，是因为观察者从一个角度而不是正面观察对象。因此，观察者可以看到对象不同空间上的块面，亦可看到不同块面在两个消失点上消失，如图3-8所示。

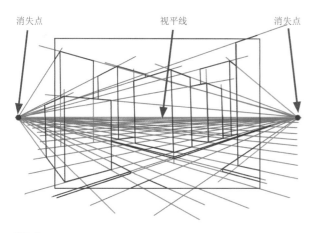

图3-8

三 点 透 视

三点透视也称斜角透视，是指画面中有三个消失点的透视。三点透视的形成，是因为对象没有任何一条边线或块面与画面平行，相对于画面，对象是倾斜的。当对象与视线形成角度时，因立体的特性，会呈现往长、宽、高三个空间延伸的块面，并消失于三个消失点上，如图3-9所示。

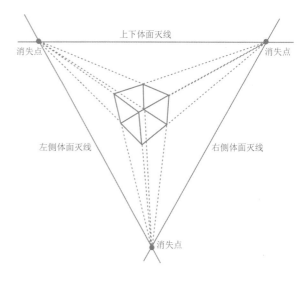

图3-9

 提示

三点透视的构成，是在两点透视的基础上，多加一个消失点，第三个消失点可以作为空间的表达。如果第三个消失点在水平线之上，向高空伸展，观察者仰头观看；如果第三个消失点在水平线之下，则可作为对象向地下延伸，观察者低头观看。

3.2 头部

3.2.1 五官的基本比例

五官的比例为"三庭五眼"。"三庭"即从发际线到眉毛最上端，眉毛到鼻底、鼻底到下巴分为三等分；"五眼"是指一只耳朵到另一只耳朵的距离大概等分为五只眼睛，如图3-10所示。如图3-11、图3-12所示为头部45度角和侧面的效果。

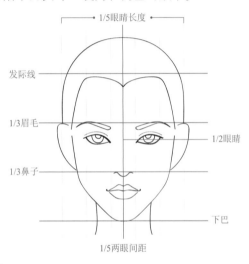

图3-10

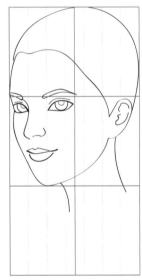

图3-11

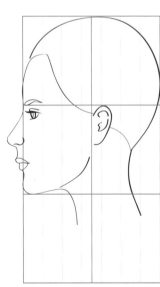

图3-12

小贴士：男性、女性的头部特征

● 相同特征：眼睛的位置，鼻子的位置，嘴的位置。

● 女性特征：面部轮廓以圆形为主，眉毛较细，脖子较细且颈部的曲线向中心弯曲，圆形下巴。

● 男性特征：面部轮廓棱角分明，眉毛较粗，脖子较粗且呈直线，方形下巴。

3.2.2 眼睛和眉毛

眼睛的主要结构包括眼眶、眼睑、眼球等。眉毛分为两部分，眉头朝上，眉梢方向朝下，如图3-13所示。在服装设计中，模特的眼睛与眉毛的画法搭配能够体现设计师的风格、表现人物的精神情感。

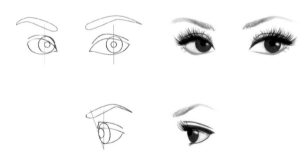

图3-13

眼睛的形状稍有变化、眉毛粗细的轻微差异，都会产生截然不同的表情，眼睛部分的化妆也能对不同的服装风格起到呼应或对比作用，如图3-14、图3-15所示。

图3-14

图3-15

3.2.3 鼻子和耳朵

　　绘制时装画时，鼻子和耳朵常常是被省略的部位，即使绘画，也往往是最小限度地表现出来。表现鼻梁部位的线条应当只出现在一侧，如图3-16所示。耳朵只需确定其位置和大小，同时不要忘记画出耳垂即可，如图3-17所示。

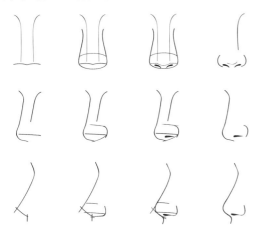

图3-16

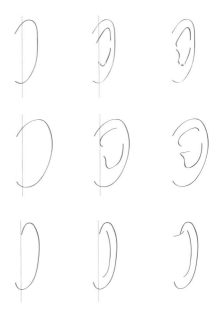

图3-17

3.2.4 嘴

　　嘴的结构由上嘴唇、下嘴唇、唇裂线、嘴角、牙齿等构成。上嘴唇呈"M"型，下嘴唇呈"W"型，图3-18所示为嘴唇不同角度的变化。男性嘴偏宽，女性则偏丰厚。

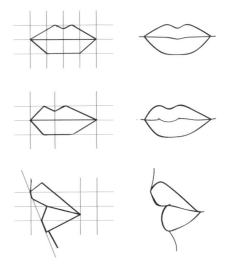

图3-18

　　嘴唇可以体现内心动态。例如微张的嘴唇透露出性感；嘴角下撇代表着忧郁；嘴角上扬象征着喜悦；紧闭双唇则折射出愤怒，如图3-19所示。

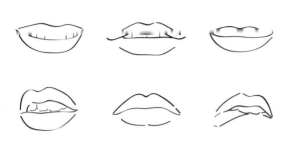

图3-19

3.2.5 发型变化

　　发型和脸型的合理搭配是表现时装画整体风格和整体样式的重要环节。发型可以为画面营造强烈的个人氛围，例如刘海具有简洁的特点；脸庞周围出现一些锯齿形的碎发，可以使发型显得飘逸和动感。此外，发型也会随着流行趋势变化。例如20世纪初吉布森女郎发型大为流行、30年代流行BOBO头、50年代流行娃娃头、70年代流行爆炸头，如图3-20所示。

吉布森女郎发型

BOBO头

娃娃头

爆炸头

图3-20

常见的发型样式

　　图3-21所示为当前常见的发型样式。

图3-21

3.3 手和手臂

3.3.1 手的形态

"画人容易画手难"。手主要包括手指、手掌、手腕等部位，手的结构复杂，骨骼与肌肉数量较多，加之在透视中的变形，容易出现比身体其他部位更多的形态，使绘画表现具有一定的难度，如图3-22所示。绘画时可以将手进行几何化处理，简化为几个块状，手掌是一个不规则的梯形，手指可以处理为一节一节的圆柱体，关节处以球体表现。

3.3.2 手臂的形态

手臂位于身体的侧面，与时装的边线、剪影和立体轮廓关系密切，也是凸显模特姿势、造型的重要部位。时装画中的手臂、骨骼和肌肉通常会被拉长和简化，进行理想化的处理，如图3-23所示。

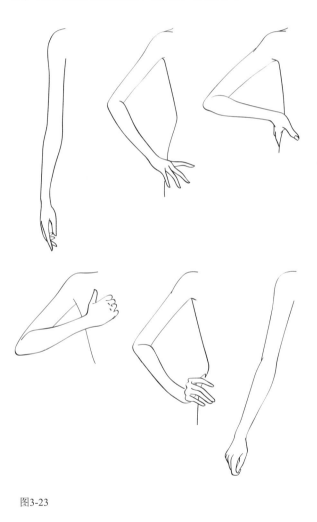

图3-23

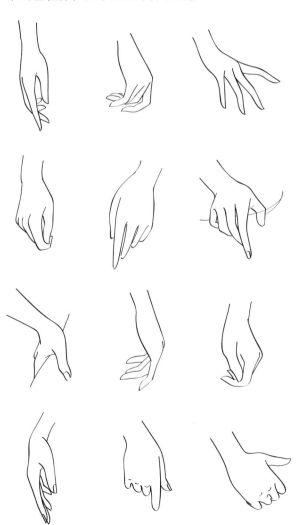

图3-22

3.4 腿和脚

3.4.1 腿

腿的结构由大腿、小腿和膝盖构成。在时装画中，为了使人物身材显得修长，往往有意拉长腿部，尤其是小腿。画腿时还要注意腿的形状以及弧度曲线，既要优美，又要有一定的准确性，如图3-24所示。

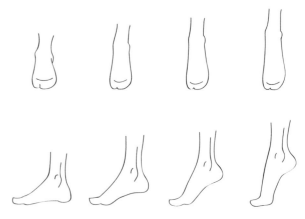

图3-25

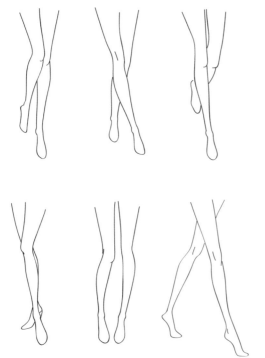

图3-24

腿部的动作能引起身体姿势的变化，腿也是支撑全身最有力的一个部位，因此，表现腿的线条要有力量感。

3.4.2 脚

在时装画中，很少出现赤脚的模特，脚往往以鞋的造型体现出来，如穿上平底鞋后，脚背、脚趾和脚后跟成为一体直线；穿高跟鞋时，脚后跟、脚背和脚趾的动作幅度会变大。虽然穿上鞋后，脚的形状会随着鞋的形状而改变，但在画鞋时仍需了解脚的结构，如图3-25所示。

小贴士：时尚的腿部造型

大腿（以臀底线到膝盖）短于小腿（膝盖到脚踝），可以产生比例完美的腿部线条。脚踝（腿和脚的过渡点）可以表现出优美的姿态。

3.5 姿势

人体骨骼细微的倾斜可以展现出各种各样的姿势。例如人体在直立状态下，肩膀会随着脊椎的倾斜而倾斜，当改变单脚的重心位置时，骨盆也会有所倾斜。

在绘制姿势草图时，可首先在躯干上画一条主动作线，然后在肩膀、腰部和胯部会出现3条动作线，如图3-26所示，从而创建肩线、腰围线和臀围线。动作线在造型中起到营造动感、帮助实现身体平衡的作用。例如在人物模型中，臀部较高一侧的肩膀就应该低一点；较低肩膀与较高的臀部以及支撑腿一起才能保持人体平稳站立。

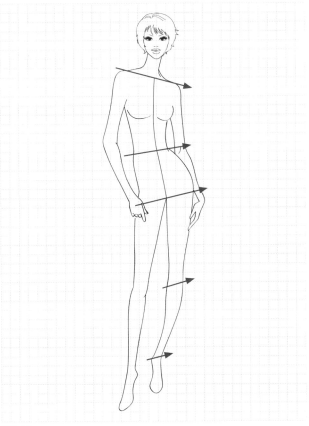

图3-26

人物的站立方式可以表达他们的情绪和心情。例如，头歪向一边、手放在身后的人物通常被认为是端庄矜持的；而手置臂上、双脚分开站立的人物则被看做是狂放不羁的。

●小贴士：适当夸张姿势

对模特的姿势进行适当夸张处理，可以增强画面的表现力。人体的连接点和关节可以弯曲或伸展，进行夸张处理。其中，脖子是头部和躯干的连接点，它是引起姿势变化的一个重要部位；肩膀可以耸起或放下，而两个肩点的倾斜关系是夸张手法中最常用到的；腰部可以使人体躯干扭转，还可以使人摆出前倾、扭腰或后仰的姿态。

4.1 服装造型与人体的关系

4.1.1 廓型

服装流行趋势的更替，主要表现为廓形的变换。人体着装有宽窄、松紧的视觉效果之分。服装的廓形既可以适应人的体型，又可在适应人体的基础上加以形体夸张和归纳，例如，用松身和紧身的方式来改变人体的自然形态。

"型"是服装的骨骼，由服装外部轮廓线与内部结构的缝合线组合构成。廓型是指服装的整体造型。它包括三个关键点，即包裹住身体部分的衣长、外形线以及使这个形状成立的结构线。

提示

衣长是指衣服的长度（长度＝纵向的平衡）。外形线（围度＝横向的平衡）指衣服的外轮廓线，又被称为"构造线"。

4.1.2 廓型变化

- **A型**：是指形状类似字母 A，特征是上小下大，具有修饰肩膀、夸张下部的作用，如披风、喇叭裙、喇叭裤等。这种款式的服装活泼、潇洒，也可以展现女性的典雅高贵之美，如图4-1所示。

- **H型**：肩、腰、下摆部的宽度基本相同，呈直线方型，舒适、自由且合体，如直身衬衣、直筒裤、连衣裙等。这种款式的服装能充分显示细长的身材，具有庄重、朴实的美感，如图4-2所示。

- **X型**：特征是阔肩、收腰、放摆，外轮廓起伏明显。这种款式的服装既有男性的阳刚，又可充分显示女性的曲线美，性感魅惑，如图4-3所示。

- **O型**：外形呈圆弧状，因而又被成为郁金香型。外部轮廓线无明显的棱角，且较宽松，给人以含蓄、温和的美感，也可以使女性更显丰腴，如图4-4所示。

- **Y型**：即倒梯形。特征是上大下小，设计重点在于夸大肩部。具有大方、干练、严肃、庄重的风格特点，如图4-5所示。

- **V型**：是一种肩宽至下摆渐渐收紧的倒三角形款式，如图4-6所示。

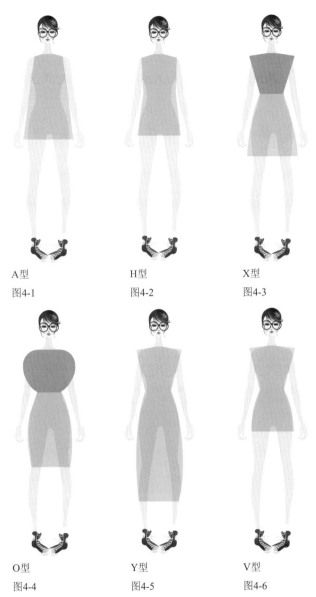

A型
图4-1

H型
图4-2

X型
图4-3

O型
图4-4

Y型
图4-5

V型
图4-6

- **I型**：形状类似于字母 I，是一种纤细修长的款式，如图4-7所示。

- **8字型**：与数字 8 相像，可以充分强调女性的溜肩、展现蜂腰，如图4-8所示。

- **鞘型**：衣服像刀剑的鞘一样，将身体包裹在里面，如图4-9所示。

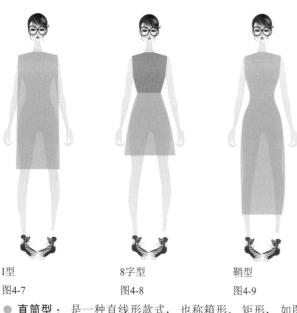

I型

图4-7

8字型

图4-8

鞘型

图4-9

● **直筒型**： 是一种直线形款式， 也称箱形、 矩形， 如图 4-10所示。

● **袋型**： 像袋子一样可以直接套进去， 是一种较为宽松的 款式， 如图4-11所示。

● **公主线型**： 只用侧面的两根纵向结构线将腰身收紧， 然 后从腰到下摆逐渐变得宽大， 如图4-12所示。

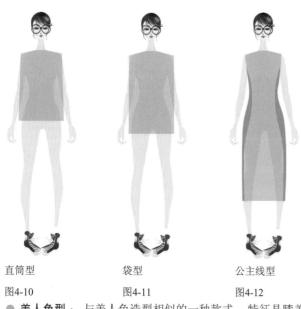

直筒型

图4-10

袋型

图4-11

公主线型

图4-12

● **美人鱼型**： 与美人鱼造型相似的一种款式。 特征是膝盖 以上的衣服与身体完全贴合， 下摆处呈宽宽的喇叭状， 形似鱼尾， 如图4-13所示。

● **合体大摆型**： 上半身跟身体完全贴合， 从腰部到裙摆渐 渐展开， 如图4-14所示。

● **紧身型**： 与身体完全贴合的一种款式， 如图4-15所示。

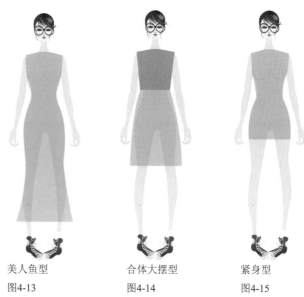

美人鱼型

图4-13

合体大摆型

图4-14

紧身型

图4-15

● **陀螺型**： 轮廓线类似木桶， 上方膨胀， 越向下收得越 紧， 也成为纺锤形， 如图4-16所示。

● **蛋壳型**： 与鸡蛋的外形相似， 为圆润鼓起的轮廓， 如 图4-17所示。

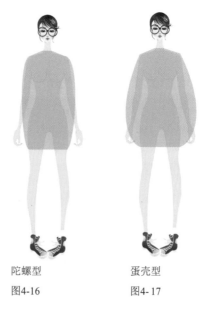

陀螺型

图4-16

蛋壳型

图4- 17

提示：

迪奥（Christian Dior， 1905–1957） 曾用A、 H、 X、 O和Y等字母来形象地概括服装的整体外部轮廓 造型。

4.2 服装的形式美法则

4.2.1 比例

　　服装的形式美即服装的外观美。在长期的实践中，人们通过对服装的鉴赏和创造，逐步发现了服装的形式美法则。

　　比例的概念源于数学，用来表示同类量之间的倍数关系。服装的外观要给人以美的享受，构成服装外观形式的各种因素需保持良好的数量关系，如上下装的面积、色彩的分量、衣领的大小、口袋的位置等，如图4-18、图4-19所示。

图4-18　　　　　　　　　　图4-19

4.2.2 平衡

　　平衡是指一个整体中，对立的各方在数量或质量上相等或相抵后呈现的一种静止状态。当服装中造型元素按对称的形式放置时，会给人以平稳、安静的感受，如图4-20所示。如果按照非对称的形式放置，则会呈现出多变、生动的平衡美，如图4-21所示。

图4-20　　　　　　　　　　图4-21

4.2.3 呼应

　　呼应是指事物之间相互照应的一种形式。在服装中，相同的装饰、图案、色彩或相同的材料等出现在不同部位就可以产生呼应效果，如图4-22、图4-23所示。

图4-22　　　　　　　　　　图4-23

4.2.4 节奏

　　节奏是指有秩序的、不断运动的形式。服装的节奏美可以通过相同的点、线、面、色彩、图案、材料等重复出现，便可产生节奏感，如图4-24、图4-25所示。

图4-24　　　　　　　　　　图4-25

4.2.5 主次

　　主次是对事物中局部与局部之间，局部与整体之间的组合关系的要求。款式、色彩、图案、材料等是构成服装外观美的要素，在运用这些要素时，要处理好它们之间的主次关系，或以款式变化为主、或以色彩变化为主、或以图案变化为主、或以材料变化为主，让其他要素处于陪衬地位。起主导作用的要素突出了服装也就有了鲜明的个性和风格，如图4-26、图4-27所示。

样和统一相辅相成不可分割，强调变化的服装活泼、俏丽，只要注意各个因素的内在联系，便可以避免杂乱；强调统一的服装端庄、整齐，如果添加适当的变化，则可以避免呆板，如图4-28~图4-30所示。

图4-26

图4-27

图4-28　　　　图4-29　　　　图4-30

4.2.6　多样统一

多样统一是形式美的基本法则，也是比例、平衡、呼应、节奏、主次等形式法则的集中概括。多

4.3　服装款式的局部设计

4.3.1　绘制领子

01 执行"文件>新建"命令，或按下Ctrl+N快捷键，打开"新建"对话框，设置参数如图4-31所示，创建一个A4大小的文档。

02 执行"编辑>首选项>单位与标尺"命令，打开"首选项"对话框，将单位设置为毫米，其他参数如图4-32所示。

图4-31

图4-32

03 在左侧列表中选择"参考线、网格和切片"选项，设置参考线颜色为绿色，其他参数如图4-33所示。单击"确定"按钮关闭对话框。

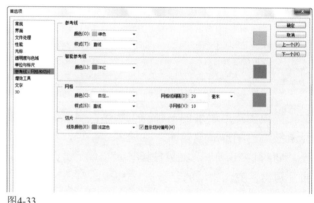
图4-33

04 按下Ctrl+R快捷键显示标尺，如图4-34所示。默认情况下，标尺的原点位于窗口的左上角（0，0标记处）。将光标放在原点上，单击并向右侧拖动，画面中会显示出十字线，将它拖放到横向位置100毫米、纵向位置20毫米处，重新定义原点的位置，如图4-35所示。

05 将光标放在标尺上，单击并向画面中拖动鼠标，拉出参考线，如图4-36所示。从水平标尺上也拉出参考线，以便绘图时能够对称布置图形，如图4-37所示。

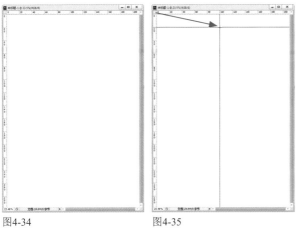

图4-34　　　　　　　　　图4-35

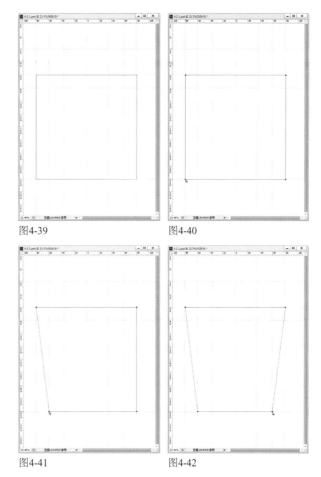

图4-39　　　　　　　　　图4-40

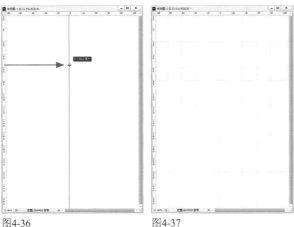

图4-36　　　　　　　　　图4-37

图4-41　　　　　　　　　图4-42

提示

标尺和参考线可以帮助用户更好地完成选择和对齐操作。如果要移动参考线，可以选择移动工具 ➕，将光标放在参考线上，光标会变为 ⬌ 状，单击并拖动鼠标即可，创建或移动参考线时按住 Shift 键，可以使参考线与标尺上的刻度对齐，将参考拖回标尺，可将其删除。

07 使用添加锚点工具 ✒ 在路径上单击，添加两个锚点，它们对应水平标尺上的40毫米处，如图4-43所示，使用转换点工具 � 在这两个锚点上单击，将它们转换为角点（即没有方向线），如图4-44所示。

06 选择矩形工具 ▢，在工具选项栏中选择"路径"选项，如图4-38所示，以参考线为基准，绘制一个矩形，如图4-39所示。使用直接选择工具 ⬚ 单击左下角的锚点，将其选中，如图4-40所示，按住Shift键（可以锁定水平方向）拖动，如图4-41所示。右下角的锚点也采用同样方法进行移动，需要注意的是它应与左侧的锚点对称，如图4-42所示。

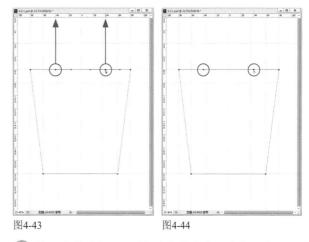

图4-43　　　　　　　　　图4-44

图4-38

08 使用直接选择工具 ⬚ 单击并拖出一个矩形框，选中这两个锚点，如图4-45所示，按住Shift键（可锁定垂直方向）向上拖动，如图4-46所示。

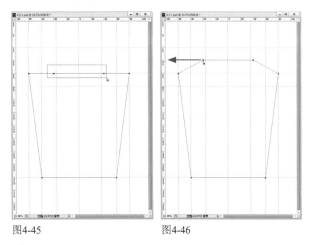

图4-45　　　　　　　　　图4-46

09 使用添加锚点工具 添加一个锚点，如图4-47所示，使用直接选择工具 单击该锚点，按住Shift键向上方拖动，如图4-48所示。按住Ctrl键在画面的空白处单击，取消路径的选择。

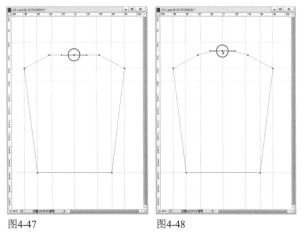

图4-47　　　　　　　　　图4-48

10 选择钢笔工具 ，在工具选项栏中选择"路径"选项，如图4-49所示。在画面中单击（不要拖动鼠标），绘制直线路径，如图4-50所示。将光标放在第一个锚点上，如图4-51所示，单击并拖动向右上方鼠标，闭合路径同时将该段路径调整为曲线状，如图4-52所示。一个领子就制作完成了。使用路径选择工具 单击领子图形，按住Alt+Shift键向左侧拖动，进行复制，如图4-53所示。

图4-49

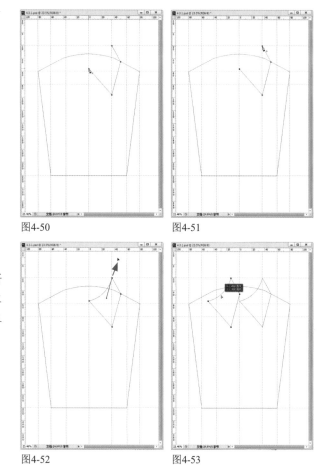

图4-50　　　　　　　　　图4-51

图4-52　　　　　　　　　图4-53

11 按下Ctrl+T快捷键显示定界框，单击鼠标右键打开下拉菜单，选择"水平翻转"命令，翻转图形，如图4-54、图4-55所示。按下回车键确认，另一个领子便制作好了。

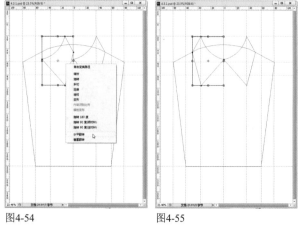

图4-54　　　　　　　　　图4-55

12 使用钢笔工具 绘制一段曲线路径，如图4-56所示，再按住Shift键绘制一段直线路径，如图4-57所示。

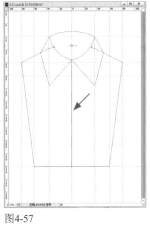

图4-56　　　　　　　　　图4-57

13 衣服的基本轮廓绘制完成，下面来对路径进行描边。选择铅笔工具 ✐，在工具选项栏中选择一个笔尖并设置大小为5像素，如图4-58所示。选择路径选择工具 ➤，按住Shift键单击除两个领子以外的其他图形，将它们同时选中，单击鼠标右键打开下拉菜单，选择"描边子路径"命令，如图4-59所示，在弹出的对话框中选择铅笔，如图4-60所示，用铅笔描边路径，如图4-61所示。

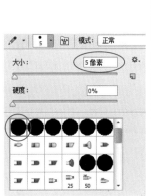
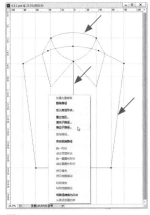

图4-58　　　　　　　　　图4-59

图4-60

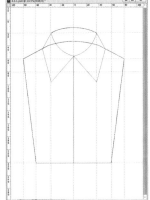

图4-61

14 单击"图层"面板底部的 ▣ 按钮，新建一个图层，如图4-62所示。选择路径选择工具 ➤，按住Shift键单击两个领子图形，将它们选择，然后单击鼠标右键打开下拉菜单，如图4-63所示，选择"填充子路径"命令，在弹出的对话框中选择用"背景色"填充路径，如图4-64所示，用白色将后面的轮廓线遮盖住，再单击鼠标右键，重新打开下拉菜单，选择"描边子路径"命令，对路径进行描边，如图4-65所示。

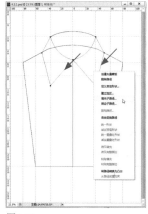

图4-62　　　　　　　　　图4-63

图4-64　　　　　　　　　图4-65

15 使用钢笔工具 ✐ 绘制一条弧线路径，如图4-66所示，然后进行描边，如图4-67所示。

16 下面来绘制服装上的明线（用虚线表示）。使用路径选择工具 ➤ 单击门襟处的路径，按住Alt+Shift键向右侧拖动，进行复制，如图4-68所示。使用直接选择工具 ➤ 单击直线顶部的锚点，按住Shift键垂直向下拖动，如图4-69所示。

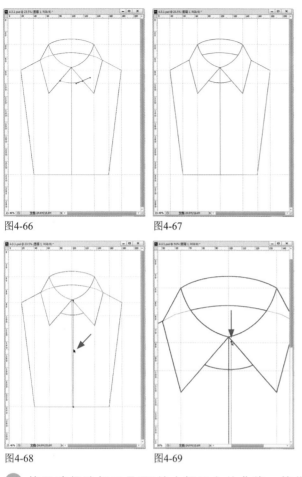

图4-66　　　　　　图4-67

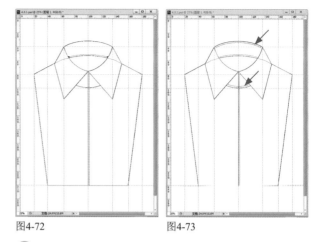

图4-72　　　　　　图4-73

18 使用路径选择工具 ▶ 单击领子，如图4-74所示，按住Alt键拖动鼠标进行复制，如图4-75所示。使用直接选择工具 ▶ 单击最上方的锚点，如图4-76所示，按下Delete键删除，如图4-77所示。

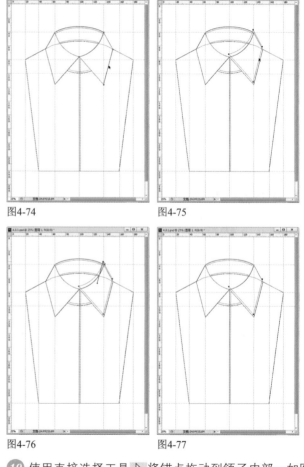

图4-68　　　　　　图4-69

17 使用路径选择工具 ▶ 单击领子上的曲线，按住Alt+Shift键向下拖动进行复制，如图4-70所示。按下Ctrl+T快捷键显示定界框，拖动控制点，将曲线压扁并调短，如图4-71所示，按下回车键确认，如图4-72所示。采用同样方法复制其他路径，如图4-73所示。

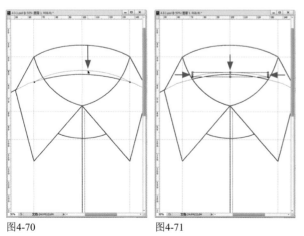

图4-70　　　　　　图4-71

图4-74　　　　　　图4-75

图4-76　　　　　　图4-77

19 使用直接选择工具 ▶ 将锚点拖动到领子内部，如图4-78所示。下面来将图形对称复制到左侧的领子上，选择路径选择工具 ▶，按住Alt键单击并拖动图形进行复制，如图4-79所示。按下Ctrl+T快捷键显示定界框，单击鼠标右键打开下拉菜单，选择"水平翻转"命令，翻转图形，如图4-80所示，按下回车键确认。选择路径选择工具 ，按住Shift键单击各个明线图形，将它们选中，如图4-81所示。

4-87所示。

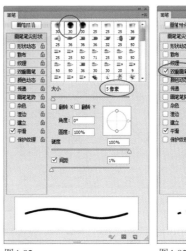

图4-82

图4-83

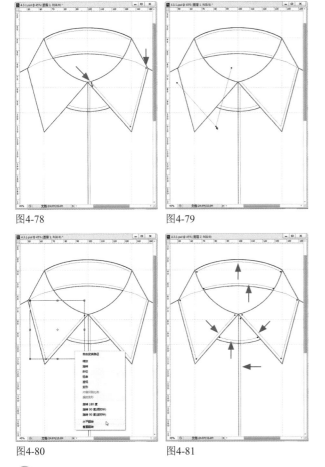

图4-78

图4-79

图4-80

图4-81

图4-84

图4-85

20 单击"图层"面板底部的 按钮，新建一个图层，选择画笔工具 ，按下F5快捷键打开"画笔"面板。选择一个圆形笔尖，设置"大小"为5像素（该值决定了虚线的粗细），如图4-82所示。单击面板左侧的"双重画笔"选项，再选择一个圆形笔尖，设置"大小"和"间距"选项（决定了虚线的长短和间距），如图4-83所示。执行"路径"面板菜单中的"描边子路径"命令，如图4-84所示，选择用画笔描边路径，如图4-85所示，按下Ctrl+;快捷键隐藏参考线，如图4-86所示。

21 下面来制作扣子。选择椭圆工具 ，在工具选项栏中选择"路径"选项，按住Shift键拖动鼠标创建一个圆形。选择直线工具 ，按住Shift键创建两条直线，如图

图4-86

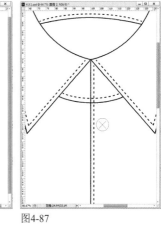

图4-87

22 单击"图层"面板底部的 按钮，新建一个图层。使用路径选择工具 将组成扣子的几个图形选中，如图4-88所示，用铅笔描边路径，如图4-89所示。

23 选择移动工具 ，按住Shift+Alt键向下拖动鼠标，复制扣子，如图4-90所示。在"图层"面板中，按住Ctrl键单击各个扣子图层，将它们选中，如图4-91所示。

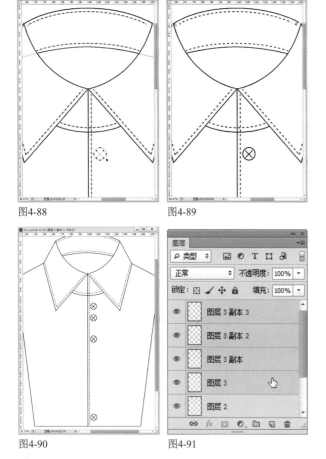

图4-88　　　　　　图4-89

图4-90　　　　　　图4-91

㉔ 单击工具选项栏中的 ⊟ 按钮，让所选对象均匀分布，如图4-92、图4-93所示。

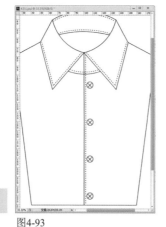

图4-92　　　　　　图4-93

㉕ 在"图层"面板中单击一个扣子图层，如图4-94所示，选择移动工具 ▶⨁，按住Shift+Alt键向上拖动，再复制一个扣子图层，如图4-95所示。

图4-94　　　　　　图4-95

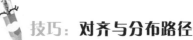

技巧：对齐与分布路径

使用路径选择工具 ▶ 选择多个子路径，单击工具选项栏中的 ⊟ 按钮，打开下拉菜单选择一个对齐与分布选项，即可对所选路径进行对齐与分布操作。

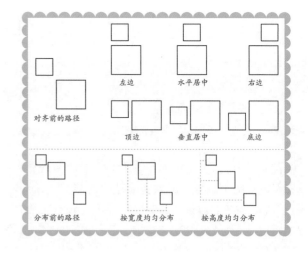

4.3.2 绘制袖子

① 执行"文件>新建"命令，或按下Ctrl+N快捷键，打开"新建"对话框，在"预设"下拉列表中选择"国际纸张"，在"大小"下拉列表中选择A4，创建一个A4大小的文档。

② 按下Ctrl+R快捷键显示标尺，从标尺上拖出两条参考

线，定位在水平标尺100毫米、垂直标尺20毫米处，如
图4-96所示。在标尺的原点单击并拖出一个十字线，将
其拖放到参考线的交点处，将标尺的原点定位在此处，
如图4-97所示。

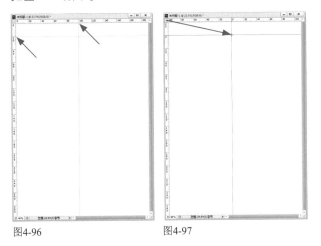

图4-96　　　　　　　　图4-97

03 从标尺上拖出几条参考线，如图4-98所示。选择椭
圆工具 ⬭ ，在工具选项栏中选择"路径"选项。在画面
中单击并拖动鼠标，绘制椭圆路径，如图4-99所示。使
用直接选择工具 ▷ 单击最上方的锚点，如图4-100所
示，按下Delete键删除，如图4-101所示。

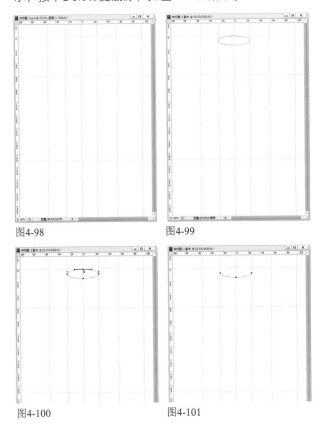

图4-98　　　　　　　　图4-99

图4-100　　　　　　　　图4-101

04 选择路径选择工具 ▶ ，按住Alt键单击并拖动路径，
进行复制，如图4-102所示。选择钢笔工具 ✐ ，在工具
选项栏中选择"路径"选项，将光标放在锚点上方，光
标变为 ✐。状时，如图4-103所示，单击鼠标，然后在下
面路径的锚点上单击，将这两条路径连接，如图4-104
所示。采用同样方法将另外两个锚点连接起来，如图
4-105所示。

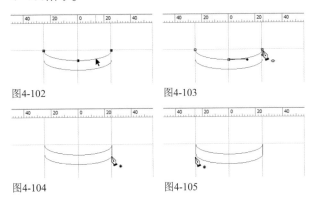

图4-102　　　　　　　　图4-103

图4-104　　　　　　　　图4-105

✂ **提示**

连接另外两个锚点时，可以先按住Ctrl键（临时切
换为直接选择工具 ▷ ）单击一条路径，让锚点显示
出来，然后便可准确选择锚点。

05 使用钢笔工具 ✐ 在衣领后方绘制一条曲线，如图
4-106所示。下面制作衣领上的罗纹。按住Shift键在衣
领上绘制直线，如图4-107所示。使用路径选择工具 ▶
按住Alt键单击并拖动直线，进行复制，如图4-108、图
4-109所示。

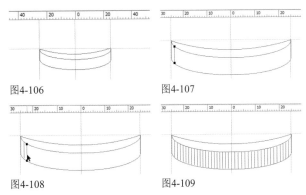

图4-106　　　　　　　　图4-107

图4-108　　　　　　　　图4-109

06 选择钢笔工具 ✐ ，按住Shift键绘制直线路径，如图
4-110所示。使用直接选择工具 ▷ 单击左下角的锚点，
然后按4下键盘中的→键，对锚点进行轻微移动；再单击
右下角的锚点，按4下←键进行移动，以便使两个锚点的
位置对称，如图4-111所示。

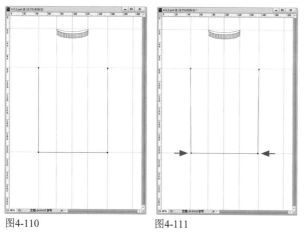

图4-110   图4-111

07 选择路径选择工具 ▶，按住Alt键单击并拖动图形，进行复制，如图4-112所示。按下Ctrl+T快捷键显示定界框，拖动控制点，调整图形大小，如图4-113所示。按下回车键确认。

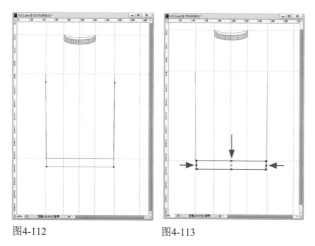

图4-112   图4-113

08 选择钢笔工具 ✐，按住Shift键绘制直线路径，如图4-114所示。绘制一组直线后，可以用路径选择工具 ▶ 将它们选择，然后按住Alt+Shift键单击并拖动鼠标，进行复制，如图4-115所示。

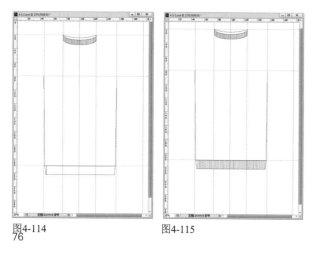

图4-114   图4-115

09 用钢笔工具 ✐ 绘制袖子，如图4-116~图4-118所示。绘制直线并通过复制的方式铺满袖口，如图4-119所示。

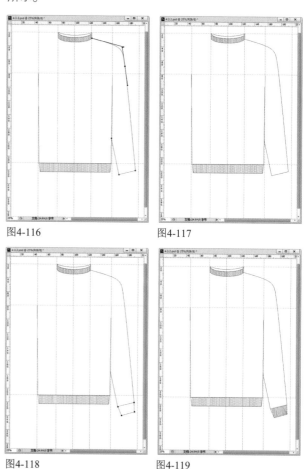

图4-116   图4-117

图4-118   图4-119

10 用钢笔工具 ✐ 绘制一条曲线，如图4-120所示。选择路径选择工具 ▶，按住Alt键单击并拖动曲线进行复制，如图4-121所示。复制曲线后，可以用直接选择工具 ▶ 调整锚点的位置，以便让两条曲线平行。

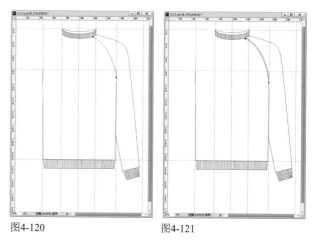

图4-120   图4-121

⑪ 使用路径选择工具 ▶ 单击并拖出一个矩形选框，选中全部袖子图形，如图4-122所示。按住Shift键单击上方的两条曲线，将它们也同时选中，如图4-123所示。

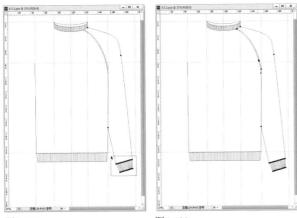

图4-122　　　　　　　　图4-123

⑫ 按下Ctrl+C快捷键复制，再按下Ctrl+V快捷键粘贴。按下Ctrl+T快捷键显示定界框，单击鼠标右键打开下拉菜单，选择"水平翻转"命令，翻转图形，如图4-124所示。按住Shift键拖动鼠标，将袖子移动到左侧对称的位置上，如图4-125所示。按下回车键确认。

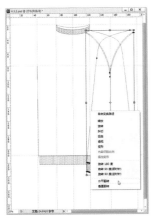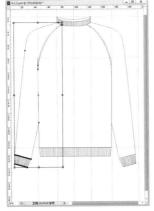

图4-124　　　　　　　　图4-125

⑬ 按下Ctrl+;快捷键隐藏参考线，如图4-126所示。选择铅笔工具 ✎，在工具选项栏中选择一个笔尖并调整大小为3像素，如图4-127所示。

⑭ 打开"路径"面板，在路径层上单击右键，打开下拉菜单，选择"描边路径"命令，如图4-128所示，在弹出的对话框中选择铅笔工具，用该工具描边路径。最后在"路径"面板的空白处单击，取消路径的显示，也可以按下Ctrl+H快捷键隐藏路径，针织外套结构图效果如图4-129所示。

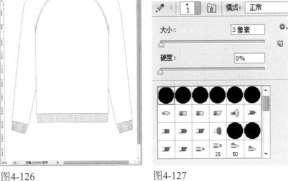

图4-126　　　　　　　　图4-127

图4-128　　　　　　　　图4-129

4.3.3 绘制门襟

① 按下Ctrl+N快捷键，创建一个A4大小的文档。按下Ctrl+R快捷键显示标尺，从标尺上拖出两条参考线，如图4-130所示。在标尺的原点单击并拖出一个十字线，将其拖放到参考线的交点处，将标尺的原点定位在此处，如图4-131所示。

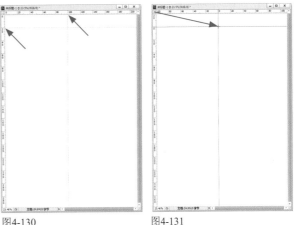

图4-130　　　　　　　　图4-131

02 选择矩形工具 ▦，按住Alt键在参考线的交叉点单击，弹出"创建矩形"对话框，设置矩形参数，如图4-132所示，单击"确定"按钮，创建一个矩形，如图4-133所示。

图4-132　　　　　图4-133

03 使用添加锚点工具 ⊹ 在矩形上添加一个锚点，如图4-134所示，使用直接选择工具 ▷ 调整锚点和方向线，如图4-135所示。

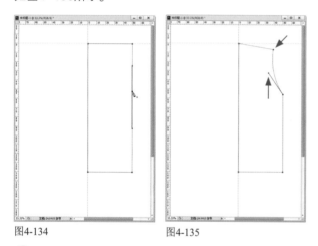

图4-134　　　　　图4-135

04 使用路径选择工具 ▶ 单击图形，按下Ctrl+C快捷键复制，按下Ctrl+V快捷键粘贴，再按下Ctrl+T快捷键显示定界框，按住Alt+Shift键拖动控制点，将图形等比缩小，如图4-136所示，按下回车键确认，使用直接选择工具 ▷ 调整锚点，如图4-137所示。

05 选择钢笔工具 ✐，按住Shift键绘制两条直线，如图4-138所示。绘制衣领和衣领内的缝纫线，如图4-139、图4-140所示。

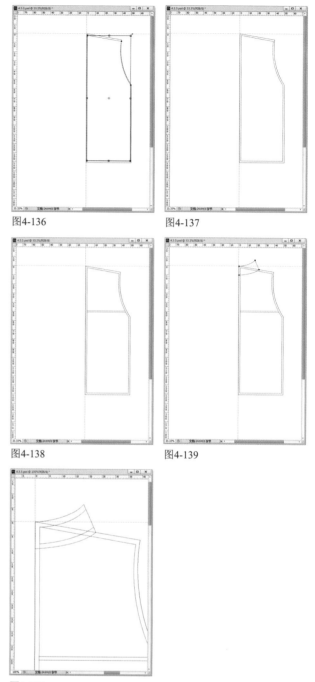

图4-136　　　　　图4-137

图4-138　　　　　图4-139

图4-140

06 使用矩形工具 ▦ 和圆角矩形工具 ▢ 创建矩形和圆角矩形，绘制出拉链，如图4-141、图4-142所示。

07 选择路径选择工具 ▶，按住Shift键单击组成拉链的图形，将它们选择，然后按住Alt键拖动鼠标进行复制，如图4-143所示。使用直接选择工具 ▷ 调整锚点，如图4-144所示。

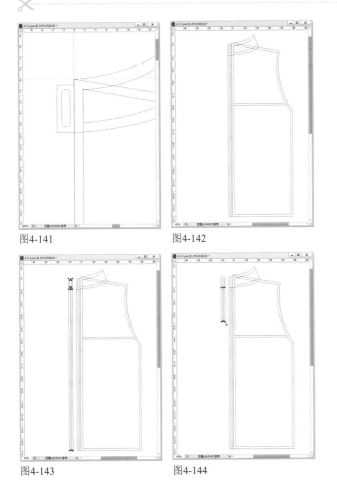

图4-141　　　　　　　　　图4-142

图4-143　　　　　　　　　图4-144

08 使用路径选择工具 ↖ 将图形移动到衣兜处，如图4-145所示，按下Ctrl+T快捷键显示定界框，拖动控制点旋转图形，如图4-146所示，按下回车键确认。

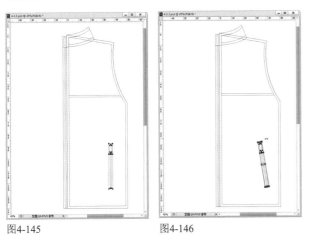

图4-145　　　　　　　　　图4-146

09 使用路径选择工具 ↖ 单击并拖出一个选框，选中除门襟处拉链外的所有图形，如图4-147所示，按下Ctrl+C快捷键复制，按下Ctrl+V快捷键粘贴，按下Ctrl+T快捷键显示定界框，单击鼠标右键打开下拉菜单，选择"水平

翻转"命令，翻转图形，再按住Shift键将其移动到画面左侧，如图4-148所示。

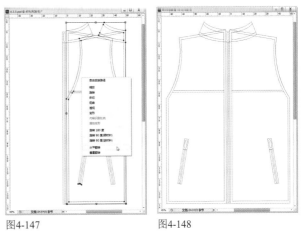

图4-147　　　　　　　　　图4-148

10 使用钢笔工具 ✒ 在衣领上方绘制一条曲线，如图4-149所示。选择铅笔工具 ✏ 并设置参数，如图4-150所示。

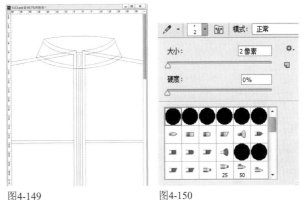

图4-149　　　　　　　　　图4-150

11 使用路径选择工具 ↖ 选择除领子外的其他图形，如图4-151所示。执行"路径"面板菜单中的"描边子路径"命令，对路径进行描边，如图4-152所示。

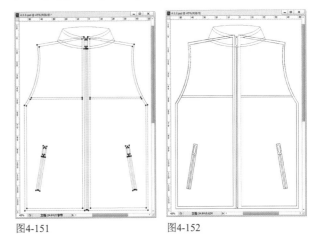

图4-151　　　　　　　　　图4-152

12 单击"图层"面板底部的 按钮，新建一个图层，如图4-153所示。选择两个领子图形，如图4-154所示。执行"路径"面板菜单中的"填充子路径"命令，用背景色（白色）填充路径区域，如图4-155、图4-156所示。

图4-153

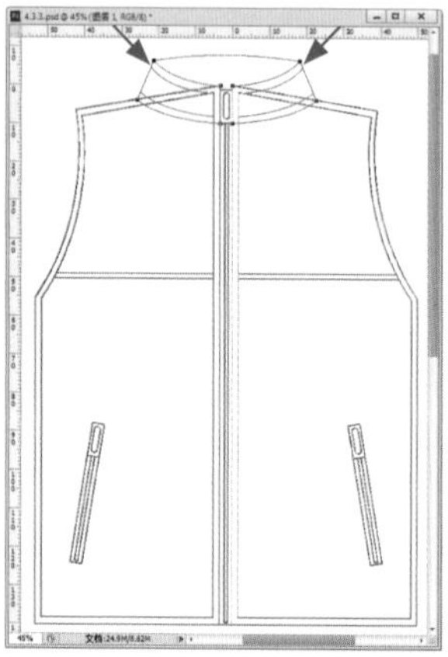

图4-155

13 新建一个图层，选择所有领子图形，如图4-157所示，对所选路径进行描边，如图4-158所示。

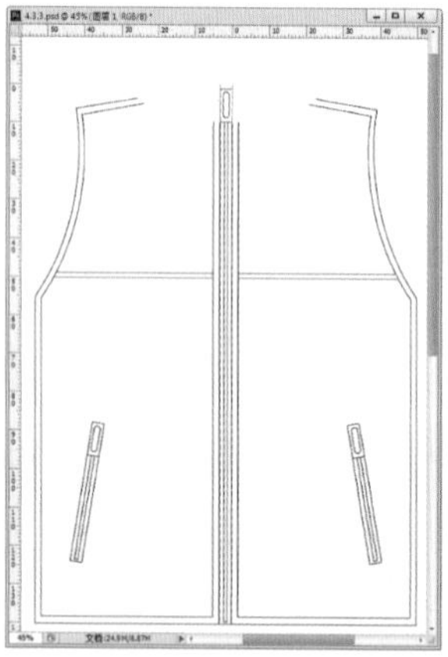

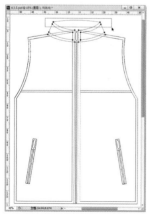

图4-157

图4-154

图4-156

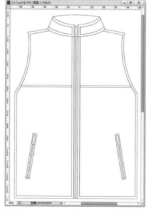

图4-158

4.3.4 绘制口袋

01 按下Ctrl+N快捷键，创建一个A4大小的文档。按下Ctrl+R快捷键显示标尺，拖出参考线，如图4-159所示。

02 选择矩形工具 ，在工具选项栏中选择"形状"选项，设置填充颜色为棕色，描边颜色为黑色，并用直线描边，如图4-160所示。在如图4-161所示的位置单击，在弹出的对话框中设置矩形宽度为16厘米，高度为18厘米，按下回车键创建一个矩形，如图4-162所示。

图4-159

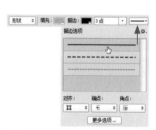

图4-160

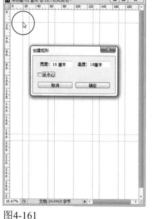

图4-161

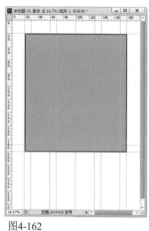

图4-162

03 选择添加锚点工具 ，在矩形底部的中点处单击，添加一个锚点，如图4-163所示，使用直接选择工具 移动锚点，如图4-164所示。

04 按下Ctrl+J快捷键复制形状图层，如图4-165所示，按下Ctrl+T快捷键显示定界框，在工具选项栏中输入缩放参数为96%，按下回车键确认，如图4-166所示。

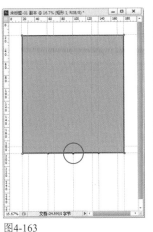

图4-163

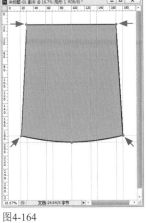

图4-164

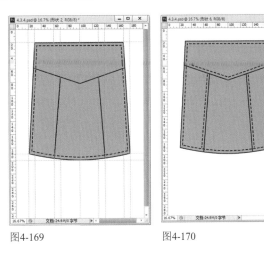

图4-169 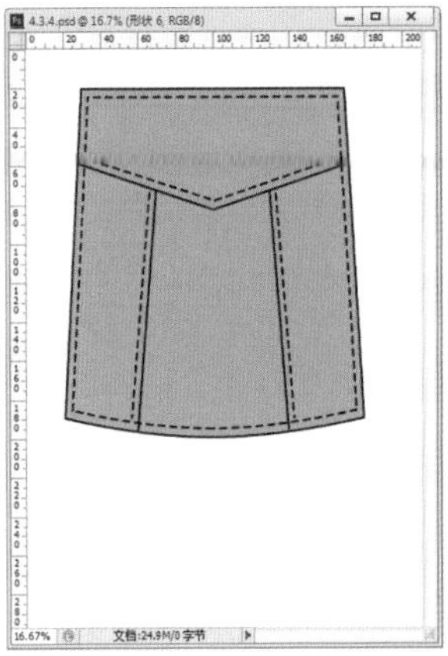　　　　　　　图4-170

4.3.5　绘制腰头

01 按下Ctrl+N快捷键，创建一个A4大小的文档。按下Ctrl+R快捷键显示标尺，调整原点位置并拖出参考线，如图4-171、图4-172所示。

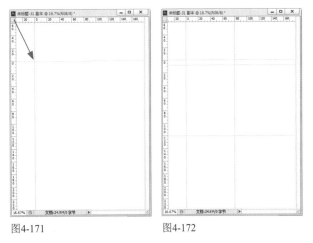

图4-171　　　　　　　图4-172

02 选择钢笔工具 ，在工具选项栏中选择"形状"选项，设置填充颜色为蓝色，描边颜色为黑色，并用直线描边，如图4-173所示。

图4-173

03 绘制图形，如图4-174、图4-175所示。绘制绳带，如图4-176、图4-177所示。按住Ctrl键单击各个形状图层，将它们选择，如图4-178所示，按下Ctrl+G快捷键，将它们编入图层组中，如图4-179所示，按下Ctrl+J快捷键复制图层组，如图4-180所示。

图4-165　　　　　　　图4-166

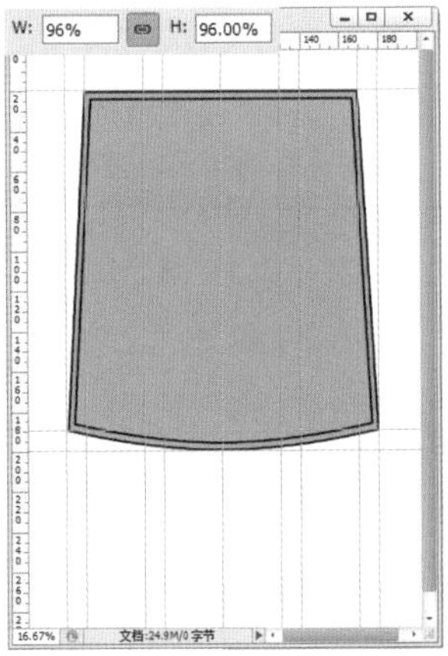

05 在工具选项栏中选择虚线描边，如图4-167、图4-168所示。

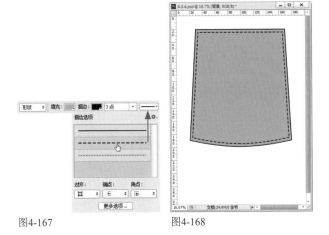

图4-167　　　　　　　图4-168

06 选择钢笔工具 ，在工具选项栏中选择"形状"选项，设置填充颜色为棕色，描边颜色为黑色，用直线描边，绘制内部分割线，如图4-169所示。用虚线描边，绘制明线，如图4-170所示。

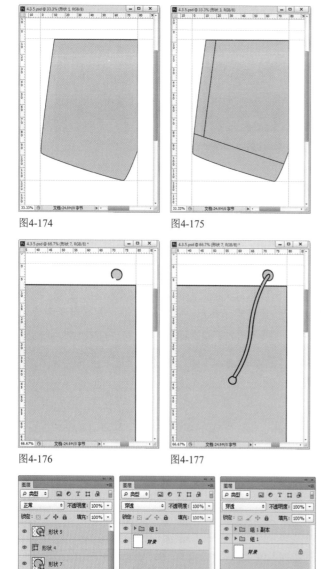

图4-174　　　　　图4-175

图4-176　　　　　图4-177

图4-178　　　图4-179　　　图4-180

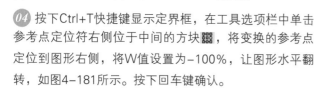

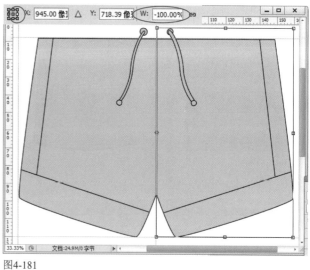

图4-181

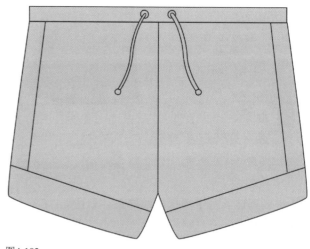

图4-182

04 按下Ctrl+T快捷键显示定界框，在工具选项栏中单击参考点定位符右侧位于中间的方块 ，将变换的参考点定位到图形右侧，将W值设置为–100%，让图形水平翻转，如图4–181所示。按下回车键确认。

05 使用钢笔工具 ✐ 绘制腰头，按下Ctrl+[快捷键，将其移动到最底层，效果如图4–182所示。

✏ **技巧**

对图形进行缩放、旋转等变换操作时，当前对象周围会出现一个定界框，定界框中央有一个中心点，四周有控制点。默认情况下，中心点位于对象的中心，它用于定义对象的变换中心，可以通过移动它的位置。如果要将中心点调整到定界框的边界，可单击工具选项栏中的参考点定位符 ▦。

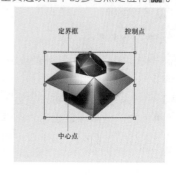

4.4 服装款式的整体设计

4.4.1 绘制线稿

01 按下Ctrl＋N快捷键，打开"新建"对话框，创建一个297毫米×210毫米，分辨率为300像素/英寸的文件。分别单击"图层"面板和"路径"面板中的 ⬜ 按钮，创建"线稿"图层和路径层，如图4-183、图4-184所示。

图4-183

图4-184

 提示

创建图层和路径层后，双击其名称可以显示文本框，在文本框中可以修改图层和路径的名称。

02 选择钢笔工具 ✎，在工具选项栏中选择"路径"选项，绘制裙子的大轮廓，如图4-185所示。绘制完轮廓后，继续绘制裙子细节部分路径，如图4-186所示。

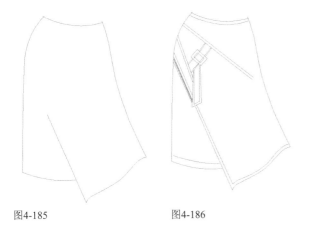

图4-185　　　　图4-186

提示

在绘制线稿时，使用线段路径来绘制会相对容易一些。使用钢笔工具绘制好一段路径后，按住Ctrl键切换为直接选择工具 ▸，单击空白处结束该路径的绘制，放开Ctrl键切换回钢笔工具 ✎，可以继续绘制下一段路径。

03 选择路径选择工具 ▸ 选择除缝线以外的所有路径（按住Shift键单击各个路径），如图4-187所示。选择画笔工具 ✎，在工具选项栏中设置画笔为尖角1px，单击"路径"面板中的用画笔描边路径按钮 ◯，对选中的路径进行描边，如图4-188所示。

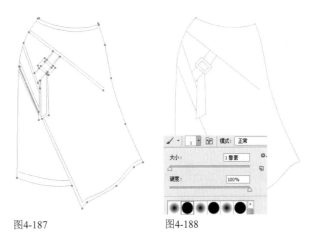

图4-187　　　　图4-188

04 按下Ctrl＋N快捷键打开"新建"对话框，设置宽度和高度均为50像素，分辨率为300像素/英寸，在"背景内容"下拉列表中选择"透明"选项，如图4-189所示，创建一个透明背景的文件。使用画笔工具 ✎（尖角4像素）在画面中绘制一条短线段，如图4-190所示。

图4-189　　　　图4-190

05 执行"编辑>定义画笔预设"命令，打开"画笔名称"对话框，如图4-191所示，按下回车键将图像定义为预设的画笔笔尖。按下F5键打开"画笔"面板，单击左侧的"画笔笔尖形状"选项，在右侧设置参数，如图4-192所示。

图4-195

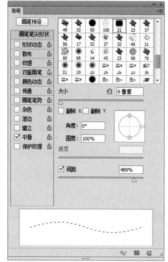

图4-191　　　　图4-192

图4-196

06 在"画笔"面板的"形状动态"选项中，设置"角度抖动"控制为"方向"，如图4-193所示。使用路径选择工具 ▶ 选择一段子路径，然后再进行描边，这样明线（虚线）都会沿着路径的方向整齐排列，在"路径"面板空白处单击隐藏路径，效果如图4-194所示。

08 使用橡皮擦工具 ▱（不透明度100%）擦除服装被遮挡部分的线条，然后再调整工具的不透明度为30%，处理明线，减淡颜色以便使主体线条更加明显，如图4-197所示。

图4-193　　　　图4-194

07 绘制出裙子的所有明线，如图4-195所示。采用同样方法绘制其他款式服装的线稿，如图4-196所示。

图4-197

4.4.2 上色

01 选择魔棒工具 ，按住Shift键选择左上角衣服的领子区域，如图4-198所示。执行"选择>修改>扩展"命令扩展选区，设置参数如图4-199所示。

图4-198　　　　　　　图4-199

02 按住Ctrl键单击"图层"面板中的 按钮，在"线稿"图层下方创建一个名称为"颜色"的图层，如图4-200所示。将前景色设置为浅蓝色，按下Alt+Delete键填充前景色，按下Ctrl+D快捷键取消选择，如图4-201所示。

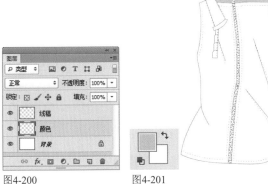

图4-200　　　　　　　图4-201

03 单击"线稿"图层前方的眼睛图标 ，隐藏该图层，如图4-202所示。使用画笔工具 （尖角）将漏填颜色的区域补充完整，如图4-203所示。

图4-202　　　　　　　图4-203

04 选择衣服上其他未着色的区域并用白色填充，如图4-204所示（为便于观察可添加黑色背景作为衬托）。使用魔棒工具 选择白色区域，将前景色重新设置为浅蓝色（R154 、G195、B223）。选择画笔工具 ，打开面板下拉菜单，选择"特殊效果画笔"命令，加载该画笔库，选择杜鹃花串笔尖并调整参数，如图4-205所示，在选区内绘制花纹，如图4-206所示。

05 同样在另外一件上衣处建立选区。执行"选择>修改>扩展"命令，对选区进行扩展（扩展量为1像素），效果如图4-207所示。将前景色设置为浅绿色，如图4-208所示。

图4-204　　　　　　　图4-205

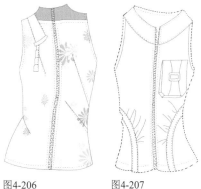

图4-206　　　　　图4-207　　　　　图4-208

06 在"画笔"面板中选择尖角笔尖，如图4-209所示。在面板左侧选择"纹理"选项。打开面板菜单，加载"艺术表面"画笔库，选择"纱布"纹理，勾选"反相"选项，如图4-210所示。

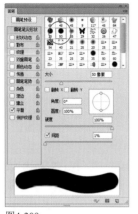
图4-209

图4-210

07 选择"颜色"图层，如图4-211所示。将画笔的笔尖调大，在选区内涂抹颜色，如图4-212所示。

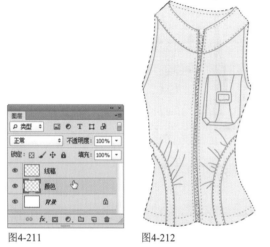
图4-211　　　　　图4-212

08 采用类似的方法，为其他服装着色，效果如图4-213所示。

图4-213

4.4.3 表现不同的质感与花纹

01 按下Shift+Ctrl+N键，打开"新建图层"对话框，将新图层命名为"纹理1"，设置模式为"叠加"，勾选"填充叠加中性色（50％灰）"选项，创建一个中性色图层，如图4-214、图4-215所示。

图4-214

图4-215

02 执行"滤镜>纹理>纹理化"命令，设置参数如图4-216所示，制作纹理效果，如图4-217所示。

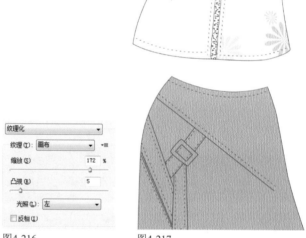
图4-216　　　　　图4-217

03 单击"图层"面板中的 ◻ 按钮，创建图层蒙版，如图4-218所示。使用画笔工具 ✐（尖角）在右侧的几件衣服上涂抹黑色，通过蒙版将纹理遮盖住，只让最左侧的衣服和裙子保留纹理，如图4-219、图4-220所示。

图4-218

图4-219

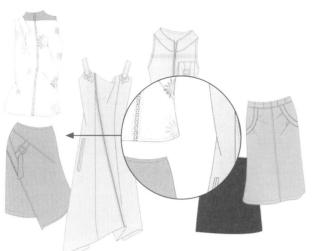

图4-220

04 用同样方法为浅绿色衣服添加纹理，即先创建一个中性色图层，然后添加"龟裂缝"滤镜，再通过图层蒙版控制纹理范围，如图4-221~图4-223所示。

图4-221　　　　　　图4-222　　　　　图4-223

05 创建"叠加"模式的中性色图层"纹理3"，如图4-224所示。在"图层"面板中双击该图层，打开"图层样式"对话框，在左侧列表中选择"图案叠加"选项，单击"图案"选项右侧的▼按钮，打开下拉面板，单击面板右上角的🞔按钮，在打开的菜单中选择"彩色纸"命令，载入该图案库，选择"树叶图案纸"，如图4-225所示。

06 选择右边短裙，为"纹理3"图层添加蒙版，使它的效果只作用于短裙，如图4-226、图4-227所示。

图4-224　　　　　　　图4-225

图4-226　　　　　　图4-227

07 单击"图层"面板和"路径"面板中的 ▢ 按钮，分别创建"褶皱"图层和路径层，如图4-228、图4-229所示。

图4-228　　　　　　图4-229

08 使用钢笔工具 ✐ 在服装的暗部和亮部绘制路径，单击"路径"面板下方的用前景色填充路径按钮 ●，分别用适当的颜色填充路径，如图4-230、图4-231所示。

图4-230　　　　　　图4-231

09 采用同样的方法绘制并填充所有服装的褶皱，如图4-232所示。

图4-232

10 调整图层的不透明度为60%，使褶皱部分呈现出浅浅的纹理，如图4-233、图4-234所示。

图4-233　　　　图4-234

11 单击"图层"面板和"路径"面板中的 按钮，分别创建"花纹"图层和路径层，如图4-235、图4-236所示。

图4-235　　　　图4-236

12 使用钢笔工具 绘制路径，如图4-237所示，将前景色设置为浅棕色，如图4-238所示。

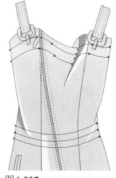
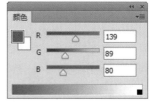

图4-237　　　　图4-238

13 使用画笔工具 （尖角）进行描边，效果如图4-239所示。使用橡皮擦工具 擦除多余部分，如图4-240所示。

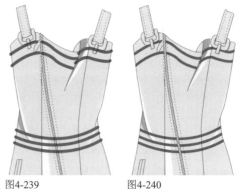

图4-239　　　　图4-240

14 打开光盘中的素材文件，如图4-241所示，该图像是一个包含路径的JPEG格式文件，如图4-242所示。

图4-241　　　　图4-242

15 将"路径"面板中的"花纹"路径层拖动到服装款式图文档中，如图4-243所示。按下Ctrl+T快捷键显示定界框，按住Shift拖动控制点，对花纹进行等比缩放，如图4-244所示。

图4-243　　　　　　图4-244

16 将前景色设置为黑色。选择画笔工具 ✐（尖角1像素），单击"路径"面板中的 ⭕ 按钮，用画笔描边路径，如图4-245所示。使用橡皮擦工具 ✐ 擦除超出裙子轮廓部分的花纹，如图4-246所示。

图4-245　　　　　　图4-246

17 在"图层"面板中双击"颜色"图层，打开"图层样式"对话框，为服装添加投影效果，如图4-247、图4-248所示。

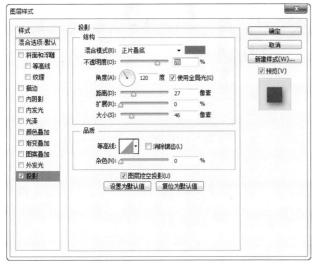

图4-247

图4-248

18 最后将前景色设置为白色，使用画笔工具 ✐（柔角，不透明度20%）在服装上绘制一些柔和的高光，如图4-249、图4-250所示，整体效果如图4-251所示。

图4-249　　　　　　图4-250

图4-251

第5章
服装色彩表现技法

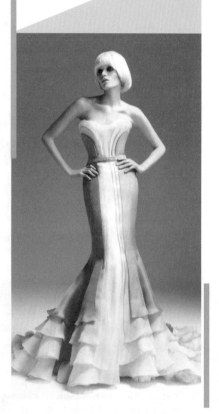

5.1
服装的配色方法

5.2.3
调整色相、饱和度和明度

5.2.2
调整图层

5.3.1
从Kuler网站获取配色灵感

5.1 服装的配色方法

同类色调和/近似色调和

当色相相同或相近时，在色彩面积大小等因素不同的情况下，可以产生色彩有序和无序的节奏变化。此类方法能达到色彩丰富和谐的效果，如图5-1、图5-2所示。

图5-1

图5-2

主调调和

以某种或某组色彩为主调，再用其他颜色穿插点缀其间，可以产生在统一色调之中又有变化的色彩效果，如图5-3所示。

图5-3

对比调和

合理地运用对比色或互补色的色彩的面积进行组合搭配，在服装设计中可以起到修正不同体形的作用，也能够让色彩组合更加丰富，如图5-4所示。

无彩色调和

色彩分为有彩色和无彩色。有彩色是指光谱中的全部颜色，如红、橙、黄、绿、蓝、紫等。无彩色是没有任何色相感觉的，包括黑、白和灰色。

在颜色之间采用无色彩作为间隔，能够使不同色相的颜色统一在一个整体之中，使其稳定而又有变化。间隔的作用也起到调和不同色彩之间的关系，达到自然和谐的效果，如图5-5所示。

图5-4　　　　　　　　　　　图5-5

小贴士：色彩的对比与调和

色彩的对比是指两种或两种以上色彩并置时，由于相互影响而产生的差别，它包括色相对比、明度对比和纯度对比。色彩调和是指两种或多种颜色秩序而协调地组合在一起，使人产生愉悦、舒适感觉的色彩搭配关系。

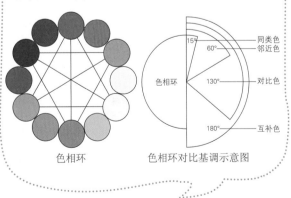

色相环　　　　　　　　色相环对比基调示意图

5.2 Photoshop调色工具

5.2.1 调色命令

Photoshop是当之无愧的色彩处理大师，在它的"图像>调整"菜单中，提供了20多个调色命令，如图5-6所示。这些命令既可针对特定的颜色进行调整，也可以改变色彩平衡或创造性地修改颜色。

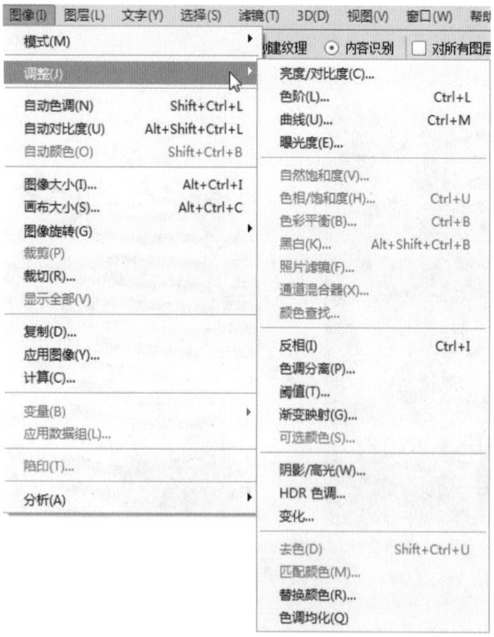

图5-6

Photoshop调色命令分类

用途	包含的具体命令
调整颜色和色调的命令	"色阶"和"曲线"命令可以调整颜色和色调；"色相/饱和度"和"自然饱和度"命令用于调整色彩；"阴影/高光"和"曝光度"命令只能调整色调
匹配、替换和混合颜色的命令	"匹配颜色"、"替换颜色"、"通道混合器"和"可选颜色"命令可以匹配多个图像之间的颜色，替换指定的颜色或者对颜色通道做出调整
快速调整命令	"自动色调"、"自动对比度"和"自动颜色"命令能够自动调整图片的颜色和色调，可以进行简单的调整，适合初学者使用；"照片滤镜"、"色彩平衡"和"变化"是用于调整色彩的命令，使用方法简单且直观；"亮度/对比度"和"色调均化"命令用于调整色调
应用特殊颜色调整的命令	"反相"、"阈值"、"色调分离"和"渐变映射"是特殊的颜色调整命令，它们可以将图片转换为负片效果、简化为黑白图像、分离色彩或者用渐变颜色转换图片中原有的颜色

5.2.2 调整图层

Photoshop中的调色命令可以通过两种方式来使用，第一种是直接用"图像"菜单中的命令处理图像，第二种则是通过调整图层来应用这些命令。这两种方式可以达到相同的效果。它们的不同之处在于："图像"菜单中的命令会修改图像的像素数据，而调整图层则不会修改像素，因而它是一种非破坏性的调色功能。

例如，图5-7所示为原图像，假设要用"色相/饱和度"命令调整它的颜色。使用"图像>调整>色相/饱和度"命令来操作，"背景"图层中的像素就会被修改，如图5-8所示；如果使用调整图层操作，则可以在当前图层的上面创建一个调整图层，调整命令通过该图层对下面的图像产生影响，其调整结果与使用"图像"菜单中的"色相/饱和度"命令完全相同，但下面图层中的像素不会受到任何影响，如图5-9所示。

图5-7

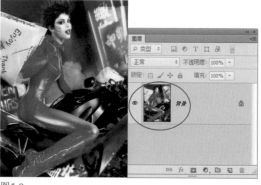

图5-8

图5-9

调整图层的创建和编辑方法 ·······················

● **创建调整图层**：单击"调整"面板中的一个调整图层按钮，如图 5-10 所示，即可创建调整图层，同时可在"属性"面板中可以设置参数选项，如图 5-11 所示。

图5-10　　　　　图5-11

● **修改调整参数**：创建调整图层后，只需单击"图层"面板中的调整图层，如图 5-12 所示，便可在"属性"面板中修改参数，如图 5-13 所示。

图5-12　　　　　图5-13

● **隐藏/重新显示调整图层**：在"图层"面板中，单击调整图层前面的眼睛图标 👁，可以隐藏调整图层，使图像恢复为原有效果；再次单击则重新显示调整图层。

● **删除调整图层**：单击调整图层后，按下 Delete 键可将其删除。

5.2.3 调整色相、饱和度和明度

　　"色相/饱和度"命令可以针对色彩的 3 个属性进行调整，即色相、饱和度（也称纯度）和明度。

　　打开一个文件，如图 5-14 所示，执行"图像>调整>色相/饱和度"命令，打开"色相/饱和度"对话框，拖动"色相"滑块可以改变图像的整体颜色，如图 5-15、图 5-16 所示。如果要单独调整某一种颜色，可单击 ▼ 按钮，打开下拉列表选择颜色，然后拖动"色相"滑块进行调整，如图 5-17 所示为单独调整黄色时的效果。

图5-14　　　　　　　　　　图5-15

图5-16　　　　　　　　　　图5-17

　　如果要调整饱和度，可以拖动"饱和度"滑块，如图 5-18 所示。如果要调整明度，则可以拖动"明度"滑块，如图 5-19 所示。

图5-18　　　　　　　　　　图5-19

 提示

在"编辑"选项下拉列表选择一种特定的颜色后，可以拖动"色相"、"饱和度"或"明度"滑块，单独调整所选颜色的色相、饱和度和明度。

5.3 Photoshop配色工具

5.3.1 从Kuler网站获取配色灵感

　　Kuler是由Adobe公司创建的为用户提供在线配色方案的网站，可以为服装配色提供参考，将电脑连接到互联网后，可通过Photoshop中的"Kuler"面板访问该网站。

01 执行"窗口>扩展功能>Kuler"命令，打开"Kuler"面板。单击"关于"按钮，面板中会显示Kuler在线社区的简单介绍。单击链接地址，如图5-20所示，链接到Kuler网站，如图5-21所示。

图5-20　　　　图5-21

02 单击窗口顶部的"Explore"菜单，即可浏览各种配色方案，如图5-22所示。选择一种配色方案，并单击"Edit"命令，如图5-23所示，可以显示交互式色盘，如图5-24所示，此时拖动滑块可以修改颜色，如图5-25所示。

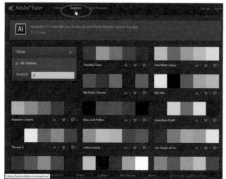

图5-22　　　　　　　　图5-23

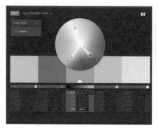 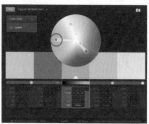

图5-24　　　　　　　　图5-25

03 在Kuler网站，用户可以上传图片，自动分析图片的主色调。操作方法是，单击照相机状图标，如图5-26所示，弹出对话框之后，在电脑中任选一张图像，如图5-27所示，单击"打开"按钮即可，如图5-28所示。Kuler提供了几种调色规则：Colorful（五彩缤纷）、Bright（明亮的）、Muted（浅色的）、Deep（深色的）、Dark（灰暗的）和 Custom（自定）。选择一种规则后，可自动从图片中提取颜色，如图5-29所示。

图5-26　　　　　　　　图5-27

图5-28

图5-29

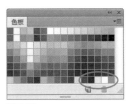

图5-36　　　　　　　　　　图5-37

5.3.2　使用Kuler面板下载配色方案

使用"Kuler"面板可以从Kuler下载由在线设计人员社区所创建的数千个颜色组。

04 在Kuler网站上注册一个Adobe ID账户后，可以下载颜色样本文件。操作方法是：单击窗口右上角的"Sign up"，输入相关信息，即可注册Adobe ID账户，如图5-30所示。注册以后，单击窗口右上角的"Sign in"可登录该账户，如图5-31所示。

01 执行"窗口>扩展功能>Kuler"命令，打开"Kuler"面板，单击"浏览"按钮，再单击 ⬚ 按钮，打开下拉列表选择"最受欢迎"选项，如图5-38所示，即可从Kuler社区下载最受欢迎的颜色主题。

02 选择一组颜色，如图5-39所示，单击 ⬚ 按钮，可将其下载到Photoshop "色板"面板中，如图5-40所示。

图5-30　　　　　　　　　　图5-31

05 单击"Explore"菜单，然后选择一个颜色样本文件（文件中包含了整套颜色主题），如图5-32所示，单击下载图标，如图5-33所示，即可将其下载。

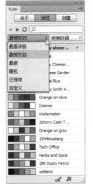 

图5-38　　　　图5-39　　　　图5-40

03 单击 ⬚ 按钮，可将其添加到"创建"面板中，如图5-41所示。此时可以选择一种颜色协调规则，从基色中自动生成与之匹配的颜色，如图5-42所示，也可以拖动滑块进行调整，如图5-43所示。

图5-32　　　　　　　　　　图5-33

06 图5-34所示为下载的色板文件。在Photoshop中打开"色板"面板，执行面板菜单中的"载入色板"命令，如图5-35所示，弹出"载入"对话框，导航到保存色板的文件夹，在"文件类型"下拉列表中选择"色板交换.ASE"选项，如图5-36所示，然后单击"载入"按钮，即可载入色板文件，如图5-37所示。

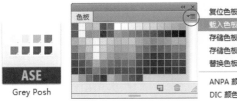

Grey Posh

图5-34　　　图5-35

图5-41　　　　图5-42　　　　图5-43

6.1.6
肌理图案

第**6**章
服装图案
表现技法

6.1.3
人物图案

6.1.1
植物图案

6.1.5
几何图案

6.1 服装图案的类型

6.1.1 植物图案

　　服装图案是指服装结构形成的装饰纹样和附着在服装之上的装饰纹样。它包括植物图案、动物图案、人物图案、几何图案、文字图案、肌理图案、抽象图案等类型。

　　植物图案是以自然界中的植物形象为素材创作的图案，在服装上的应用是最广最多的，如图6-1、图6-2所示。植物图案中花卉形态的变化最为灵活，在设计者的塑造下，可以适应各种服装的任何部位、任何工艺形式的需要，也可以被赋予特定的含义。

图6-1

图6-2

6.1.2 动物图案

　　动物图案在服装的装饰部位多在胸部、肩部、背部、衣袋、衣边等，在服饰配件方面，则多用于皮带头、纽扣以及首饰等。

　　动物图案一般不能像花卉图案那样变化丰富，但其所具有的动态特征和表情特征是花卉图案所不能及的。动物图案能通过拟人化的处理，使服装增加趣味性和装饰性，如图6-3、图6-4所示。

6.1.3 人物图案

　　人物图案在胸片上出现最多，具有新颖、奇特、

视觉冲击力强等特点，能增强服装的表现力，体现时尚感，如图6-5、图6-6所示。

图6-3

图6-4

图6-5

图6-6

6.1.4 风景图案

　　风景图案多应用于头巾、披肩以及大面积装饰上（如连衣裙、睡衣），有表现自然景观的，有表现人文景观的，有体现城市特点的，也有反映乡村风貌的，如图6-7、图6-8所示。

6.1.5 几何图案

　　几何图案是指用点、线、面或几何图形（分为不规则形与规则形）等组合成的图案。主要应用于现代、简约风格的服装中，如图6-9、图6-10所示。

图6-7

图6-8

6.1.7 文字图案

文字图案可分为具象文字和抽象文字、中国文字和外国文字、空心字和实心字等不同类别。文字图案在服装上的应用主要有两个方向：一是表达自由、随意的休闲服饰；另一个是突出品牌名称的高端服饰，如图6-13、图6-14所示。

图6-13

图6-14

图6-9

图6-10

6.1.8 抽象图案

在图案体系里，除具象图案外都是抽象图案。抽象图案能表现出现代感、体现抽象美，给人以想象的空间，主要应用于现代风格的服装中，尤其适合简约时尚的年轻人，如图6-15、图6-16所示。

6.1.6 肌理图案

肌理具有唯一性，因而肌理图案往往能够表现与众不同的个性，如图6-11、图6-12所示。肌理图案常用于个性化明显的舞台装、T台服等，在皮质提包、钱包等服饰配件上的应用也比较广泛。

图6-15

图6-16

图6-11

图6-12

6.2 服装图案的构成形式

6.2.1 单独纹样

服装图案的构成形式取决于装饰的目的、内容、对象、部位以及材料的性能、工艺制作条件等。图案的构成形式可以分为单独纹样、适合纹样、二方连续纹样、四方连续纹样和适合纹样几种类型。

单独式的纹样不受轮廓限制，外形完整、独立，是图案中最基本的单位和组织形式，既可以单独使用，也是构成适合纹样、连续纹样的基础。

单独纹样的构成形式有两种：对称式和均衡式。

对称式纹样

对称式纹样采用上下对称或左右对称、等形等量分配的形式，特点是结构严谨、庄重大方，如图6-17所示。

均衡式纹样

均衡式是指在不失去重心的情况下，上下、左右纹样可以不对称，但总体看起来是平衡、稳定的。其特点是生动、丰富，穿插灵活，富于动态美，如图6-18所示。

图6-17

图6-18

6.2.2 适合纹样

适合纹样区别于单独纹样的特点在于其必须有一定外形，即将一个或几个完整的形象装饰在一个预先选定好的外形内（如正方形、圆形、三角形），使图案自然、巧妙地适合于形体。它包括形体适合、边缘适合、角隅适合几种形式。

形体适合纹样

形体适合的外形可以分为几何形体和自然形体两种。几何形体有圆形、六边形、星形等；自然形体有桃形、莲花形、葫芦形、扇形、水果形、文字形等，如图6-19所示。

边缘适合纹样

边缘适合纹样是指装饰在特定形体四周边缘的纹样，如图6-20所示。这种纹样在构成形式上与二方连续有相似之处，不同的是二方连续可以无限延伸，而边缘适合纹样则会受到被装饰部位尺度的限制，首尾必须相接。

图6-19 图6-20

角隅适合纹样

角隅适合纹样是装饰在形体转角部位的纹样，又称为边角图案。这种纹样大多与边缘转角的形体相吻合，如领角、衣角、头巾方角等，如图6-21所示。

图6-21

6.2.3 二方连续纹样

二方连续是运用一个或几个单位的装饰元素组成单位纹样，进行上下或左右方向有条理的反复排列所形成的带状连续形式，因此又称带状纹样或花边，如图6-22~图6-24所示。

图6-22

图6-23

图6-24

6.2.4 四方连续纹样

四方连续是将一个或几个装饰元素组成基本单位纹样，进行上下左右四个方向反复排列的可无限扩展的纹样，如图6-25、图6-26所示。

提示

连续与独立纹样有着明显的区别，前者必须保持图案在设计过程中的连续性，后者则无需顾及"连续"，只要在相对自由的范围内自身组成纹样造型即可。

图6-25   图6-26

6.2.5 综合纹样

综合纹样是指结合了单独纹样、适合纹样、二方连续纹样、四方连续纹样中任意两种或两种以上的形式而产生的相对独立图案。

小贴士：服装图案的工艺形式

印染：是服装图案中运用最广的一种工艺形式。具有成本低、花型活泼、色彩变化丰富等特点，适合大批量生产。

手绘：即徒手用颜料在服装上绘制图案。主要用于一些特定的服装，如表演服、礼服等。

织花：是使纺织品在织造过程中形成图案的一种工艺形式。由于织造手法不同，又分为提花和色织两种形式。织花布是大批量生产的产品，花形具有工整规范的特点，但变化不如印花丰富、活泼。

刺绣：用绣花线在纺织品或其他服装材料上组成图案的一种工艺形式，一般通过线迹表现图案纹样，显得十分精致。

编织：用绳加工服装的一种手法，可通过编织针法的变化形成或平实、或凸起、或镂空的图案，肌理感丰富，图案显得含蓄、质朴。

6.3 制作图案

6.3.1 制作单独纹样

单独纹样是服饰图案的基础，通过对单独纹样的复制与排列可以构成二方连续、四方连续以及独幅式综合图案。单独纹样是具有相对独立性的平面纹样，它是自然形图案构成的基本形式，不受轮廓的限制。

下面我们使用Photoshop的形状图层制作一个单独纹样，该纹样是矢量对象，可以打印输出为任意大小的尺寸。

01 按下Ctrl+N快捷键打开"新建"对话框，创建一个10厘米×10厘米，分辨率为300像素/英寸的文件，如图6-27所示。

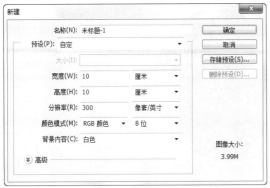

图6-27

02 按下Ctrl+R快捷键显示标尺。参考线可以通过两种方法来创建，一是从标尺上拖拽出参考线，还有一种是输入参数的方法，在指定的位置创建参考线，执行"视图>新建参考线"命令，设置参数如图6-28所示，在画面的中间创建出一条准确定位的参考线，如图6-29所示。采用同样的方法创建一条水平的参考线，确定画面的中心点，如图6-30、图6-31所示。

图6-28

图6-29

图6-30

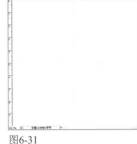

图6-31

提示

创建参考线后，可以使用移动工具 ►♣ 移动它的位置，将参考线重新拖回标尺，可以将它删除；执行"视图>锁定参考线"命令，可以锁定参考线的位置；执行"视图>显示>智能参考线"命令可以启用智能参考线。智能参考线仅在需要时出现，例如，移动一个图形时，它就会自动出现并帮助用户将图形与其他对象对齐。

03 选择椭圆工具 ⬤，在工具选项栏选择"形状"选项，按住Shift键拖动鼠标在画面中绘制一个圆形（在绘制圆形的同时按住空格键可移动圆形的位置），如图6-32所示，同时会生成一个形状图层，如图6-33所示。按住Ctrl键单击"背景"图层，选择这两个图层，选择移动工具 ►♣，分别按下工具选项栏中的垂直居中对齐按钮 ▐♣ 和水平居中对齐按钮 ♣，将圆形对齐到画面的中心。

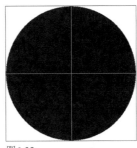

图6-32   图6-33

技巧

使用钢笔工具或矩形、椭圆、自定形状等矢量工具，选择工具选项栏中"形状"选项绘制图形时，"图层"面板中就会生成一个形状图层。形状图层是矢量对象，不会受到分辨率的限制，可以任意缩放，创建形状图层后，还可以选择钢笔或者其他矢量工具，按下相应的形状运算按钮，然后向形状图层的图形中添加新的图形，并使之与原有的形状进行运算，进而得到需要的图形，形状的运算与路径的运算方法完全相同。

04 按下Ctrl+J快捷键复制"椭圆1"形状图层，按下Ctrl+Delete键填充背景色（白色），如图6-34、图6-35所示。

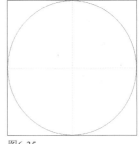

图6-34   图6-35

05 按下Ctrl+T快捷键显示定界框，按住Alt+Shift键拖动定界框顶角的控制点，基于圆心等比缩放圆形，使黑白两个圆形之间形成一条黑色轮廓线，如图6-36所示。采用同样的方法再复制一个黑色圆形，如图6-37所示。

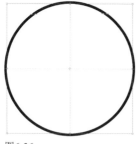
图6-36

图6-37

06 将前景色设置为蓝色，选择自定形状工具 🐾，在工具选项栏选择"形状"选项，打开"自定形状"下拉面板，在菜单中选择"装饰"，加载该形状库，选择"叶形装饰3"形状，如图6-38所示。按住Shift键拖动鼠标绘制图形，如图6-39所示。

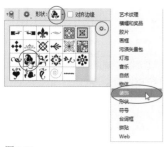
图6-38

图6-39

07 按下Ctrl+T快捷键显示定界框，将中心点移动到参考线的交叉点（画面的中心）上，如图6-40所示，在工具选项栏中输入旋转角度为120度，精确旋转图形，如图6-41所示，按下回车键确认变换。

图6-40

图6-41

08 连按两次Alt+Shift+Ctrl+T键，在同一个图层上复制并重复变换出两个图形，如图6-42、图6-43所示。

提示

选择一个图像后，执行"编辑>定义图案"命令，可将所选图像定义为图案。

图6-42

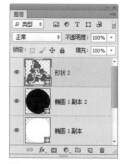
图6-43

09 单击"形状2"图层前面的眼睛图标 👁，隐藏该图层，将前景色设置为黄色，选择"百合花饰"形状，如图6-44所示，按住Shift键在垂直辅助线上绘制图形，如图6-45所示。单击鼠标右键，打开快捷菜单，选择"水平翻转"命令，垂直翻转图形，如图6-46所示。

图6-44

图6-45

图6-46

10 采用同样的方法，选择"常春藤3"形状绘制并旋转制作一个红色的图形，如图6-47、图6-48所示。

图6-47

图6-48

11 按下Ctrl+J快捷键复制图层，如图6-49所示。按下Ctrl+T快捷键显示定界框，按住Shift键将定界框的中心点水平移动到垂直参考线上。水平翻转红色图形，如图6-50所示。

图6-49

图6-50

12 双击左侧图形的缩览图，打开"拾色器"，将颜色调整为深绿色，如图6-51所示。同时选择三个形状图层，按下Ctrl+E快捷键合并，如图6-52所示。

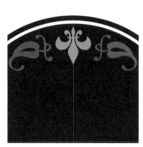

图6-51　　　　　　　　图6-52

13 按住Ctrl键单击合并图层的缩览图载入选区，按下Ctrl+T快捷键显示定界框，将定界框的中心点移至图形的中心点上，如图6-53所示，在工具选项栏中输入旋转角度（120度），旋转图形后同样按下Alt+Shift+Ctrl+T键旋转并复制图形，如图6-54所示，按下Ctrl+D快捷键取消选择。

图6-53　　　　　　　　图6-54

14 显示"形状2"图层，如图6-55所示。按下Ctrl+T快捷键自由变换，将花纹旋转，如图6-56所示。

图6-55　　　　　　　　图6-56

15 新建一个图层，按住Ctrl键单击"形状2"图层的矢量蒙版缩览图载入选区，执行"选择>修改>收缩"命令，设置参数如图6-57所示，收缩选区。将前景色设置为绿色，按下Alt+Delete键填充前景色，如图6-58所示。

图6-57　　　　　　　　图6-58

16 再次新建图层，采用同样的方法载入并收缩选区，然后填充不同的颜色，如图6-59、图6-60所示。

图6-59　　　　　　　　图6-60

17 按下Ctrl+D快捷键取消选择，按下Ctrl+；快捷键隐藏参考线，最终效果如图6-61所示。也可以先将图案绘制成黑白两色的，然后再进行填色，这样就可以对同一图案的各种不同配色方案进行尝试，创造出更多的图案效果，如图6-62所示。

图6-61　　　　　　　　图6-62

6.3.2　用动作制作纹样

01 按下Ctrl+N快捷键打开"新建"对话框，创建一个10厘米×10厘米，分辨率为300像素/英寸的文件。

02 在"图层"面板中创建一个"图案"图层，如图6-63所示。选择自定形状工具 ✿，在工具选项栏中选择"路径"选项，在下拉面板中选择"长春藤2"形状，如图6-64所示，按住Shift键锁定比例拖动鼠标绘制一个路径，如图6-65所示。

03 将前景色设置为蓝色，选择画笔工具 ✎ （尖角2像素），单击"路径"面板底部的 ○ 按钮，用画笔描边路径，在面板的空白处单击，隐藏路径，如图6-66所示。

图6-63　　　　　　　图6-64

图6-65　　　　　　　图6-66

04 在"图层"面板中按住Ctrl键单击"图案"图层的缩览图载入选区，按下Ctrl+T快捷键显示定界框，将中心点移动到图形左上方，如图6-67所示，在工具选项栏中设置旋转角度为60度，对图像进行旋转，如图6-68所示。按下回车键确认变换。

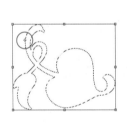 

图6-67　　　　　　　图6-68

05 按下F9键打开"动作"面板，单击创建新组按钮 ▭ ，打开"新建组"对话框，输入动作组的名称，如图6-69所示，按下回车键创建一个动作组，如图6-70所示。

图6-69　　　　　　　图6-70

06 单击面板中的创建新动作按钮 ▭ ，打开"新建动作"对话框，输入动作名称，在新建的动作组中创建一个动作，如图6-71、图6-72所示。新动作创建好以后，面板底部的开始记录按钮 ● 会自动变成红色，且下凹，接下来的操作将被一一记录。

图6-71　　　　　　　图6-72

07 回到图像窗口，保持对图像的选取状态，按下Alt+Shift+Ctrl+T键，复制并重复变换图像，如图6-73所示。此时"动作"面板中已经记录下了这一动作，如图6-74所示。

图6-73　　　　　　　图6-74

08 单击停止播放/记录按钮 ■ ，完成"花环"动作的记录，记录按钮 ● 变成黑色，如图6-75所示。每单击一次面板中的播放选定的动作按钮 ▶ ，播放录制的动作时，图像中就会变换复制出一个新的图形，如图6-76、图6-77所示。

09 连续按下 ▶ 按钮3次，制作出一个完整的花环图案，按下Ctrl+D快捷键取消选择，得到如图6-78所示的最终效果。

图6-75　　　　　　　图6-76

图6-77

图6-78

6.3.3 制作二方连续纹样

二方连续纹样是服饰图案的重要构成形式之一，它是将单独纹样图案在上、下、左、右方向进行连续排列而形成的条形纹样图案。服装中的花边和挑花运用在门襟、底边，凡朝两个方向发展的花形图案都是二方连续。

01 按下Ctrl+N快捷键打开"新建"对话框，创建一个12厘米×2.5厘米大小，分辨率为300像素/英寸的文件，如图6-79所示。

02 按下Ctrl+R快捷键显示标尺，执行"视图>新建参考线"命令，打开"新建参考线"对话框，设置参数如图6-80所示，按下回车键，在指定的位置创建一条参考线，如图6-81所示。

图6-79

图6-80

图6-81

03 采用同样方法，分别在每隔1厘米处创建参考线，以便于图案的准确定位，如图6-82所示。

图6-82

技巧

标尺可以帮助用户确定图像或元素的位置，标尺的原点位于窗口的左上角(0，0)刻度处，将光标放在原点上，单击并向右下方拖出十字线，放开鼠标后，该处便成为原点的新位置。

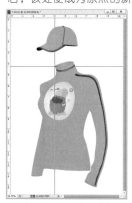 

如果要将原点恢复到默认位置，可在窗口的左上角(0，0)刻度处双击。如果要隐藏标尺，可以再次按下Ctrl+R快捷键。在定位原点的过程中，按住Shift键可以使标尺原点与标尺的刻度记号对齐。

04 按下Ctrl+O快捷键，打开光盘中的素材文件，这是一个AI格式的文件，在打开的"栅格化EPS格式"对话框中设置参数，如图6-83所示，按下回车键打开文件，如图6-84所示。

图6-83

图6-84

05 使用移动工具 ⊹ 将蝴蝶图案拖入当前文档，放在画面的左侧，如图6-85所示。

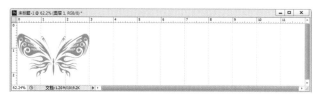

图6-85

06 重命名素材所在的图层为"蝴蝶",如图6-86所示。连续按3次Ctrl+J快捷键,复制出3个"蝴蝶副本"图层,如图6-87所示。

图6-86　　　　　图6-87

07 选择移动工具 ▶╋,按住Shift键锁定水平方向,将最上面的一个蝴蝶图案拖动到右侧,如图6-88所示。

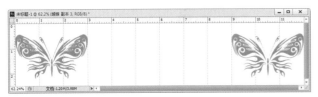

图6-88

提示

执行"视图>显示>智能参考线"命令,启用智能参考线,在拖动蝴蝶图案时就能很清楚地看到两个图案是否对齐。

08 按住Shift键单击"蝴蝶"图层,选择除"背景"以外的所有图层,分别单击工具选项栏中的水平居中分布按钮 ╫ 和垂直居中对齐按钮 ▐╂,使这4个蝴蝶图案居中且均匀分布,如图6-89所示。

图6-89

09 按下Ctrl+E快捷键将4个图层合并,如图6-90所示。选择自定形状工具 ⚘,在工具选项栏中选择"形状"选项,打开"形状"下拉面板,选择"装饰5"形状,如图6-91所示。

图6-90　　　　　图6-91

10 按住Shift键(可以保持图形不变形)拖动鼠标绘制一个图形,同时生成一个形状图层,如图6-92、图6-93所示。

图6-92　　　　　图6-93

11 按下Ctrl+T快捷键显示定界框,单击鼠标右键打开快捷菜单,选择"垂直翻转"命令,垂直翻转图形,如图6-94所示。选择"装饰1"形状,如图6-95所示,绘制出另外一个图形,如图6-96所示。按下Ctrl+J快捷键复制形状图层,如图6-97所示。

图6-94　　　　　图6-95

图6-96　　　　　图6-97

12 按下Ctrl+T快捷键显示定界框，将中心点拖动到左边形状的中点处，如图6-98所示，然后单击鼠标右键打开快捷菜单，选择"水平翻转"命令，水平翻转复制的形状，如图6-99所示。

图6-98　　　　　图6-99

13 按住Shift键单击"形状1"图层，选择这3个形状图层，如图6-100所示，按下Ctrl+E快捷键合并，如图6-101所示。按下Ctrl+T快捷键显示定界框，调整合并图形的大小和位置，如图6-102所示。

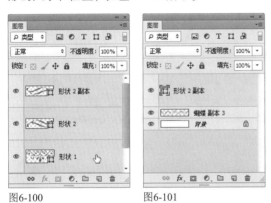

图6-100　　　　　图6-101

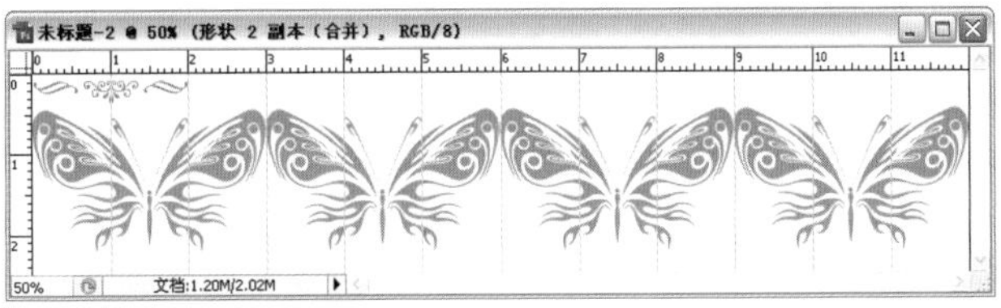

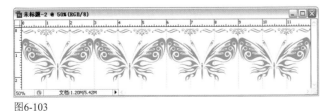

图6-102

14 按下Ctrl+J快捷键复制出5个绿色花纹图层，采用分布蝴蝶的方法，将复制的图形分散、对齐，效果如图6-103所示。

图6-103

15 合并这几个图层，如图6-104所示。按下Ctrl+J快捷键复制图层，如图6-105所示。

图6-104　　　　　图6-105

16 按下Ctrl+T快捷键显示定界框，先将复制的图层垂直翻转，再按住Shift键将它移动到画面的下方，如图6-106所示。按下Ctrl+E快捷键，将绿色花纹图形合并为一个图层。

图6-106

17 采用类似的方法绘制另外的图形，如图6-107所示。

图6-107

6.3.4　制作四方连续纹样

　　四方连续纹样被广泛地应用于服装面料设计中，其最大的特点是图案组织是上下、左右都能连续构成循环图案。

01 按下Ctrl+N快捷键打开"新建"对话框，创建一个10厘米×10厘米，分辨率为300像素/英寸的文件，如图6-108所示。

02 按下Ctrl+R快捷键显示标尺。执行"视图>新建参考线"命令，设置参数如图6-109所示，在画面垂直1厘米位置处创建一条参考线，如图6-110所示。采用同样的方法分别在垂直9厘米、水平1厘米和水平9厘米处创建参考线，以确定单位图案的大小（参考线中间部分为预计单位图案大小，参考线以外的部分为要裁剪部分），如图6-111所示。

图6-108

图6-109

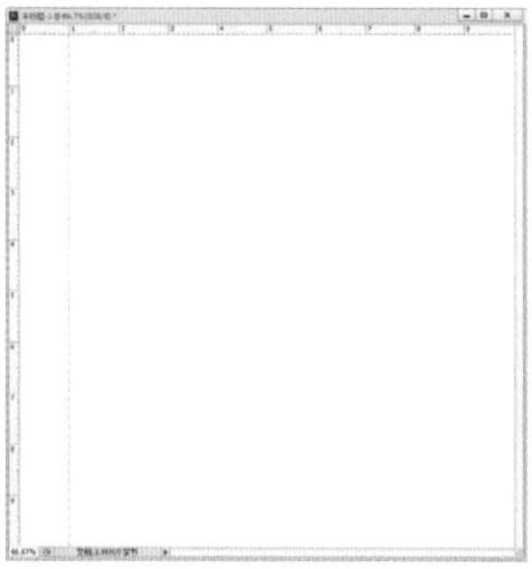

图6-114

图6-115

06 按住Shift键锁定水平方向，向右平移选区内的心形，拖动到预计单元图案的右侧，使制作出来的单元图案能相互连接，如图6-116所示。采用相同的方法，将图像中超出预计单元图案的部分移动到预计单元图案内部（上面的向下移动，下面的向上移动，右边的向左移动），如图6-117所示。

图6-116

图6-117

图6-110

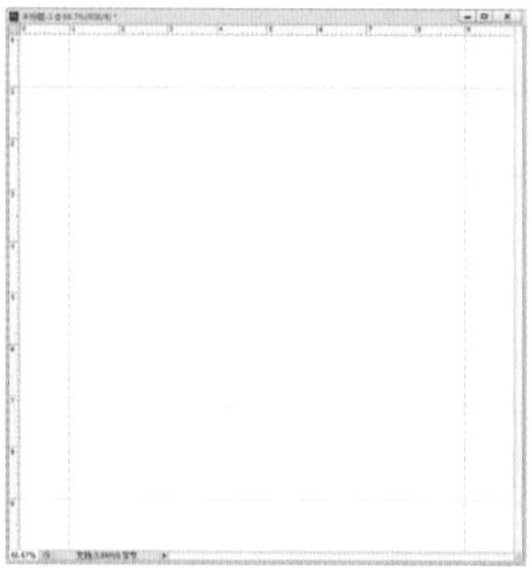

图6-111

03 打开光盘中的素材文件，如图6-112所示，这是一个PSD格式的分层文件，如图6-113所示。

✂ **提示**

可以从素材文件中选择单个心形图案，拖入当前文档后进行重组，构成想要的图案，也可采用收集到的其他素材。要注意的是在参考线的中间一定要预留出足够的空间放置参考线以外的图形。

07 移动位于顶角的图形时要根据参考线的划分来操作，如图6-118、图6-119所示。

图6-112

图6-113

04 使用移动工具 ▶ 按住Shift键将"心形图案"图层拖入当前文档。由于按住了Shift键，该图层的中心会自动对齐到当前文档的中心，如图6-114所示。执行"视图>对齐到>参考线"命令，以方便接下来的操作。

05 由于四方连续图案是向四周延续的，所以要对四条边线上接口的图案进行精确地计算，才能使制作出来的图案紧密地相互链接。使用矩形选框工具 □ 选择红白条纹心形图案超出预计单元图案的部分，如图6-115所示。

图6-118

图6-119

08 将单元图案制作成如图6-120所示的效果。按下Alt+Ctrl+C快捷键打开"画布大小"对话框,输入参数如图6-121所示,弹出如图6-122所示的对话框,单击"继续"按钮,裁剪画布,如图6-123所示。

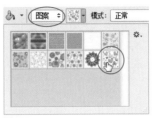

图6-126　　　　　　　　图6-127

图6-120　　　　　　　　图6-121

6.3.5 用AI+PS制作纹样

01 启动Illustrator CS6软件,按下Ctrl+N快捷键打开"新建"对话框,在"配置文件"下拉列表中选择"打印",在"大小"下拉列表中选择"A4",如图6-128所示,单击"确定"按钮,新建一个文档。

图6-128

02 选择工具箱中的椭圆工具○,在画面中单击,弹出"椭圆"对话框,设置宽度和高度均为100mm,如图6-129所示,单击"确定"按钮,创建一个圆形,如图6-130所示。

图6-122　　　　　　　　图6-123

09 执行"编辑>定义图案"命令,将单元图案定义成图案样本,命名为"心形图案",如图6-124所示。按下Ctrl+N快捷键打开"新建"对话框,在"预设"下拉列表中选择"国际标准纸张",在"大小"下拉列表中选择A4,创建一个A4大小的文件,如图6-125所示。

图6-124　　　　　　　　图6-125

10 选择油漆桶工具◇,在工具选项栏中选择"图案"选项,打开"图案"下拉面板,选择自定义的"心形图案",如图6-126所示,在画面中单击,填充图案,如图6-127所示。

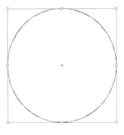

图6-129　　　　　　　　图6-130

03 保持圆形的选取状态，按下Ctrl+C快捷键复制，按下Ctrl+F快捷键原位粘贴图形，将光标放在定界框的一角，按住Alt+Shift键拖动鼠标，保持圆形中心点不变，将其等比缩小，如图6-131所示。用同样方法制作出如图6-132所示的六个圆形。

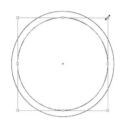
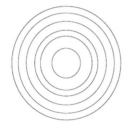

图6-131　　　　　　　　图6-132

04 执行"窗口>画笔库>边框>边框_装饰"和"边框_原始"命令，加载这两个画笔库，如图6-133、图6-134所示。使用选择工具 ▶ 在第一个圆形（最大的圆形）上单击，将其选取，如图6-135所示。

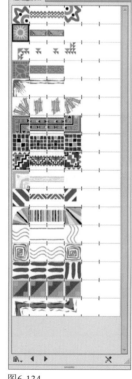

图6-133　　　　　　　　图6-134

图6-135

05 单击"边框_装饰"面板中的"矩形2"样本，如图6-136所示，即可将画笔效果应用于圆形的描边，如图6-137所示。

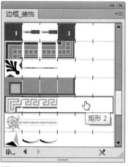
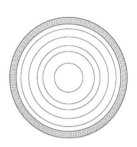

图6-136　　　　　　　　图6-137

06 选择第二个圆形，单击"马郁兰"样本，用该样本描边，效果如图6-138、图6-139所示。

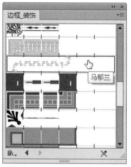
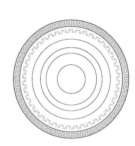

图6-138　　　　　　　　图6-139

07 由大到小依次选取圆形，应用"边框_装饰"面板中的样本描边，如图6-140~图6-147所示。

图6-140　　　　　　　　图6-141

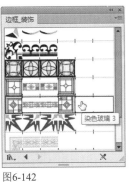

图6-142

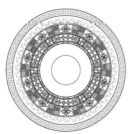

图6-143

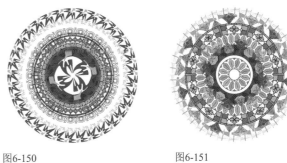

图6-150   图6-151

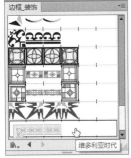

图6-144

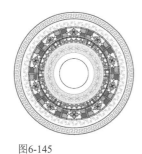

图6-145

图6-152

图6-153

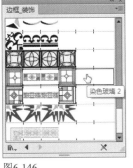

图6-146

图6-147

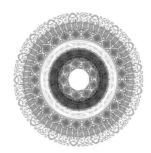

图6-154

图6-155

08 选取位于中心的最小的圆形，执行"窗口>描边"命令，打开"描边"面板，设置"粗细"为2pt，使花纹变大，如图6-148、图6-149所示。

10 按下Ctrl+S快捷键，打开"存储为"对话框，在"文件名"文本框中输入文件名称，如图6-156所示，单击"保存"按钮，弹出"Illustrator选项"对话框，如图6-157所示，使用默认的参数即可，单击"确定"按钮保存文件。

图6-148

图6-149

09 使用面板中的其他样本，制作出如图6-150~图6-154所示的图案。"边框_原始"面板中的样本可以使图案具有一些古朴、深沉的风格，如图6-155所示。

图6-156

图6-157

⑪ 启动Photoshop CS6软件，按下Ctrl+O快捷键，在"打开"对话框中选择保存的AI文件，如图6-158所示，单击"打开"按钮，弹出"导入PDF"对话框，文档的宽度和高度采用默认设置，将分辨率设置为300像素/英寸，模式为RGB颜色，如图6-159所示。单击"确定"按钮，打开文档，如图6-160所示。

图6-158

图6-159

图6-160

⑫ 下面将该图案定义为Photoshop中的图案样本，制作一个属于自己的图案库，并将其保存起来。选择油漆桶工具 🪣，在工具选项栏中选择"图案"选项，单击 按钮打开图案下拉面板，将光标放在最后一个图案上，按住Alt键，光标显示为剪刀形状，如图6-161所示，此时单击鼠标，将图案删除，如图6-162所示，用同样方法，删除剩余的四个图案，将图案面板清空，如图6-163所示。

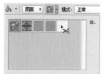
图6-161

图6-162

图6-163

提示

图案面板中的图案样本一旦删除，要怎样找回呢？方法很简单，单击面板右上角的 ⚙ 按钮，打开面板菜单，选择"复位图案"命令即可恢复为系统复制的图案面板，找回已被删除的图案。

⑬ 执行"编辑>定义图案"命令，在打开的对话框中为图案命名，如图6-164所示，打开图案面板可以看到，自定义的图案已经显示在面板中了，单击 ⚙ 按钮打开面板菜单，选择"存储图案"命令，如图6-165所示。

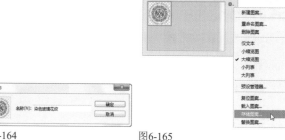
图6-164　　　　　　　　　　图6-165

⑭ 在"存储"对话框中为图案库命名，这个图案来源于Illustrator的装饰画笔库，以此命名便于查找，如图6-166所示。关闭Photoshop软件，再次启动后，可以在图案面板菜单中打开该图案库，如图6-167所示。

图6-166　　　　　　　　　　图6-167

小贴士：Illustrator的工作界面

Illustrator CS6的工作界面与Photoshop极为相似，使用起来不会有太多的陌生感。界面组成元素包括菜单栏、工具箱、状态栏、文档窗口、面板和控制面板等。

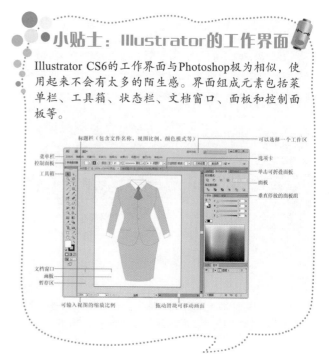

6.4 用电脑生成图案

6.4.1 安装外挂滤镜

什么是滤镜

位图（如照片、图像素材、用Photoshop画笔和铅笔等绘画工具绘制的时装画等）是由像素构成的，每一个像素都有自己的位置和颜色值，滤镜能够改变像素的位置或颜色，从而生成各种特效。例如图6-168所示为原图像，图6-169所示是"点状化"滤镜处理后的图像，从中可以看到像素的变化情况。

图6-168

图6-169

小贴士：为什么滤镜变少了？

如果滤镜菜单中缺少"画笔描边"、"素描"、"艺术效果"等滤镜组和相应的滤镜，可以执行"编辑>首选项>增效工具"命令，打开"首选项"对话框，勾选"显示滤镜库的所有组和名称"选项，即可让缺少的滤镜组和滤镜重新出现。

外挂滤镜安装方法

Photoshop提供了一个开放的平台，用户可以安装和使用第三方厂商开发的滤镜插件，此类滤镜称为"外挂滤镜"。外挂滤镜与一般程序的安装方法基本相同，只是要注意应将其安装在Photoshop CS6的Plug-in目录下，如图6-170所示，否则将无法直接运行滤镜，有些小的外挂滤镜手动复制到plug-in文件夹中便可以使用，安装完成以后，重新运行Photoshop，在"滤镜"菜单的底部便可以看到了，如图6-171所示。

图6-170

图6-171

外挂滤镜的种类

类别	具体滤镜
自然特效类	Ulead（友丽）公司的Ulead Particle.Plugin是用于制作自然环境的强大插件，它能够模拟自然界的粒子而创建诸如雨、雪、烟、火、云和星等特效
图像特效类	在众多的特效类外挂滤镜中，Meta Creations公司的KPT系列滤镜以及Alien Skin公司的Eye Candy 4000和Xenofex滤镜是其中的佼佼者，它们可以创造出Photoshop内置滤镜无法实现的神奇效果，倍受广大Photoshop爱好者的喜爱
照片处理类	Mystical Tint Tone and Colo是专门用于调整影像色调的插件，它提供了38种色彩效果，可轻松应对色调调整方面的工作。Alien Skin Image Doctor是一款新型而强大的图片校正滤镜，它可以魔法般的移除污点和各种缺陷
抠图类	Mask Pro是由美国俄勒冈州波特兰市的Ononesoftware公司开发的抠图插件，它可以把复杂的图像，如人的头发、动物的毛发等轻易地选取出来。Knockout是由大名鼎鼎的软件公司Corel开发的经典抠图插件，它可以让原本复杂的抠图操作变得异常简单
磨皮类	磨皮是指通过模糊减少杂色和噪点，使人物皮肤洁白、细腻。kodak是一款简单、实用的磨皮插件。NeatImage则更加强大，它在磨皮的同时还能保留头发、眼眉、眼睫毛的细节
特效字类	Ulead公司出品的Ulead Type.Plug-in 1.0是专门用于制作特效字的滤镜

提示

本书配套光盘中附赠的"Photoshop外挂滤镜使用手册"中详细介绍了外挂滤镜的安装方法，以及KPT7滤镜、Eye Candy 4000滤镜和Xenofex滤镜包含的内容和具体使用方法。该手册为PDF格式，PDF文件需要使用Adobe Reader阅读。从Adobe的官方网站www.adobe.com可以下载免费的中文版Adobe Reader。

6.4.2 下载和使用图案生成器

01 关闭Photoshop，登录网站http://www.adobe.com/support/downloads/thankyou.jsp?ftpID=4279&fileID=3970，单击"Download Now"，然后单击"保存"按钮，如图6-172所示，下载Photoshop增效工具。下载增效工具以后，可以看到一个压缩包文件，如图16-173所示。

图6-172　　　　　图6-173

02 双击压缩包，将其解压。进入"简体中文>实用组件>可选增效工具>增效工具（32 位）>Filters"文件夹中，选择如图6-174所示的插件，将它复制到Photoshop CS6安装程序文件夹下面的"Plug-ins"文件夹中，如图6-175所示。

图6-174

图6-175

03 运行Photoshop，打开光盘中的素材文件，如图6-176所示。执行"滤镜>图案生成器"命令，运行该滤镜。在画面中单击并拖出一个选区，选中小鸟，如图6-177所示。

 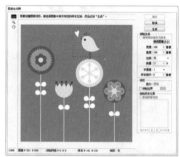

图6-176　　　　　图6-177

04 在"位移"下拉列表中选择"水平"选项，然后单击"生成"按钮即基于所选图像可生成图案。如果当前图案效果不理想，还可以多次单击"再次生成"按钮，直至出现满意的图案，如图6-178所示。最后，单击"确定"按钮关闭对话框。

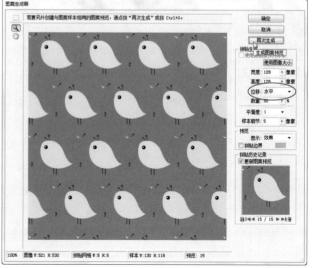

图6-178

提示

Photoshop可以保存20次图案生成效果。在"拼贴历史记录"选项中，单击底部的 ◄◄ 1/1 ►► 按钮，可以在这20个图案效果中切换。

6.4.3 用Eye Candy 4000制作编织图案

Eye Candy 4000是Alien Skin公司出品的滤镜（又名眼睛糖果），它包含23种滤镜。

01 按下Ctrl+O快捷键，打开光盘中的素材文件，如图6-179所示。按下Ctrl+J快捷键复制"背景"图层，如图6-180所示。

图6-179

图6-180

02 执行"滤镜>Eye Candy 4000 Demo>编织(Demo)"命令，如图6-181所示，在打开的对话框中设置参数，如图6-182所示，单击"确定"按钮，即可制作出编织效果图案，如图6-183所示。如图6-184~图6-189为使用不同素材制作的效果。

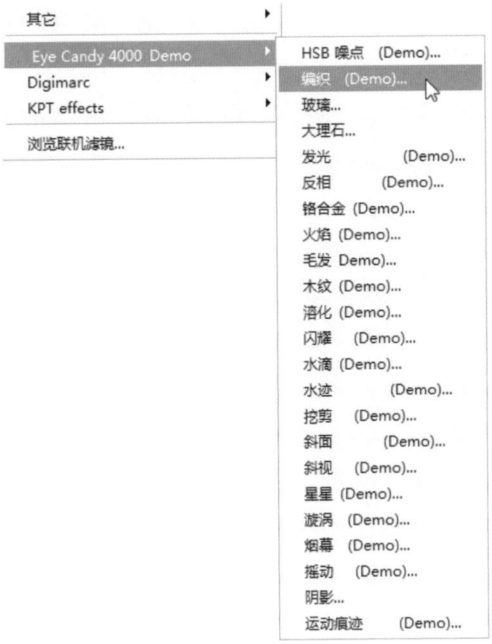

图6-181

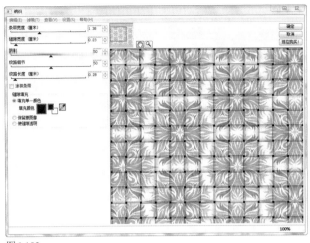

图6-182

图6-183

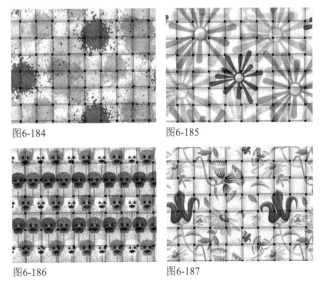

图6-184

图6-185

图6-186

图6-187

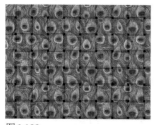

图6-188　　　　　　图6-189

6.4.4 制作分形图案

分形图案是纯计算机艺术，也称分形艺术（Fractal Art）。它是数学、计算机与艺术的完美结合，被广泛地应用于服装面料、工艺品装饰、外观包装、书刊装帧、商业广告、软件封面以及网页等设计领域。

01 打开光盘中的素材，如图6-190所示，选择"蝴蝶"图层，如图6-191所示。

图6-190　　　　　　图6-191

02 按下Ctrl+T快捷键显示定界框，先将中心点✛拖动到定界框外，然后在工具选项栏中输入数值进行精确定位，如图6-192所示。在工具选项栏中输入旋转角度（15度）和缩放比例（94%），将图像旋转并等比缩小，如图6-193所示。变换参数设置完成后，按下回车键确认。

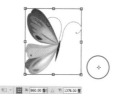
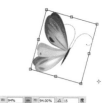

图6-192　　　　　　图6-193

03 连续按下Alt+Shift+Ctrl+T键大概50次，每按一次便生成一个新的对象，新对象位于单独的图层中，如图6-194、图6-195所示。

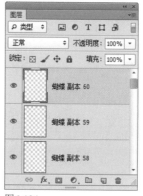

图6-194　　　　　　图6-195

04 按住Shift键单击"蝴蝶"图层，选择所有对象图层，如图6-196所示，按下Ctrl+E快捷键合并，双击图层名称，重新命名为"蝴蝶"，如图6-197所示。

图6-196　　　　　　图6-197

05 打开光盘中的素材，如图6-198所示，使用移动工具▶✛将分形图案拖入素材文档中，执行"编辑>变换>水平翻转"命令，将图案水平翻转。按下Ctrl+T快捷键显示定界框，将光标放在定界框外，拖动鼠标旋转图案；将光标放在定界框的一角，按住Shift键拖动鼠标放大图案，如图6-199所示。

图6-198

图6-199

06 按下Ctrl+J快捷键复制图层，如图6-200所示，调整图案的角度和位置，如图6-201所示。

图6-200

图6-201

07 单击"图层"面板底部的 按钮，创建蒙版，使用渐变工具 在图像左下角填充渐变，将图案的一角隐藏，如图6-202、图6-203所示。

图6-202

图6-203

08 继续复制图案，调整角度和位置，如图6-204所示。设置混合模式为"正片叠底"，如图6-205所示。

图6-204

图6-205

09 使用移动工具 按住Alt键拖动图案进行复制，调整图案的大小和角度，摆放成如图6-206~图6-208所示的效果，位于后面的图案可以适当降低不透明度。

10 单击"图层"面板底部的 按钮，新建一个图层，使用画笔工具 （柔角）在图案上面绘制白点，根据图案的骨骼绘制，形成流动的韵律感。小一些的图案需要将笔尖调小进行绘制，如图6-209所示。

图6-206

图6-207

图6-208

图6-209

提示

制作完该实例后，可以选择"线"图层，按下 Shift+Ctrl+] 快捷键将其移至顶层，它起到装饰和协调画面的作用。

6.4.5 用KPT5制作分形图案

01 按下Ctrl+N快捷键打开"新建"对话框，创建一个100毫米×100毫米，分辨率为300像素/英寸的文件。

02 执行"滤镜>KPT5> KPT5 FraxPlorer"命令，打开该外挂滤镜的对话框，单击左下角的Preset按钮●，显示预设的图案样式，选择其中的一种图案，如图6-210所示，按下应用按钮✅，或双击该图案，Previwe窗口中会显示预览效果，如图6-211所示。

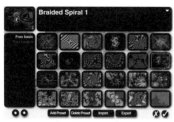

图6-210

图6-211

03 在"Universe Mapper"面板的左侧选择第3个星系映射图案，如图6-212所示，此时"Previwe"窗口中生成的图案效果如图6-213所示。

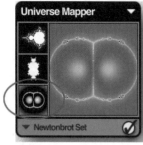
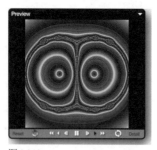

图6-212

图6-213

04 单击"Universe Mapper"面板左下角的三角图标▼打开下拉面板，选择中间的星系映射图案，如图6-214、图6-215所示。

05 在"Frax Stely"面板的图案视窗上单击，改变图案样式，每单击一次就会生成新的样式，比较其中各种效果，调整出一个比较满意的图案效果，如图6-216、图6-217所示。

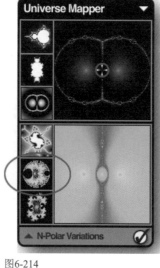

图6-214

图6-215

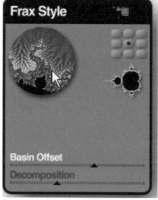

图6-216

图6-217

06 新建一个文档，使用钢笔工具 ✍ 绘制一个领带图形，如图6-218、图6-219所示。

图6-218

图6-219

07 使用前面制作的分形图案，或者打开一些分形图案素材，拖动到领带文档中，选取"路径1"，按下"路径"面板义部的 ░ 按钮，将路径转换为选区，然后单击"图层"面板底部的 ▣ 按钮，基于选区创建图层蒙版，隐藏领带外面的图像，如图6-220所示。

图6-220

6.4.6 用KPT7制作分形图案

01 按下Ctrl+O快捷键，打开光盘中的素材文件，如图6-221所示。按下Ctrl+J快捷键复制"背景"图层，如图6-222所示。

图6-221　　　　　　　　　　　　图6-222

02 执行"滤镜>KPT effects> KPT Hyper Tiling"命令，打开KPT滤镜对话框，调整参数如图6-223所示，单击 ⊘ 按钮关闭对话框，效果如图6-224所示。尝试使用其他素材，制作的效果如图6-225、图6-226所示。

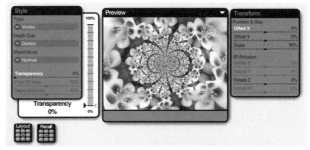

图6-223

图6-224

提示

KPT是一组系列滤镜，包括KPT3、KPT5、KPT6和KPT7。在KPT系列滤镜中，每个版本的功能和特点都各不相同，因此，版本号高并不意味着它就是前面版本的升级版。KPT5中以FRAX开头的滤镜都采用了分形技术，可以制作分形图案。

● 小贴士：关于分形艺术

分形艺术起源于分形几何。"分形"一词译于英语Fractal，是由分形几何创始人Mandelbrot于1975年由拉丁语创造而来的，单词的含义是"支离破碎"、"不规则"等。

Mandelbrot研究发现宇宙万物具有自身相似性，即无论用多少倍的放大镜观察，所看到的形状仍与整体的形状相似。他用自己的名字命名的Mandelbrot集合是由复数域上的数学公式迭代产生的：$X_{n+1} = f(X_n) = X_n * X_n + C$

用不同的复常数C迭代运算生成Mandelbrot集中于不同的点，而用同一个C则生成Julia集。为使集合呈现美丽的面貌，借用电子学中等电势概念，对它们进行着色处理，之后，展现在我们眼前的就是一幅绚丽多彩的美术图案。这种由数学与计算机产生的美术图案，人们就称之为"分形艺术"（Fractal Art）。

图6-225　　　　　　　　　　　　图6-226

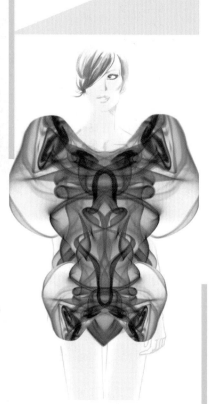

7.1 用面料传达服装的个性

色彩、款式造型和面料是构成服装设计的三大要素。色彩和款式是由选用的面料来体现的，因此，服装面料是服装造型和色彩的载体。只有充分了解和掌握服装面料的特征，才能使用Photoshop完美地表现面料的质感和效果。

通常情况下，服装设计大多先从面料的设计搭配入手，根据面料的质地、手感、图案特点等来构思，得体的面料设计处理方案是服装设计的关键，充分发挥材料的特性和可塑性，创造特殊的质感和细节局部，才能阐释服装的个性精神和最本质的美。

被誉为"重金属大师"的法国设计师帕克·拉邦那是公认的最彻底的材料革新者。他于1966年开始设计展示自己的独创作品，在面料的选择上不拘一格，尤其是各种金属材料在他的手里更是得到了巧妙的运用。他所设计的盔甲般的金属服装，配上水晶珠串、玻璃纸片、鹅卵石、扣子、唱片、瓷砖碎片、塑料片等装饰，营造了一个美轮美奂的奇妙形象。

被誉为"面料的魔术师"的日本设计师三宅一生也是一位热衷于面料创新的高手，在他的设计中特别留意对面料的选择。一生褶是大家对三宅一生最直接的印象，如图7-1、图7-2所示。他常常深入纺织厂或作坊，从半成品甚至次品、废品中获取灵感和启发。

图7-1　　　　　　　图7-2

7.2 面料的种类

面料是服装设计中不可忽视的重要内容，即使是同一款服装，因为面料的不同其实用价值或风格也会有所改变，在服装效果图中逼真地表现面料的质感，可以使观者明确了解服装所选用的面料品种。

常用服装面料

● **棉型织物：** 是指以棉纱线或棉与棉型化纤混纺纱线织成的织品，分为纯棉制品、棉的混纺两大类。其透气性好、吸湿性好、穿着舒适，是实用性强的大众化面料。

● **麻型织物：** 由麻纤维纺织而成的纯麻织物及麻与其他纤维混纺或交织的织物统称为麻型织物，分为纯纺和混纺两类。麻型织物的共同特点是质地坚硬韧、粗犷硬挺、凉爽舒适、吸湿性好，是理想的夏季服装面料。

● **丝型织物：** 是纺织品中的高档品种。主要指由桑蚕丝、柞蚕丝、人造丝、合成纤维长丝为主要原料的织品。丝型织物具有薄轻、柔软、滑爽、高雅、华丽、舒适的优点。

● **毛型织物：** 是以羊毛、兔毛、骆驼毛、毛型化纤为主要原料制成的织品，一般以羊毛为住，它是一年四季的高档服装面料，具有弹性好、抗皱、挺括、耐穿耐磨、保暖性强、舒适美观、色泽纯正等优点，深受消费者的欢迎。

● **纯化纤织物：** 化纤面料以其牢度大、弹性好、挺括、耐磨耐洗、易保管收藏而受到人们的喜爱。纯化纤织物是由纯化学纤维纺织而成的面料。其特性由其化学纤维本身的特性来决定。化学纤维可根据不同的需要，加工成一定的长度，并按不同的工艺织成仿丝、仿棉、仿麻、弹力仿毛、中长仿毛等织物。

特殊服装面料

● **针织服装面料：** 是由一根或若干根纱线连续地沿着纬向或经向弯曲成圈，并相互串套而成的。

- **裘皮**：带有毛的皮革，一般用于冬季防寒靴、鞋的鞋里或鞋口装饰。
- **皮革**：各种经过鞣制加工的动物皮（鞣制的目的是为了防止皮变质）。
- **新型面料及特种面料**：蜡染、扎染、太空棉等。

7.3 面料的材质表现

7.3.1 方格棉面料

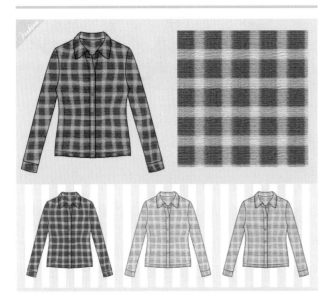

01 按下Ctrl+N快捷键，打开"新建"对话框，创建一个大小为10厘米×10厘米，分辨率为72像素/英寸的RGB模式文件。填充蓝色作为背景色，如图7-3所示。将工具箱中的背景色设置为白色，执行"滤镜>风格化>拼贴"命令，打开"拼贴"对话框，设置参数如图7-4所示。

图7-3

图7-4

02 为了使拼贴效果更明显，可以按下Ctrl+F快捷键，重复使用该滤镜，效果如图7-5所示。之后执行"滤镜>像素化>碎片"命令，效果如图7-6所示。

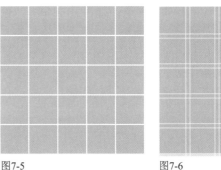

图7-5　　　　　　　　　图7-6

03 执行"滤镜>其他>最大值"命令，打开"最大值"对话框，设置参数如图7-7所示，效果如图7-8所示。

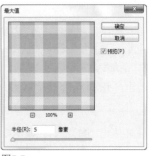

图7-7　　　　　　　　　图7-8

04 执行"滤镜>纹理>纹理化"命令，打开"滤镜库"对话框，在"纹理"下拉列表中选择"粗麻布"，其他参数设置如图7-9所示，效果如图7-10所示。

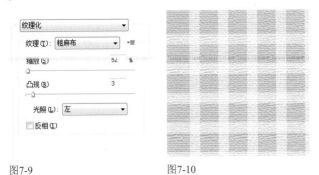

图7-9　　　　　　　　　　图7-10

05 按下Ctrl+J快捷键复制方格图层，执行"滤镜>纹理>颗粒"命令，打开"滤镜库"，设置参数如图7-11所示，效果如图7-12所示。

图7-11　　　　　　　　　　图7-12

06 再次按下Ctrl+J快捷键复制图层，执行"编辑>变换>旋转90度（顺时针）"命令。将图层的混合模式设置为"变亮"，如图7-13、图7-14所示。

图7-13　　　　　　　　　　图7-14

07 选择"背景"图层，按下Ctrl+A快捷键全选，按下Ctrl+C快捷键复制，单击"图层"面板右侧的 ▼≡ 按钮，在打开的菜单中选择"拼合图像"命令，将当前图层合并到背景图层中。按下Ctrl+V快捷键粘贴图像，生成"图层1"，设置混合模式为"正片叠底"，如图7-15、图7-16所示。

图7-15　　　　　　　　　　图7-16

08 按下Ctrl+U快捷键打开"色相/饱和度"对话框，在"编辑"下拉列表中选择"青色"，设置参数如图7-17所示，对"图层1"中的青色进行调整，效果如图7-18所示。

图7-17　　　　　　　　　　图7-18

09 执行"滤镜>杂色>添加杂色"命令，为图像添加杂色，使纹理产生粗糙的质感，如图7-19、图7-20所示。

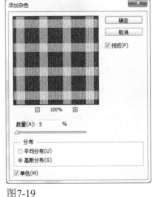

图7-19　　　　　　　　　　图7-20

10 执行"滤镜>模糊>动感模糊"命令，设置参数如图7-21，效果如图7-22所示。

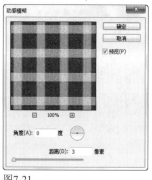

图7-21

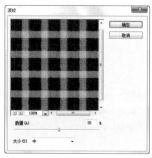

图7-22

11 按下Ctrl+E快捷键合并全部可见图层，执行"滤镜>扭曲>波纹"命令，如图7-23、图7-24所示。

图7-23

图7-24

12 使用裁剪工具 ❏ 裁剪掉图形边缘有些模糊的部分，效果如图7-25所示。使用矩形选框工具 ⬚ 创建一个选区，如图7-26所示。

图7-25

图7-26

13 执行"编辑>定义图案"命令，将选中的图像定义为方格布图案，如图7-27所示。选择油漆桶工具 ▲，在工具选项栏中选择"图案"选项，在图案下拉面板中选择自定义的图案，如图7-28所示。

图7-27

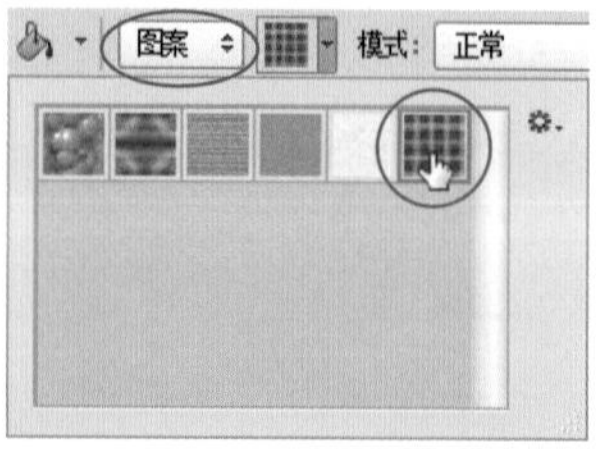

图7-28

14 打开光盘中的素材文件，如图7-29、图7-30所示。

图7-29

图7-30

15 单击"图层"面板底部的 ◻ 按钮，新建一个图层。使用油漆桶工具 ▲ 在画面中单击，填充图案，如图7-31、图7-32所示。

图7-31

图7-32

16 设置该图层的混合模式为"正片叠底"。按下Alt+Ctrl+G快捷键创建剪贴蒙版，使图案只显示在衬衫的范围内，如图7-33、图7-34所示。

图7-33

图7-34

17 执行"滤镜>液化"命令,打开"液化"对话框,勾选"显示背景"选项,显示出衬衫图形,以便根据轮廓线对图案进行扭曲,如图7-35所示。

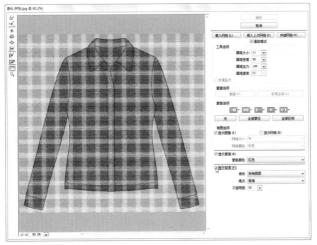

图7-35

18 选择向前变形工具💧,按下] 键或 [键调整工具的大小,根据衬衫的轮廓线,对图案进行扭曲,表现出格子的起伏变化,如图7-36所示。单击"确定"按钮,完成液化操作,效果如图7-37所示。

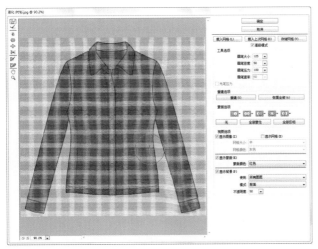

图7-36

 提示

"液化"滤镜是修饰图像和创建艺术效果的强大工具,它使用方法简单,但功能却非常强大,能创建推拉、扭曲、旋转、收缩等变形效果,可以用来修改图像的任意区域。

图7-37

小贴士:轻松调整面料颜色

单击"调整"面板中的 🔲 按钮,创建一个"色相/饱和度"调整图层,可以调整面料的色相、饱和度及明度。

7.3.2 派力斯面料

01 创建一个10厘米×10厘米,分辨率为72像素/英寸的RGB模式文件。填充蓝色作为背景色,如图7-38所示。执行"滤镜>杂色>添加杂色"命令,如图7-39所示。

图7-38   图7-39

图7-42   图7-43

02 执行"滤镜>画笔描边>阴影线"命令，打开"滤镜库"对话框，设置参数如图7-40所示，完成后的效果如图7-41所示。

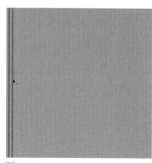

图7-44   图7-45

图7-40   图7-41

02 继续复制图形，直至图形布满画面，如图7-46所示，为使矩形能够均匀分布，可以使用路径选择工具 将矩形全部选取，然后单击工具选项栏的水平居中分布按钮 。执行"滤镜>杂色>添加杂色"命令，打开"添加杂色"对话框，设置参数如图7-47所示。

7.3.3 泡泡纱面料

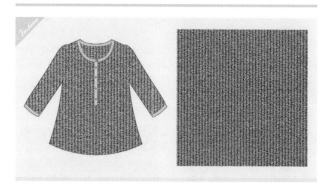

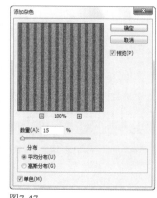

图7-46   图7-47

01 新建一个10厘米×10厘米，分辨率为200像素/英寸的RGB模式文件。填充天蓝色作为背景色，如图7-42所示。设置前景色为深蓝色。使用矩形选框工具 （选择"形状"选项）绘制一个矩形，如图7-43、图7-44所示。再使用路径选择工具 按住Shift+Alt键拖动矩形，沿水平方向进行复制，如图7-45所示。

03 执行"滤镜>扭曲>海洋波纹"命令，设置参数如图7-48所示，效果如图7-49所示。

图7-48

图7-49

04 执行"滤镜>纹理>龟裂缝"命令,打开"滤镜库",设置参数如图7-50所示,效果如图7-51所示。

图7-50

图7-51

7.3.4 薄缎面料

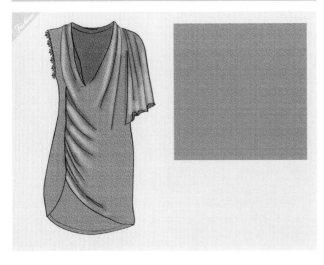

01 打开光盘中的素材文件,如图7-52、图7-53所示。

图7-52

图7-53

02 选择油漆桶工具,选择工具选项栏中的"图案"选项,在图案面板菜单中选择"艺术表面"命令,如图7-54所示,加载该图案库,弹出如图7-55所示的对话框,单击"确定"按钮。

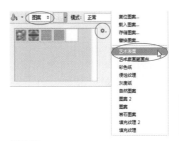

图7-54

图7-55

03 默认情况下,图案以小缩览图形式显示,在图案面板菜单中选择"大列表"命令,以列表的形式同时显示图案的名称和缩览图,便于根据名称查找所需图案,如图7-56所示。选择"贝伯轻薄缎面织物",如图7-57所示。

图7-56

图7-57

04 单击"图层"面板底部的 按钮,新建一个图层,如图7-58所示。使用油漆桶工具 在画面中单击,填充图案,如图7-59所示。

图7-58

图7-59

提示

执行"编辑>填充"命令可以在当前图层或选区内填充颜色或图案，在填充时还可以设置不透明度和混合模式。文本层和被隐藏的图层不能进行填充。勾选"保留透明区域"选项后，只对图层中包含像素的区域进行填充，不会影响透明区域。

05 设置该图层的混合模式为"正片叠底"，以显示出衣服的轮廓线，按下Alt+Ctrl+G键创建剪贴蒙版，将图案剪切到衣服图层中，如图7-60、图7-61所示。

图7-60

图7-61

06 单击"调整"面板中的 按钮，创建"色相/饱和度"调整图层，勾选"着色"选项，调整参数，为图案着色，单击面板底部的 按钮，将调整图层剪切到"图层1"中，如图7-62、图7-63所示。

图7-62

图7-63

07 选择画笔工具 ，在画笔下拉面板中选择"柔边圆"笔尖，设置大小为36像素，如图7-64所示。新建一个图层，命名为"阴影"，设置混合模式为"柔光"。按下Alt+Ctrl+G键将其剪切到"图层1"中。将前景色设置为黑色，使用画笔工具 绘制衣服的阴影，如图7-65、图7-66所示。使用橡皮擦工具 （柔角，不透明度50%）擦除笔触的边缘，效果如图7-67所示。

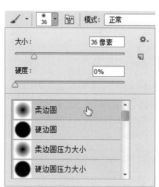

图7-64

图7- 65

图7-66

图7-67

08 新建一个图层，将前景色设置为白色，用于制作阴影相同的方法绘制衣服的高光。如图7-68~图7-70所示。

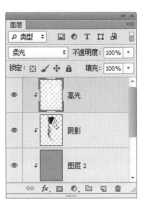

图7-68

图7-69

图7-70

7.3.5 迷彩面料

01 创建一个大小为800像素×600像素，分辨率为72像素/英寸的RGB模式文件。填充深绿色作为背景色。打开

"动作"面板，分别单击创建新组按钮和创建新动作按钮，如图7-71所示，打开"通道"面板，单击创建新通道按钮，新建一个Alpha1通道，如图7-72所示。

图7-71

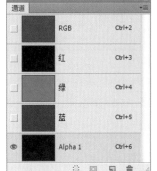

图7-72

02 执行"滤镜>杂色>添加杂色"命令，打开"添加杂色"对话框，设置参数如图7-73所示，在画面中添加杂色，如图7-74所示。

图7-73

图7-74

03 执行"滤镜>像素化>晶格化"命令，设置参数如图7-75所示，效果如图7-76所示。

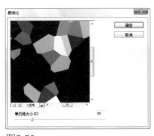

图7-75

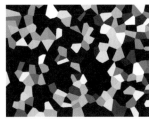

图7-76

04 执行"滤镜>模糊>高斯模糊"命令，对图像进行模糊处理，如图7-77、图7-78所示。

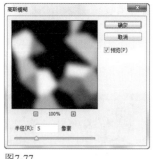

图7-77

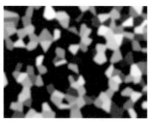

图7-78

05 按下Ctrl+L快捷键，打开"色阶"对话框，将两边的滑块向中间拖动，增加色调的对比度，如图7-79所示，效果如图7-80所示。

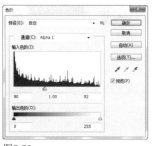

图7-79

图7-80

06 按住Ctrl键单击Alpha1通道的缩览图，载入选区，然后选择"RGB"通道，如图7-81、图7-82所示。

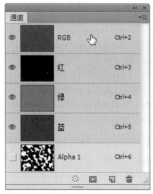

图7-81

图7-82

07 单击"图层"面板底部的 ● 按钮，选择下拉菜单中的"色阶"选项，打开"色阶"对话框，将黑色滑块向右拖动，如图7-83所示，效果如图7-84所示。

图7-83

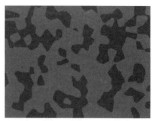

图7-84

08 单击"动作"面板中的停止播放/记录按钮 ■，停止对动作的记录，如图7-85所示，选择"动作1"，单击"动作"面板中的播放选定动作按钮 ▶，将上述操作执行一遍，再制作出一个色阶调整图层，效果如图7-86、图7-87所示。

图7-85

图7-86

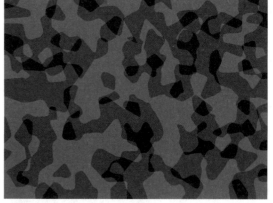

图7-87

09 双击"色阶2"调整图层的缩览图，打开"色阶"对话框，将黑色滑块拖回原处，将白色滑块向中间拖动，如图7-88所示，效果如图7-89所示。

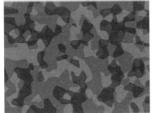

图7-88　　　　　　图7-89

图7-92　　　　　　图7-93

7.3.6　牛仔布面料

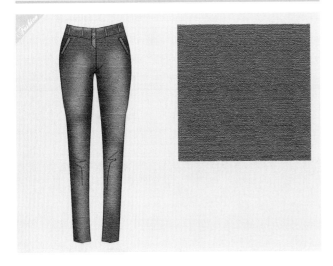

03 新建一个图层并填充白色，然后再新建一个空白的图层。选择画笔工具 ✐，按住Shift键沿水平方向绘制一条直线，如图7-94所示。选择移动工具 ➤➕，按住Alt键拖动直线进行复制。连续按下Ctrl+−快捷键缩小视图，当画布外侧出现灰色的区域时，按住Ctrl键在画布外面拖出一个选框，将线条全部选择，如图7-95所示。

01 按下Ctrl+N快捷键，创建一个大小为20厘米×20厘米，分辨率为150像素/英寸的RGB模式文件，填充深灰蓝色作为背景色，如图7-90、图7-91所示。

图7-94　　　　　　图7-95

04 单击工具选项栏中的 🔛 按钮和 🔲 按钮，将线条对齐，如图7-96、图7-97所示。按下Ctrl+E快捷键合并所有直线图层。

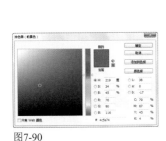

图7-90　　　　　　图7-91

02 执行"滤镜>纹理>纹理化"命令，打开"滤镜库"对话框，设置参数如图7-92所示，效果如图7-93所示。

图7-96　　　　　　图7-97

05 按下Ctrl+T快捷键显示定界框，将图形旋转45度，再复制图形，将画布全部覆盖，如图7-98、图7-99所示。将白色图层删除，再将线条图层与背景合并。

图7-98　　　　　　　　　　图7-99

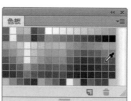

图7-102

图7-103

7.3.7 摇粒绒

图7-104　　　　　　　　　图7-105

03 按下F5快捷键打开"画笔"面板，在"画笔笔尖形状"选项中设置大小为50像素，圆度为36%，间距为5%，如图7-106所示，勾选"形状动态"选项，设置大小抖动为13%，如图7-107所示。

01 打开光盘中的素材文件。单击"路径1"，在画面中显示路径，如图7-100所示。选择画笔工具 ✎，在画笔下拉面板中选择"铅笔"，如图7-101所示。

图7-100　　　　　　　图7-101

02 在"色板"中拾取纯洋红作为前景色，如图7-102所示。单击"路径"面板底部的 ◯ 按钮，如图7-103所示，用画笔描边路径，效果如图7-104所示，在画笔下拉面板中选择"大油彩蜡笔"，如图7-105所示。

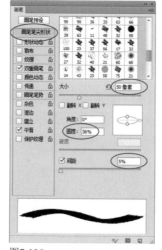

图7-106

图7-107

04 分别勾选"散布"和"颜色动态"选项，设置参数如图7-108、图7-109所示，在面板下方的预览框中可以时时观看到参数调整使画笔外观产生的变化。

图7-108

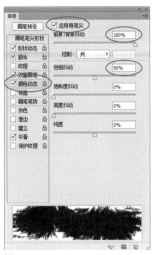

图7-109

05 在"色板"中拾取红色作为前景色,如图7-110所示,使用画笔工具 ✍ 以点按或拖动的方式为裙子着色,如图7-111所示。

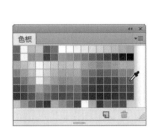

图7-110

图7-111

06 新建一个图层。在画笔下拉面板中选择"柔边圆",设置大小为30像素,如图7-112所示,绘制出裙子褶皱的高光,如图7-113所示。

图7-112

图7-113

7.3.8 绒线面料

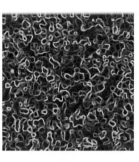

01 创建一个大小为10厘米×10厘米,分辨率为72像素/英寸的RGB模式文件。填充蓝色作为背景色,如图7-114所示。执行"滤镜>杂色>添加杂色"命令,如图7-115所示。

图7-114

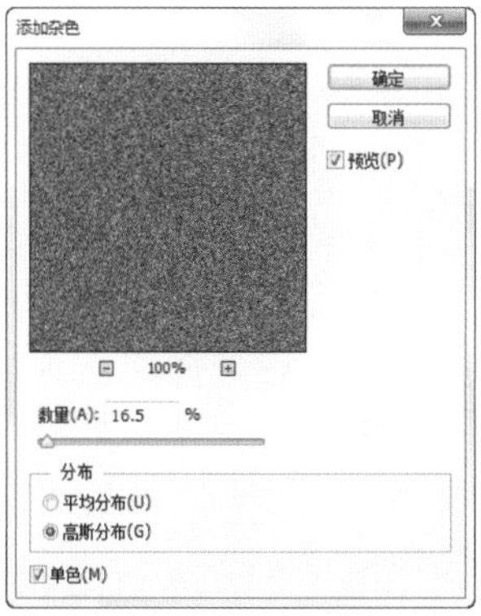

图7-115

02 执行"滤镜>杂色>中间值"命令,打开"中间值"对话框,设置参数如图7-116所示,图像效果如图7-117所示。

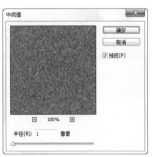

图7-116

图7-117

03 执行"滤镜>艺术效果>壁画"命令,设置参数如图7-118所示,效果如图7-119所示。

图7-118   图7-119

04 执行"滤镜>扭曲>玻璃"命令，打开"滤镜库"对话框，设置参数如图7-120所示，效果如图7-121所示。

图7-120   图7-121

05 按下Ctrl+J快捷键复制背景图层，执行"编辑>变换>旋转90度（顺时针）"命令，将图像旋转，设置图层的混合模式为"正片叠底"，如图7-122、图7-123所示。按下Ctrl+E快捷键向下合并图层。

图7-122   图7-123

06 执行"滤镜>风格化>照亮边缘"命令，打开"滤镜库"，设置参数如图7-124所示，效果如图7-125所示。

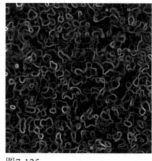

图7-124   图7-125

07 按下Ctrl+U快捷键，打开"色相/饱和度"对话框，调整颜色如图7-126、图7-127所示。

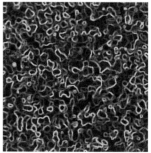

图7-126   图7-127

7.3.9 毛线面料

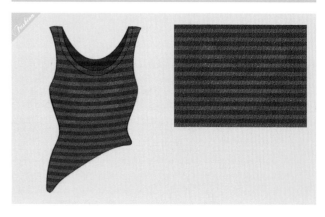

01 创建一个大小为800像素×600像素，分辨率为72像素/英寸的RGB模式文件。选择油漆桶工具 ，在工具选项栏中选择"图案"选项，打开图案拾色器，选择"箭尾"图案，如图7-128所示。在画面中单击填充图案，如图7-129所示。

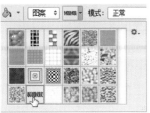

图7-128

图7-129

图7-134

图7-135

图7-136

图7-137

提示

如果拾色器中没有"箭尾"图案，可以单击右上方的 ⚙ 按钮，在菜单中选择"复位图案"命令。

02 执行"滤镜>扭曲>波纹"命令，打开"波纹"对话框，设置参数如图7-130所示，效果如图7-131所示。

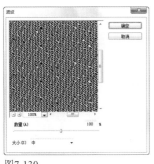

图7-130

图7-131

03 将前景色设置为深黑洋红色，背景色设置为洋红色，如图7-132所示。单击"图层"面板底部的 🔲 按钮，新建一个图层。按下Ctrl+Delete键填充洋红色，如图7-133所示。

图7-132

图7-133

04 执行"滤镜>素描>半调图案"命令，打开"滤镜库"对话框，设置参数如图7-134所示，创建条纹图案，效果如图7-135所示。

05 将该图层的混合模式设置为"亮光"，如图7-136所示，效果如图7-137所示。

06 将前景色设置为蓝色，新建一个图层，设置混合模式为"色相"，选择自定形状工具 ✿，在工具选项栏中选择"像素"选项，在"形状"下拉面板中选择鸽子形状，创建形状，如图7-138、图7-139所示。

图7-138    图7-139

7.3.10 毛线编织面料

01 创建一个大小为10厘米×10厘米，分辨率为150像素/英寸的RGB模式文件，使用钢笔工具 ✐（选择"形状"

135

选项）绘制一个图形，如图7-140所示，在"图层"面板中新增一个形状图层，如图7-141所示。

图7-140　　　　　　　　　图7-141

02 在该图层上单击右键，执行下拉菜单中的"栅格化图层"命令，将路径形状转换为普通图像，如图7-142、图7-143所示。

图7-142　　　　　　　　　图7-143

03 用减淡工具 🔍（范围：中间调，曝光度：10%）和加深工具 ✋（设置相同的参数）涂抹图形，表现出图形的立体效果，如图7-144所示。执行"滤镜>杂色>添加杂色"命令，为图形添加杂色，如图7-145所示。

图7-144　　　　　　　　　图7-145

04 执行"滤镜>模糊>动感模糊"命令，进行模糊处理，如图7-146所示。选择移动工具 ▶️，按住Alt键拖动

图形进行复制，执行"编辑>变换>水平翻转"命令，将图形镜像翻转，如图7-147所示。

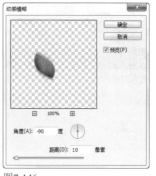

图7-146　　　　　　　　　图7-147

05 按住Ctrl键选择这两个图形所在的图层，如图7-148所示，按下Ctrl+E快捷键合并图层。按住Alt键拖动图形进行复制，如图7-149所示。按住Ctrl键依次单击所有图形所在的图层，单击工具选项栏中的 ╬ 和 ╪ 按钮，将图形对齐并均匀分布，如图7-150所示。

图7-148　　　　图7-149　　　　图7-150

06 合并除"背景"图层外的所有图层，通过复制的方式制作出其他图形，如图7-151所示，填充黑色作为背景色，如图7-152所示。按下Shift+Ctrl+E键合并全部图层。

图7-151　　　　　　　　　图7-152

07 再使用"添加杂色"和"动感模糊"滤镜处理图像，完成后的效果如图7-153所示。

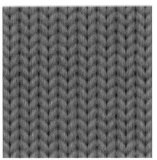

图7-153

7.3.11 裘皮面料

01 打开光盘中的素材文件，如图7-154、图7-155所示。"轮廓"图层中包含大衣的轮廓线，位于面板最顶层，"大衣"图层将用来作为基底图层，以便将绘制的裘皮纹理图层剪切到该图层中。

图7-154　　　　图7-155

02 单击"图层"面板底部的按钮，在"大衣"图层上方新建一个图层，按下Alt+Ctrl+G快捷键创建剪贴蒙版，如图7-156所示。选择画笔工具，在"画笔"面板菜单中选择"人造材质画笔"命令，加载该画笔库，选择"脉纹羽毛2"笔尖，如图7-157所示。

图7-156　　　　图7-157

03 按下F5键打开"画笔"面板，设置角度为28°，如图7-158所示；勾选"形状动态"选项，设置画笔的笔迹变化形态，如图7-159所示。

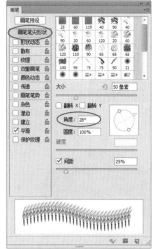

图7-158　　　　图7-159

04 勾选"散布"选项，设置画笔的笔迹数目和位置，使笔迹沿绘制的线条扩散，"两轴"选项用来控制笔迹的分散程度，数值越高，分散的范围越广，如图7-160所示，勾选"颜色动态"选项，设置参数如图7-161所示，使绘制的线条的颜色产生变化。

图7-160　　　　　　图7-161

⑤ 在"色板"中拾取深黑冷褐色作为前景色，如图7-162所示。单击设置背景色图标🔳，打开"拾色器"，设置背景色为浅灰色，如图7-163、图7-164所示。用画笔工具 ✏ 在大衣上涂抹，直到纹理布满大衣区域，如图7-165所示。

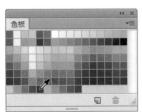 

图7-162　　　　　　图7-163

图7-164　　　　　　图7-165

⑥ 新建一个图层，按下Alt+Ctrl+G键将其加入到剪贴蒙版组中，选择渐变工具 🔲，在渐变下拉面板中选择"铜

色渐变"，如图7-166所示，在画面中由上至下拖动鼠标创建渐变，如图7-167所示。

图7-166　　　　　　图7-167

⑦ 设置该图层的混合模式为"线性光"，不透明度为50%，如图7-168、图7-169所示。

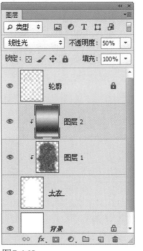 

图7-168　　　　　　图7-169

⑧ 选择魔棒工具 🖌，在工具选项栏中按下添加到选区按钮 🔲，设置容差为30，取消"对所有图层取样"选项，如图7-170所示。

图7-170

⑨ 选择"轮廓"图层，单击"图层"面板中的 🔒 按钮，解除锁定状态，如图7-171所示。使用魔棒工具 🖌 选取衣服的衬里部分，如图7-172所示。

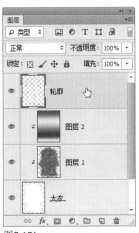

图7-171　　　　　　　　图7-172

10 新建一个图层。将前景色设置为深灰色，如图7-173所示，按下Alt+Delete键在选区内填充前景色，按下Ctrl+D快捷键取消选择，如图7-174所示。

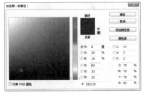

图7-173　　　　　　　　图7-174

11 使用魔棒工具 🪄 选取钮扣，将前景色设置为浅褐色，背景色设置为黑色，如图7-175所示。选择渐变工具 ▮，在工具选项栏中按下径向渐变按钮 ▮，打开渐变下拉面板，选择"前景色到背景色渐变"，如图7-176所示。新建一个图层，为钮扣填充径向渐变，如图7-177所示。按下Ctrl+D快捷键取消选择。

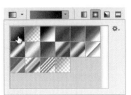
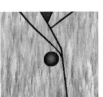

图7-175　　图7-176　　　　　图7-177

12 新建一个图层，设置混合模式为"柔光"，选择画笔工具 ✏，在画笔面板菜单中选择"复位画笔"命令，恢复画笔面板的默认状态。选择"柔边圆"笔尖，绘制出大衣的深色纹路，如图7-178、图7-179所示。

图7-178　　　　　　　　图7-179

13 单击"调整"面板中的 ▦ 按钮，创建"曲线"调整图层，将曲线略向上调整，提高色调的明度，如图7-180、图7-181所示。

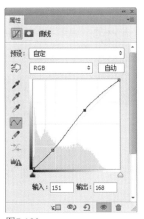

图7-180　　　　　　　　图7-181

 提示

使用"曲线"和"色阶"增加彩色图像的对比度时，通常还会增加色彩的饱和度，因此，曲线的调整要适度，才不至于使图像出现偏色。另外，要避免出现偏色，可以通过"曲线"或"色阶"调整图层来应用调整，再将调整图层的混合模式设置为"明度"就行了。

7.3.12 蛇皮面料

7-188所示，效果如图7-189所示。

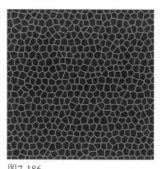

图7-186

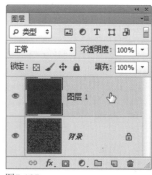

图7-187

图7-188

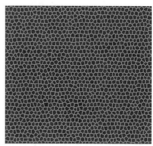

图7-189

01 创建一个10厘米×10厘米，分辨率为200像素/英寸的RGB模式文件，将工具箱中的前景色设置为绿色，将背景色设置为深绿色，按下Ctrl+Delete快捷键填充深绿色，如图7-182所示。按下Ctrl+J键复制"背景"图层，如图7-183所示。

图7-182

图7-183

02 选择"背景"图层，如图7-184所示，执行"滤镜>纹理>染色玻璃"命令，打开"滤镜库"对话框，设置参数如图7-185所示，效果如图7-186所示。

图7-184

图7-185

03 选择"图层1"，如图7-187所示。按下Alt+Ctrl+F键，重新打开"滤镜库"，设置单元格大小为9，如图

04 使用矩形选框工具 选择"图层1"的中间部分，执行"选择>修改>羽化"命令，将选区羽化10像素，如图7-190所示，按下Shift+Ctrl+I键反选，按下Delete键删除选区内图像，如图7-191、图7-192所示。按下Ctrl+E快捷键合并图层，如图7-193所示。

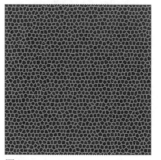

图7-190

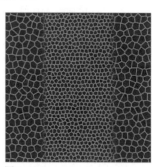

图7-191

图7-192

图7-193

05 执行"滤镜>模糊>高斯模糊"命令，设置参数如图7-194所示，效果如图7-195所示。

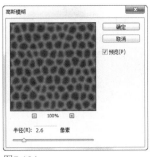

图7-194

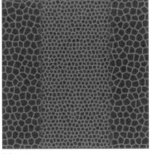

图7-195

06 按下Ctrl+L快捷键，打开"色阶"对话框，向中间拖动阴影和高光滑块，增加图像的对比度，如图7-196、图7-197所示。

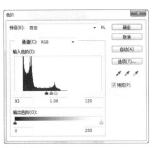

图7-196

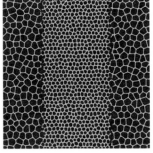

图7-197

07 使用吸管工具 ✐ 在画面中的浅绿色上单击，拾取颜色，选择画笔工具 ✐ ，在画笔下拉面板中选择"硬边圆"笔尖，设置大小为4像素，如图7-198所示。在中间图形与两侧图形的交界处涂抹，封闭断开的网格图形，如图7-199所示。

图7-198

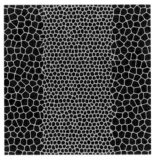

图7-199

08 选择"背景"图层，按下Ctrl+J快捷键复制图层，如图7-200所示，执行"滤镜>风格化>浮雕效果"命令，对该图层进行处理，如图7-201~图7-203所示。

图7-200

图7-201

图7-202

图7-203

09 选择"背景"图层，如图7-204所示，按下Ctrl+J快捷键再次复制，如图7-205所示。

图7-204

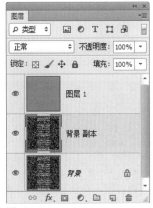

图7-205

10 执行"滤镜>渲染>云彩"命令，制作出云彩图案，如图7-206、图7-207所示。

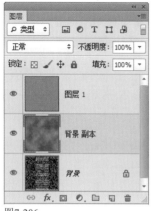

图7-206　　　　　图7-207

⑪ 将"背景 副本"图层的混合模式设置为"变亮"，将"图层1"的混合模式设置为"正片叠底"，如图7-208、图7-209所示，效果如图7-210所示。

图7-208　　　　　图7-209

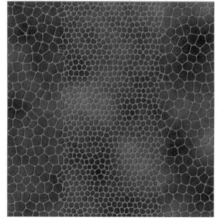

图7-210

⑫ 按下Shift+Ctrl+E键合并全部可见图层（或者按下Shift+Alt+Ctrl+E盖印可见图层），用减淡工具（范围：中间调，曝光度：40％）涂抹图形两边，适当添加光亮效果，如图7-211、图7-212所示。

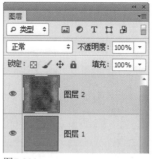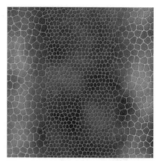

图7-211　　　　　图7-212

7.3.13　豹皮面料

① 打开光盘中的素材文件，如图7-213所示。下面来使用这个素材作为贴图制作一个豹纹坎肩，使用矩形选框工具创建一个选区，选取纹理图案最丰富的部分，如图7-214所示，按下Ctrl+C快捷键复制选区内的图像。

图7-213　　　　　图7-214

② 打开光盘中的上衣素材文件，如图7-215、图7-216所示。

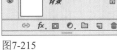

图7-215

图7-216

03 使用魔棒工具 🔧 选取坎肩的肩膀部分，如图7-217所示，执行"选择>修改>扩展"命令，设置扩展量为1像素，如图7-218所示。

图7-217   图7-218

04 执行"编辑>选择性粘贴>贴入"命令，将复制的豹纹图案贴到选区内并自动添加蒙版，将选区之外的图像隐藏，如图7-219、图7-220所示。

图7-219

图7-220

提示

执行"贴入"命令后，在贴入的图像上会自动生成蒙版，此时图像与蒙版之间没有链接，可对图案进行自由变换，或根据衣服的结构对图案进行变形，如果单击了蒙版缩览图，则变换的只是蒙版。

05 按下Ctrl+T快捷键显示定界框，如图7-221所示，将光标放在定界框内，拖动鼠标将图案向上移动；将光标放在定界框的一角，按住Shift键拖动鼠标将图案等比缩小，如图7-222所示。

图7-221   图7-222

06 在"色板"中拾取"深黑暖褐"色作为前景色，如图7-223所示。单击"图层"面板底部的 🔲 按钮，新建一个图层，设置混合模式为"正片叠底"，按下Alt+Ctrl+G键创建剪贴蒙版，如图7-224所示。

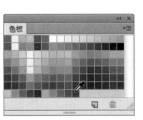
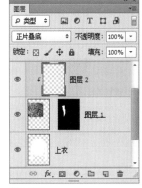

图7-223   图7-224

07 使用画笔工具 🖌 （柔角）绘制出衣服的暗部，如图7-225、图7-226所示。

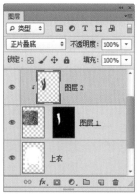

图7-225

图7-226

08 选取坎肩的领子部分，执行"贴入"命令，如图7-227、图7-228所示。绘制出领子的暗部，如图7-229、图7-230所示。

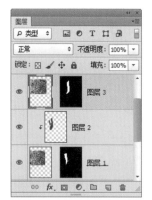

图7-227

图7-228

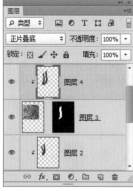

图7-229

图7-230

09 用同样方法制作出坎肩的其他部分，如图7-231、图7-232所示。

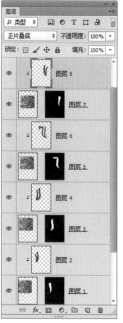

图7-231

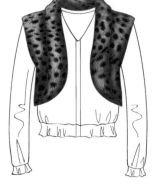

图7-232

10 选择"上衣"图层，单击 按钮锁定透明像素，如图7-233所示。将前景色设置为深褐色（R74、G60、B52），按下Alt+Delete键将上衣填充颜色，如图7-234所示。

图7-233

图7-234

11 双击"上衣"图层，打开"图层样式"对话框，选择"图案叠加"选项，在图案下拉面板中选择"微粒"，设置混合模式为"颜色减淡"，如图7-235所示，为上衣添加纹理图案，如图7-236所示。

图7-235

图7-241

图7-236

图7-242

⑫ 按住Ctrl键单击"上衣"图层的缩览图，载入上衣的选区，如图7-237、图7-238所示。

⑮ 新建一个图层，命名为"纽扣"，如图7-243所示。选择画笔工具 ✐，设置大小为15像素，硬度为80%，如图7-244所示。

图7-237

图7-243

图7-238

图7-244

⑬ 新建一个图层，设置它的混合模式为"阴影"，不透明度为40%，将前景色设置为黑色。使用画笔工具 ✐ （柔角）绘制出衣服的暗部和褶皱，如图7-239、图7-240所示。

⑯ 按下F5键打开"画笔"面板，设置间距为400%，如图7-245所示，按住Shift键由上至下拖动鼠标绘制衣扣，如图7-246所示。

图7-239

图7-240

⑭ 选择橡皮擦工具 ✐，设置不透明度为50%，大小为80像素，如图7-241所示，擦除笔触的边缘，使阴影自然柔和，如图7-242所示。

图7-245

图7-246

🔟 双击"钮扣"图层，打开"图层样式"对话框，选择"斜面和浮雕"选项，设置参数如图7-247所示，使钮扣产生立体感。选择"投影"选项，设置参数如图7-248所示，为钮扣添加阴影效果，如图7-249所示。

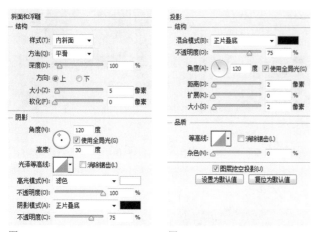

图7-247　　　　　　图7-248

图7-249

 提示

在"图层"面板中，双击一个效果的名称，可以打开"图层样式"对话框并进入该效果的设置面板，对其参数进行修改。

7.3.14　孔雀面料

🔟 打开Illustrator软件，执行"窗口>色板库>图案>自然>自然_动物皮"命令，加载该图案库，选择如图7-250所示的图案。选择矩形工具 ，创建一个矩形，如图7-251所示。

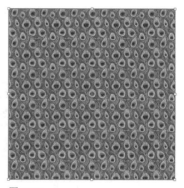

图7-250　　　　　　图7-251

🔟 按下Ctrl+C快捷键复制矩形，切换到Photoshop中，选择"图层1"，如图7-252所示，按下Ctrl+V快捷键粘贴图形，弹出如图7-253所示的对话框，选择"智能对象"选项。

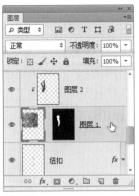

图7-252   图7-253

03 单击"确定"按钮，将矢量图形粘贴为"智能对象"，如图7-254所示，"图层"面板中会新增一个矢量智能对象图层，如图7-255所示。

图7-254   图7-255

04 按下Alt+Ctrl+G快捷键将其加入到剪切蒙版组中"图层1"，如图7-256、图7-257所示。

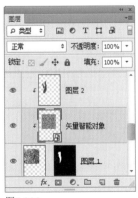

图7-256   图7-257

05 按住Alt键向上拖动"矢量智能对象"图层到"图层2"上方，复制该图层，如图7-258所示，为坎肩领子添加新纹理，如图7-259所示。

图7-258   图7-259

06 用同样方法复制"矢量智能对象"图层到其他剪贴蒙版组中，制作出有孔雀纹理的坎肩，如图7-260所示。

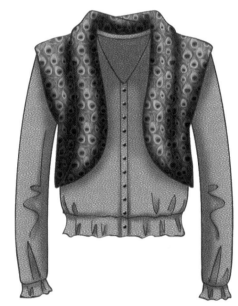

图7-260

07 双击"矢量智能对象"图层缩览图右下角的 图标，如图7-261所示，弹出如图7-262所示的对话框，单击"确定"按钮，自动跳转到Illustrator中。使用选择工具 选取画面中的矩形图案，单击"自然_动物皮"图案面板中的"美洲鳄鱼"，如图7-263所示，用该图案填充矩形，如图7-264所示。按下Ctrl+S快捷键保存文件。

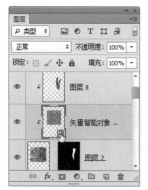

图7-261

图7-262

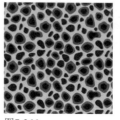

图7-266

图7-263

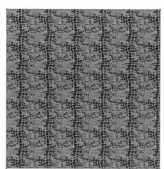

图7-264

08 切换到Photoshop中，图案会自动更新，如图7-265
所示。如图7-266、图7-267所示为使用"印度豹"和
"斑马"图案制作的效果。

图7-267

 技巧

智能对象是一个嵌入到当前文档中的文件，它可以
包含图像，也可以包含在Illustrator中创建的矢量
图形。智能对象与普通图层的区别在于，它能够保
留对象的源内容和所有的原始特征，因此，用户在
Photoshop中处理它时，不会直接应用到对象的原
始数据，这是一种非破坏性的编辑功能。例如，在
嵌入Illustrator中的矢量图形时，Photoshop会自
动将它转换为可识别的内容，一旦在Illustrator 中
对图形进行编辑并且保存后，Photoshop会自动更
新包含该矢量图形的文件。

图7-265

7.4 面料的质感表现

7.4.1 柔软质感：天鹅绒面料

01 创建一个10厘米×10厘米，分辨率为150像素/英寸的RGB模式文件。将前景色设置为橙色，如图7-268所示。按下Alt+Delete键填充橙色，如图7-269所示。

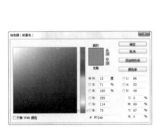

图7-268　　　　　　　图7-269

02 执行"滤镜>杂色>添加杂色"命令，设置参数如图7-270所示，效果如图7-271所示。

图7-270　　　　　　　图7-271

03 执行"滤镜>艺术效果>底纹效果"命令，设置参数如图7-272所示，制作出呈现柔和底纹效果的面料，如图7-273所示。

图7-272　　　　　　　图7-273

提示

在"添加杂色"滤镜中，选择"平均分布"，会随机地在图像中加入杂点，效果比较柔和；选择"高斯分布"，会沿一条钟形曲线分布的方式来添加杂点，杂点较强烈。

7.4.2 光滑质感：丝绸面料

01 打开光盘中的素材，如图7-274、图7-275所示。

图7-274

图7-275

02 使用移动工具 ▶⊕ 将花朵素材拖入衣服文档中，设置混合模式为"正片叠底"，按下Alt+Ctrl+G键创建剪贴蒙版，将衣服轮廓以外的花朵素材隐藏，如图7-276、图7-277所示。

图7-276

图7-277

03 选择涂抹工具 ，在工具选项栏中设置工具大小为100像素，强度为80%，在花朵素材上涂抹，使颜色之间产生融合，保留上衣部分不做处理，形成图案效果，如图7-278、图7-279所示。

图7-278

图7-279

04 单击"调整"面板中的 按钮，创建"色相/饱和度"调整图层，勾选"着色"选项，调整参数，如图7-280所示，为衣服着色，如图7-281所示。

图7-280   图7-281

05 设置图层的混合模式为"变暗"，如图7-282、图7-283所示。

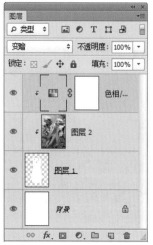

图7-282   图7-283

 提示

使用涂抹工具 涂抹图像时，可拾取鼠标单击点的颜色，并沿拖移的方向展开这种颜色，模拟出类似于手指拖过湿油漆时的效果。涂抹工具适合扭曲小范围图像，图像太大则不容易控制，并且处理速度较慢。如果要处理大面积的图像，可以使用"液化"滤镜。

7.4.3 透明质感：蕾丝面料

01 创建一个80像素×80像素，分辨率为120像素/英寸的RGB模式文件。选择自定形状工具 ，在工具选项栏中选择"像素"选项，单击 按钮，打开形状下拉面板，选择"花形装饰4"，如图7-284所示。新建一个图层，按住Shift键拖动鼠标绘制图形，如图7-285所示。

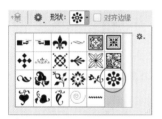

图7-284   图7-285

02 新建一个图层。在形状下拉面板中选择"装饰5"，绘制该图形，如图7-286、图7-287所示。

图7-286   图7-287

03 按住Ctrl键单击"图层1"，如图7-288所示，按下Ctrl+E快捷键合并图层，如图7-289所示。

图7-288   图7-289

04 执行"编辑>定义画笔预设"命令，将绘制的花纹定义为画笔，如图7-290所示。

图7-290

 提示

在Photoshop中可以将绘制的图形、整个图像或者选区内的部分图像定义为画笔，定义画笔所用的图形应为黑色填充，如果采用50%灰色图形，则画笔会具有透明特性。

05 按下Ctrl+O快捷键，打开光盘中的素材文件，如图7-291、图7-292所示。

图7-291   图7-292

06 单击"路径"面板底部的 按钮，新建一个路径层，选择钢笔工具 ✍，绘制出睡衣上的弧线，如图7-293、图7-294所示。

图7-293

图7-294

07 单击"图层"面板底部的 按钮，新建一个图层，如图7-295所示。选择画笔工具 ✍，按下F5键打开"画笔"面板，选择自定义的画笔，设置大小为75像素，间距为75%，如图7-296所示。

图7-295

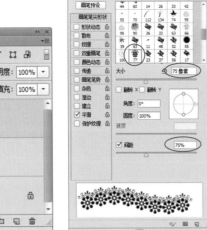

图7-296

08 选择"色板"中的浅紫洋红色作为前景色，如图7-297所示。单击"路径"面板底部的 ○ 按钮，用画笔描边路径。在"路径"面板空白处单击，隐藏路径，效果如图7-298所示。

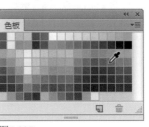

图7-297

图7-298

09 勾选"翻转Y"选项，使笔尖垂直翻转，如图7-299所示。按住Shift键在睡衣的底边绘制蕾丝花纹，效果如图7-300所示。

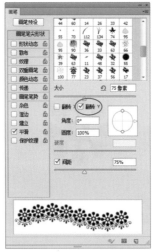

图7-299

图7-300

✂ 提示

执行"路径"面板菜单中的"描边路径"命令，打开"描边路径"对话框，在"描边路径"对话框中可以选择画笔、铅笔、橡皮擦、背景橡皮擦、仿制图章、历史记录画笔、加深和减淡等工具描边路径，只是描边路径前，需要先设置好工具的参数。此外，如果勾选"模拟压力"选项，则可以使描边的线条产生粗细变化。

7.4.4 轻薄质感：纱质面料

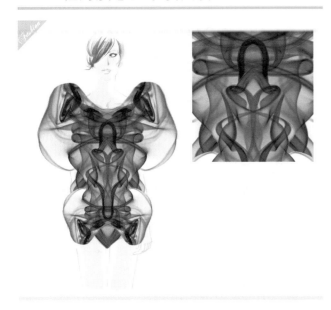

01 打开光盘中的素材，如图7-301、图7-302所示。

图7-301　　　　　　　　图7-302

02 使用移动工具 ▶╋ 将烟雾拖入人物文档，如图7-303所示。按下Ctrl+I快捷键反相，如图7-304所示。

图7-303　　　　　　　　图7-304

03 按下Ctrl+U快捷键打开"色相/饱和度"对话框，勾选"着色"选项，设置参数如图7-305所示，为烟雾着色，如图7-306所示。

图7-305　　　　　　　　图7-306

04 使用魔棒工具 ✦ 按住Shift键在白色背景上单击，将烟雾的背景选取，如图7-307所示，按下Delete键删除选区内的白色图像，按下Ctrl+D快捷键取消选择，如图7-308所示。

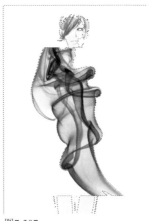　　

图7-307　　　　　　　　图7-308

 技巧

使用魔棒工具时，按住Shift键单击可添加选区；按住Alt键单击可在当前选区中减去选区；按住Shift+Alt键单击可得到与当前选区相交的选区。

05 按下Ctrl+J快捷键复制"图层1"，如图7-309所示。执行"编辑>变换>水平翻转"命令，将图像水平翻转，然后向右移动，如图7-310所示。

153

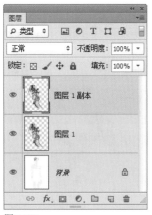

图7-309　　　　　　　图7-310

06 设置该图层的混合模式为"正片叠底",如图7-311、图7-312所示。

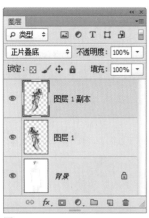

图7-311　　　　　　　图7-312

07 按下Ctrl+E快捷键向下合并图层,将"图层1"及其副本合并在一起,单击"图层"面板底部的 ◙ 按钮,创建蒙版。使用画笔工具 ✎ 在图像上涂抹,将多余的烟雾图形隐藏,如图7-313、图7-314所示。

图7-313　　　　　　　图7-314

08 按下Ctrl+J快捷键复制"图层1",如图7-315所示。按下Ctrl+T快捷键显示定界框,单击鼠标右键,在打开的快捷菜单中选择"垂直翻转"命令,翻转图像,然后再将图像调小,如图7-316所示。按下回车键确认,如图7-317所示。

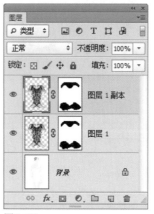
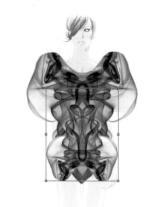

图7-315　　　　　　　图7-316

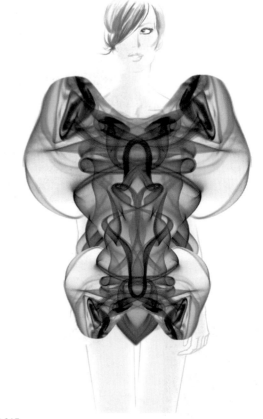

图7-317

7.4.5 厚重质感：粗呢面料

01 创建一个大小为6厘米×6厘米，分辨率为100像素/英寸的RGB模式文件。执行"视图>显示>网格"命令，在画面中显示网格，如图7-318所示。通过网格辅助，用矩形工具 和方头铅笔工具 绘制像素状图形，如图7-319所示。

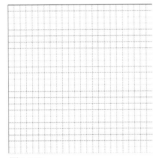
图7-318

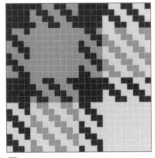
图7-319

 提示

执行"编辑>首选项>参考线、网格、切片和计数"命令，在打开的对话框中可以对网格的大小、颜色进行设置，本实例的参数为：颜色：浅灰色；样式：虚线；网格线间隔10毫米；子网格4。

02 按下Ctrl+A快捷键全选图形，执行"编辑>定义图案"命令，将图形定义为图案，如图7-320所示。

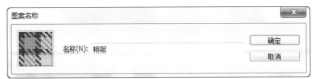
图7-320

03 新建一个10厘米×10厘米，分辨率为72像素/英寸的RGB模式文件，命名为"方格呢布料"。按下Ctrl+J快捷键通过拷贝的图层，生成"图层1"。双击该图层，在打开的对话框中选择"图案叠加"选项，单击 按钮，在打开的图案下拉面板中选择新创建的图层，设置缩放参数为7%，如图7-321、图7-322所示。

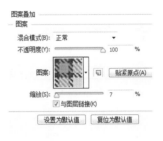
图7-321

图7-322

 提示

通过"图案叠加"的方式填充图案，可以对图案进行缩放，而且调整起来更为方便，只需在图案下拉面板中选择其他图案即可。如果事先将图层填充了颜色，再设置"图案叠加"，那么混合模式的设置可以使图案效果变得更为丰富。

04 按下Ctrl+E快捷键合并所有可见图层。执行"滤镜>杂色>添加杂色"命令，打开"添加杂色"对话框，设置参数如图7-323，效果如图7-324所示。

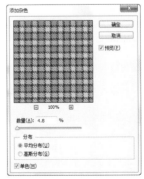
图7-323

图7-324

7.4.6 粗糙质感：棉麻面料

01 创建一个大小为800像素×600像素，分辨率为72像素/英寸的RGB模式文件。将前景色设置为土黄色（R135、G134、B79），背景色设置为浅黄色（R234、G226、B214）。执行"滤镜>渲染>纤维"命令，打开"纤维"对话框，设置参数如图7-325所示，效果如图7-326所示。

图7-325　　　　　　　　图7-326

02 按下Ctrl+J快捷键复制"背景"图层。按下Ctrl+T快捷键显示定界框，将光标放在定界框的右上角，按住Shift键拖动鼠标将图像旋转90度，如图7-327所示，将光标放在定界框右侧，按住Alt键拖动鼠标将图像拉长，使它填满整个画布，如图7-328所示。

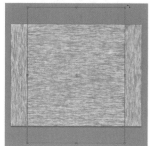

图7-327　　　　　　　　图7-328

03 设置图层的混合模式为"正片叠底"，如图7-329所示，效果如图7-330所示。

图7-329　　　　　　　　图7-330

04 单击"图层"面板底部的 按钮，选择下拉菜单中的"色相/饱和度"命令，设置参数如图7-331，效果如图7-332所示。

图7-331　　　　　　　　图7-332

05 选择"背景副本"图层，执行"滤镜>杂色>添加杂色"命令，为图像添加杂色，丰富纹理细节，如图7-333、图7-334所示。

图7-333　　　　　　　　图7-334

7.5 特殊工艺面料表现技巧

7.5.1 印花面料

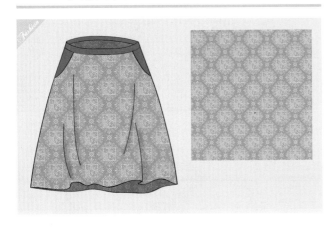

图7-337

图7-338

01 按下Ctrl+N快捷键，创建一个大小为10厘米×10厘米，分辨率为200像素/英寸的RGB模式文件，填充绿色作为背景色，如图7-335所示。将前景色设置为黄绿色，选择自定形状工具 ✿，在工具选项栏中选择"形状"选项，再单击⬛按钮打开形状下拉面板，分别选择"装饰5"、"装饰6"和"叶形装饰1"，绘制这些图形，如图7-336、图7-337所示。

03 按下Ctrl+R快捷键显示标尺。使用路径选择工具 ▸拖出一个矩形框，将路径全部选择，显示出锚点，如图7-339所示。从标尺中拖出参考线，参照锚点将参考线定位在重复图形的中心线上，如图7-340所示。

图7-339

图7-340

02 使用路径选择工具 ▸单击并拖出一个矩形框，将路径图形全部选择，按住Alt键拖动图形进行复制，再调整好它们的位置，制作出如图7-338所示的图案。

04 隐藏"背景"图层，如图7-341所示。选择矩形选框工具 ▭，选择参考线围住的图形，如图7-342所示。

图7-335

图7-336

图7-341

图7-342

05 执行"编辑>定义图案"命令，打开"图案名称"对话框为图案命名，如图7-343所示，单击"确定"按钮将图形定义为图案。

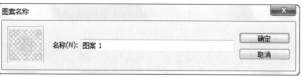

图7-343

06 显示并选择"背景"图层，如图7-344所示，按下Ctrl+J快捷键进行复制，如图7-345所示。

图7-344　　　　　　　　图7-345

 提示

图层样式不能用于"背景"图层。如果按住Alt键双击"背景"图层，将它转换为普通图层，则可为其添加效果。

07 双击"背景副本"图层，为图层添加"图案叠加"样式，在图案拾色器中选择新创建的图案，如图7-346所示，将形状图层隐藏，如图7-347所示。

 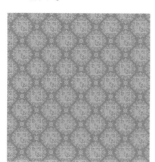

图7-346　　　　　　　　图7-347

7.5.2 印经布料

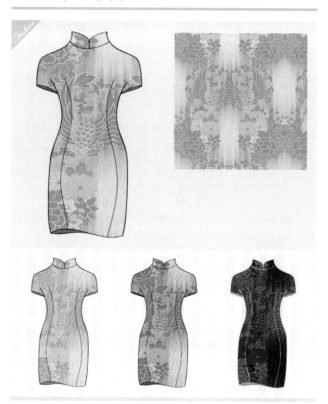

01 创建一个10厘米×10厘米，分辨率为300像素/英寸的RGB模式文件。将背景色设置为浅棕黄色（R231、G224、B207），按下Ctrl+Delete键填充浅棕黄色，如图7-348所示。打开光盘中的素材文件，如图7-349所示。

图7-348　　　　　　　　图7-349

02 使用移动工具 将它拖动到"印经布料"文件中，按下Ctrl+T快捷键显示定界框，拖动控制点将图形适当缩小，如图7-350所示。按住Alt键拖动素材图像进行复制，按住Ctrl键依次单击"图层"面板中的所有素材图层，将它们选择，单击工具选项栏中的 按钮和 按钮

将图形对齐,如图7-351所示。选择中间的图形,执行"编辑>变换>水平翻转"命令翻转图形,创建镜像效果,如图7-352所示。

04 将前景色设置为浅棕色(R182、G150、B126),背景色仍保持浅棕黄色。执行"滤镜>素描>半调图案"命令,打开"滤镜库"对话框,在"图案类型"下拉列表中选择"网点",设置参数如图7-355所示,效果如图7-356所示。

图7-350

图7-351

图7-352

图7-355

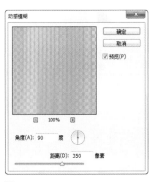
图7-356

03 按住Ctrl键单击"图层1"及其副本图层,选取这3个图层,如图7-353所示,按下Ctrl+E快捷键合并图层。将图层名称修改为"图层1",如图7-354所示。

05 按两次Ctrl+J快捷键,复制出两个图层1副本,如图7-357所示。选择"图层1",执行"滤镜>模糊>动感模糊"命令,打开"动感模糊"对话框,设置参数如图7-358所示,效果如图7-359所示。用相同的方法对"图层1 副本"进行模糊,距离设置为120像素,效果如图7-360所示。按下Shift+Ctrl+E键合并全部图层。

图7-353

图7-354

图7-357

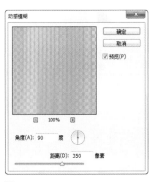
图7-358

图7-359

图7-360

06 执行"滤镜>纹理>纹理化"命令，打开"滤镜库"对话框，设置参数如图7-361所示，完成后的效果如图7-362所示。

图7-361　　　　　　　　　图7-362

7.5.3 蜡染面料

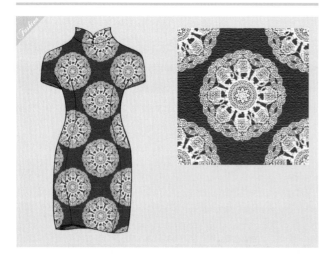

01 创建一个10厘米×10厘米，分辨率为72像素/英寸的RGB模式文件。将前景色设置为蓝色，如图7-363所示。按下Alt+Delete键填充蓝色，如图7-364所示。

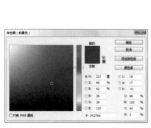

图7-363　　　　　　　　　图7-364

02 打开光盘中的素材文件，如图7-365所示，这是一个分层文件，白色花纹位于一个单独的图层中，如图7-366所示。

图7-365　　　　　　　　　图7-366

03 使用移动工具 将它拖动到"蜡染布料"文件中，生成"图层1"，按住Alt键拖动图形进行复制，如图7-367所示，并排列成如图7-368所示的形状。

图7-367　　　　　　　　　图7-368

04 按下Shift+Alt+Ctrl+E键，将所有可见图层盖印到一个新的图层中，如图7-369所示。执行"滤镜>纹理>纹理化"命令，打开"滤镜库"，设置参数如图7-370所示，效果如图7-371所示。

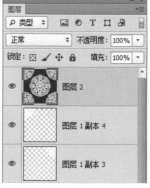

图7-369　　　　　　　　　图7-370

图7-371

7.5.4 扎染面料

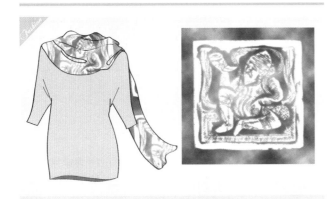

01 创建一个10厘米×10厘米，分辨率为150像素/英寸的RGB模式文件，设置前景色为蓝色（R24、G48、B116），背景色为白色。执行"滤镜>渲染>云彩"命令，效果如图7-372所示。打开光盘中的素材文件，如图7-373所示。

图7-372　　　　　图7-373

02 将它拖动到"扎染布料"文件中，适当调整大小，如图7-374所示。连按2次Ctrl+J快捷键进行复制，如图7-375所示。

图7-374　　　　　图7-375

03 选择"图层1"，执行"滤镜>模糊>动感模糊"命令，打开"动感模糊"对话框，设置角度为45度，如图7-376所示，效果如图7-377所示。

图7-376　　　　　图7-377

04 将该图层的混合模式设置为"正片叠底"，不透明度设置为50%，隐藏其他图层查看效果，如图7-378、图7-379所示。

图7-378　　　　　图7-379

05 选择并显示"图层1副本"，如图7-380所示。用相同的方法进行处理，按下Alt+Ctrl+F键打开"动感模糊"对话框，设置模糊角度为-45度，"距离"参数不变，效果如图7-381所示。

图7-380　　　　　　　　　　　　　图7-381

图7-385　　　　　　　　　　　　　图7-386

图7-385　　　　　　　　　　　　　图7-386

7.5.5　发光面料

06 选择并显示"图层1 副本2"，设置混合模式为"柔光"，如图7-382所示。执行"滤镜>画笔描边>喷溅"命令，打开"滤镜库"对话框，设置参数如图7-383所示，效果如图7-384所示。

图7-382　　　　　　　　　　　　　图7-383

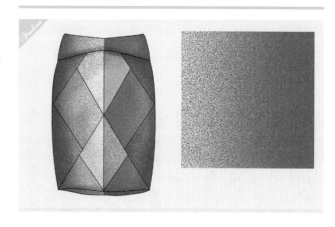

图7-384

07 单击"调整"面板中的 ▨ 按钮，创建"渐变映射"调整图层，调整颜色，如图7-385、图7-386所示。

01 创建一个10厘米×10厘米，分辨率为150像素/英寸的RGB模式文件。设置前景色为浅粉色（R255、G205、B227），背景色为粉红色（R228、G0、B127）。选择渐变工具 ▨ ，在渐变下拉面板中选择"前景色到背景色渐变"，如图7-387所示。在画面中拖动鼠标创建渐变，如图7-388所示。

图7-387　　　　　　　　　　　　　图7-388

02 执行"滤镜>像素化>点状化"命令，设置参数如图7-389所示，在图像中添加杂点，创建发光效果，如图7-390所示。

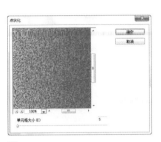

图7-389

图7-390

7.5.6 亮片面料

01 创建一个500像素×500像素，分辨率为72像素/英寸的RGB模式文件。选择画笔工具 ，打开"画笔"面板，选择"硬边圆"笔尖，设置大小为50像素，间距为100%，如图7-391所示。勾选"颜色动态"选项，设置"前景/背景抖动"100%，如图7-392所示。

图7-391

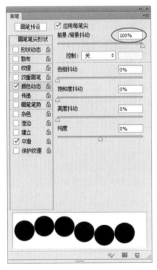

图7-392

02 拾取"色板"中的浅青色作为前景色，如图7-393所示。新建一个图层，如图7-394所示。

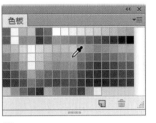

图7-393

图7-394

03 将画笔放在画面左上角，如图7-395所示，按住鼠标，同时按Shift键向右拖动鼠标绘制一排圆点，如图7-396所示。

图7-395   图7-396

04 放开鼠标及Shift键，将光标放在第二行起点处，按住Shift键绘制圆点，如图7-397所示，用同样方法绘制圆点，排满画面，如图7-398所示。

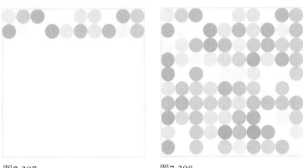

图7-397   图7-398

05 单击"调整"面板中的 按钮，创建"曲线"调整图层，将曲线向下调整，如图7-399、图7-400所示。

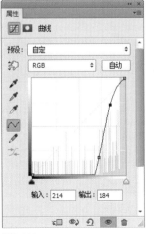

图7-399

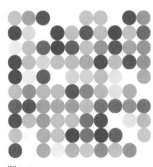

图7-400

8.14
发饰

8.5
棒球帽

8.11
金镶玉项链

8.3
水晶鞋

8.1 服饰配件的种类

时装与服饰品的关系对于塑造人物的整体形象非常重要。在穿着上，对饰品精心设计，选配得当，可以起到烘云托月、锦上添花的效果；反之，则可能喧宾夺主，破坏形象的整体美感。

- **首饰**：用于头、颈、胸和手等部位的饰品，包括头饰、发饰、耳饰、颈饰、手饰、胸饰、臂饰、鼻饰、指饰、脚饰等。每一类又可以分为几种形式。例如头饰中有头花；发饰中有发夹、发带；耳饰中有耳环、耳坠；颈饰中有项圈、项链；手饰中有手镯、手链；胸饰中有胸针、领针、领带、别针等。如图8-1、图8-2所示。

图8-1   图8-2

- **包袋**：具有装饰性和实用功能，包括公事包、化妆包、钱包、购物袋、旅游包、学生包、工具袋等，如图8-3、图8-4所示。

图8-3   图8-4

- **巾带**：巾饰包括领巾、头巾、披巾、手帕等。带饰包括领带、腰带、绑带等。巾饰装饰性较强，其造型一般都是平面的几何形，带饰的造型则比较简单，如图8-5、图8-6所示。

图8-5   图8-6

- **手套、袜**：手套的造型有两大类，一是紧贴型，这种手套造型纤细而紧贴手部，其装饰性超过实用性，可用于社交场合或春秋外出时穿戴；另外一种是宽松型。袜的造型比较单一，当袜与短下装配套时，除了网状、点状、带状等纹样具有装饰性外，色彩搭配就显得格外重要。袜的种类一般有短筒袜、长筒袜、连裤袜子、吊带袜等，如图8-7所示。

图8-7

- **鞋帽**：鞋按照制作材料可分为布鞋、棉鞋、皮鞋、塑料鞋等；按照用途可分为便鞋、时装鞋、运动鞋、拖鞋、旅游鞋、凉鞋等。帽按照造型有无边、有边、半边等种类，如贝蕾帽、钟形帽、虎头帽、三角帽、巴拿马帽、鸭舌帽等，如图8-8~图8-11所示。

图8-8　　　　　　　图8-9　　　　　　　图8-10　　　　　　　图8-11

8.2 饰品的选配原则

　　饰品的设计与选择有两个原则，一是必须忠实地为服装服务，要和服装的风格保持一致，服装是主角，饰品只是配角。二是要起到提携服装的作用，使饰品配套后的着装效果更有神采，令整体形象体现出更高的品位和格调。

　　作为一个具体的对象，饰品也具有独立的审美功能，饰品的美对服装的整体美起着烘托和强化的作用。饰品的外观会影响服装的整体效果，那些与服装色彩、材料以及图案相同的各种饰品可以使整体着装产生一种有秩序的节奏美，因此，使饰品与服装配套是服饰设计的常用手法。如图8-12~图8-16所示为一组首饰。

图8-14　　　　　　　图8-15

图8-12　　　　　　　图8-13　　　　　　　图8-16

8.3 水晶鞋

●效果：光盘/实例效果/8.3

设计要点：
本实例将设计一款时尚的厚底高跟女式凉鞋。鞋子的灵感来自于南极的海上冰山，海为宁静的蓝色，山川覆盖着冰雪，在阳光、碧水的映照下绚烂夺目，穿上这样一款水晶鞋会给炎热的夏季带来清爽的凉意。

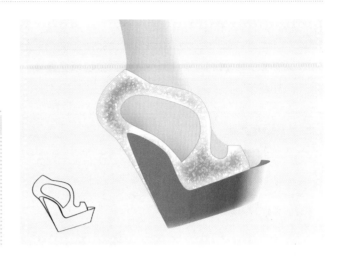

01 按下Ctrl+N快捷键，打开"新建"对话框，创建一个21厘米×29.7厘米，分辨率为150像素/英寸的RGB模式文件，分别在"路径"和"图层"面板中新建名称为"脚"的路径层和图层，如图8-17、图8-18所示。

图8-17　　　　　　图8-18

02 选择钢笔工具 ，在工具选项栏中选择"路径"选项，绘制脚部路径，如图8-19所示。将前景色设置为肉粉色（R246、G209、B203），单击"路径"面板底部的 按钮，用前景色填充路径，如图8-20所示。

图8-19　　　　　　图8-20

03 在"路径"面板空白处单击，隐藏路径。单击"图层"面板中的 按钮，锁定透明像素，如图8-21所示，使用画笔工具 （柔角）绘制出脚的明暗，如图8-22所示。

图8-21　　　　　　图8-22

04 分别在"路径"与"图层"面板中新建"鞋底"层，如图8-23、图8-24所示。

图8-23　　　　　　图8-24

05 用钢笔工具 绘制鞋底路径，如图8-25所示。按下Ctrl+回车键将路径转换为选区，如图8-26所示。

图8-25　　　　　　图8-26

06 选择渐变工具 ▣，单击工具选项栏中的渐变颜色条 ▬▬，在打开的"渐变编辑器"中编辑渐变颜色，如图8-27所示，在选区内沿倾斜方向拖动鼠标填充渐变，如图8-28所示。

图8-27　　　　　　　　　　图8-28

07 选择画笔工具 ✎，在画笔下拉面板中选择"柔边圆"笔尖，设置大小为50像素，如图8-29所示。将前景色设置为白色，在鞋底的边缘涂抹白色，如图8-30所示。按下Ctrl+D快捷键取消选择。

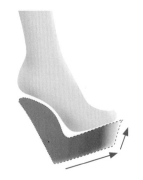

图8-29　　　　　　　　　　图8-30

08 用钢笔工具 ✐ 绘制鞋底的另一面，如图8-31所示。将前景色设置为蓝色（R52、G137、B189），单击"路径"面板底部的 ● 按钮，用前景色填充路径，如图8-32所示。

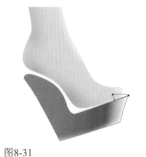

图8-31　　　　　　　　　　图8-32

09 在"路径"面板中新建一个"鞋面"路径层，绘制鞋面路径，如图8-33、图8-34所示。

图8-33　　　　　　　　　　图8-34

10 绘制鞋面内部挖空的路径，如图8-35所示，在工具选项栏中选择"减去顶层形状"选项，如图8-36所示，实现路径的挖空效果。

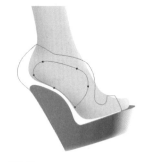
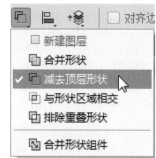

图8-35　　　　　　　　　　图8-36

11 在"图层"面板中新建"鞋面"图层，如图8-37所示。单击"路径"面板底部的 ● 按钮，用前景色（白色）填充路径，如图8-38所示。在"路径"面板空白处单击，隐藏路径。

图8-37　　　　　　　　　　图8-38

12 在"图层"面板中双击"鞋面"图层，打开"图层样式"对话框，添加"描边"效果，将描边颜色设置为蓝色，设置参数如图8-39所示，效果如图8-40所示。

图8-39   图8-40

图8-45   图8-46

13 选择"内发光"选项，同样将发光颜色设置为蓝色，参数设置如图8-41所示，使鞋面产生有明暗变化的立体效果，如图8-42所示。

16 新建一个名称为"水晶效果"的图层，如图8-47所示。将前景色设置为白色，按下Alt+Delete键填充白色，按下Ctrl+D快捷键取消选择，如图8-48所示。

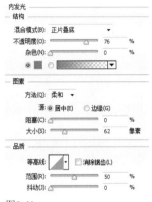

图8-41   图8-42

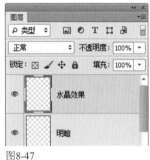

图8-47   图8-48

14 按住Ctrl键单击"鞋面"缩览图，如图8-43所示，载入鞋面的选区，如图8-44所示。

17 执行"滤镜>像素化>点状化"命令，随机添加彩色网点，如图8-49、图8-50所示。

图8-43   图8-44

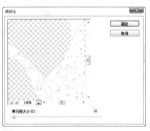

图8-49   图8-50

15 单击"图层"面板底部的 🔲 按钮，新建一个图层，命名为"明暗"，如图8-45所示，用画笔工具 ✐ 在鞋面边缘涂抹蓝色，如图8-46所示。

18 设置该图层的混合模式为"划分"，效果如图8-51所示。连续按下4次Ctrl+F快捷键重复执行"点状化"滤镜，强化点状化效果，表现出水晶的晶莹感，如图8-52所示。

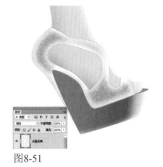

图8-51   图8-52

8.4 腰带

●效果:光盘/实例效果/8.4

设计要点:
本实例将设计一款优雅的绿色腰带，带扣为金色的树叶。腰带是一种束于腰间或身体之上起固定衣服和装饰美化作用的服饰品，好的设计可以起到提升气质、画龙点睛的作用。

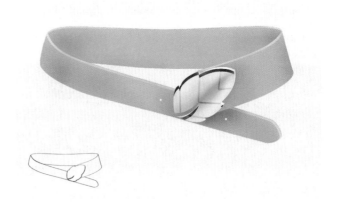

01 按下Ctrl+N快捷键，打开"新建"对话框，创建一个大小为29.7厘米×21厘米，分辨率为150像素/英寸的RGB模式文件，在"路径"面板中新建一个路径层，选择钢笔工具 ✎ ，在工具选项栏中选择"路径"选项，绘制腰带的路径，如图8-53、图8-54所示。

图8-53　　　　　　　图8-54

02 新建一个图层。将前景色设置为粉绿色（R123、G203、B165）。使用路径选择工具 ▶ 选取左侧的路径，单击"路径"面板底部的 ● 按钮，用前景色填充路径，如图8-55所示。用同样方法选取其余两个路径，分别在新建的图层中填充颜色，如图8-56所示。腰带由三部分组成，每一部分都位于一个单独的图层中，便于调整明暗效果。

图8-55　　　　　　　图8-56

03 分别选取每个图层，单击"图层"面板中的 ▣ 按钮，锁定透明像素。下面来表现腰带的厚度，选择"图层1"，按住Ctrl键单击"图层1"的缩览图，如图8-57所示，载入选区，如图8-58所示。选择矩形选框工具 ▢ ，将光标放在选区内，按住鼠标略向下拖动，如图8-59所示。

04 按下Shift+Ctrl+I键反选。将前景色设置为白色。选择画笔工具 ✎ （不透明度50%），贴着腰带的选区边线，

绘制白色，表现出腰带的厚度，如图8-60所示。用同样方法表现腰带其他两个部分的厚度，如图8-61所示。

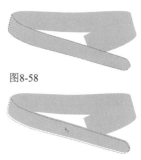

图8-58

图8-57

图8-59

图8-60

图8-61

05 选择加深工具 ✐ ，绘制出腰带的暗部，如图8-62所示。选择自定形状工具 ✿ ，在形状下拉面板中选择"叶子1"形状，如图8-63所示。将前景色设置为浅黄色，新建一个图层，绘制腰带扣，如图8-64所示。用与之前相同的方法表现明暗，制作扣眼，效果如图8-65所示。

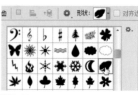

图8-62

图8-63

图8-64　　　　　　　图8-65

Fashion

8.5 棒球帽

●素材/光盘/素材/8.5 ●效果/光盘/实例效果/8.5

设计要点：
本实例将设计一款时尚的棒球帽。帽子为蓝色，带有
文字和徽标作为装饰，同时添加纹理，使帽子的整体
效果更加完美。

01 按下Ctrl+N快捷键，打开"新建"对话框，创建一个
大小为21厘米×29.7厘米，分辨率为150像素/英寸的
RGB模式文件。分别在"路径"和"图层"面板中新建
路径层和图层，如图8-66、图8-67所示。

03 调整前景色，以浅蓝色填充其他路径，如图8-72、
图8-73所示。

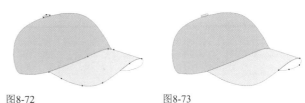

图8-72　　　　　　　　　　图8-73

04 打开光盘中的素材文件，如图8-74所示。使用移动
工具 ▶⊕ 将其拖到帽子文件中，如图8-75所示。

图8-66　　　　　　　　　　图8-67

02 选择钢笔工具 ✐，在工具选项栏中选择"路径"选
项，绘制帽子的路径，如图8-68~图8-70所示。将前景
色设置为粉蓝色（R124、G201、B210），使用路径选
择工具 ▶ 选取帽顶路径，单击"路径"面板底部的 ●
按钮，用前景色填充路径，如图8-71所示。

图8-74　　　　　　　　　　图8-75

05 按下Ctrl+T快捷键显示定界框，将光标放在定界框
外，拖动鼠标旋转文字，如图8-76所示。单击鼠标右键，
在打开的快捷菜单中选择"变形"命令，显示变形网格，
如图8-77所示，拖动锚点扭曲文字，使图案符合帽子的形
状，如图8-78所示，按下回车键确认，如图8-79所示。

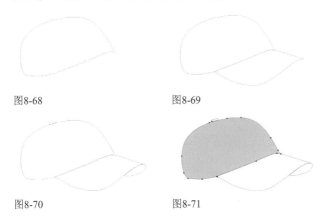

图8-68　　　　　　　　　　图8-69

图8-70　　　　　　　　　　图8-71

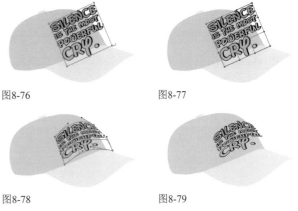

图8-76　　　　　　　　　　图8-77

图8-78　　　　　　　　　　图8-79

06 按下Alt+Ctrl+G键创建剪贴蒙版，将文字剪切到帽子图层中，如图8-80、图8-81所示。

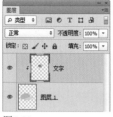

图8-80　　　　　　　图8-81

07 用钢笔工具 ✐ 在帽子上绘制一条路径，如图8-82所示。选择画笔工具 ✐（柔边圆2像素），将前景色设置为深蓝色，单击"路径"面板底部的 ◯ 按钮，用画笔描边路径，如图8-83所示。

图8-82　　　　　　　图8-83

08 设置画笔工具 ✐ 的大小为150像素，不透明度为50%。新建一个图层，设置混合模式为"柔光"，不透明度为60%，按下Alt+Ctrl+G将其加入到剪贴蒙版组中，如图8-84所示。用黑色绘制帽子的暗部、用白色表现亮部，如图8-85所示。

图8-84　　　　　　　图8-85

09 新建一个图层，按下快捷键将其加入到剪贴蒙版组中。选择油漆桶工具 ⬗，在工具选项栏中选择"图案"选项，单击▾按钮打开图案下拉面板，选择"金属画"图案，如图8-86所示。在画面中单击填充图案，如图8-87所示。

10 设置图层的混合模式为"划分"，不透明度为22%，将其拖至"文字"图层下方，如图8-88、图8-89所示。

图8-86　　　　　　　图8-87

图8-88　　　　　　　图8-89

11 选择椭圆工具 ⬭，在工具选项栏中选择"像素"选项。将前景色设置为粉色。新建一个图层，按住Shift键绘制一个圆形，如图8-90所示。双击该图层，打开"图层样式"对话框，选择"斜面和浮雕"选项，设置参数如图8-91所示，选择"投影"选项，添加投影效果，如图8-92所示，制作出有立体感的徽章。将文字素材拖到徽章上，调整大小，制作成如图8-93所示的效果。

图8-90　　　　　　　图8-91

图8-92　　　　　　　图8-93

8.6 眼镜

●效果:光盘/实例效果/8.6

设计要点:
本实例将设计一款彩色条纹边框眼镜,镜框颜色为
粉、黄、白相间,充分体现与众不同的个性魅力和年
轻、时尚的潮流趋势。

01 按下Ctrl+N快捷键,创建一个大小为29.7厘米×21厘米,分辨率为150像素/英寸的RGB模式文件。选择钢笔工具 ✎ ,在工具选项栏中选择"形状"选项,绘制眼镜的路径,如图8-94、图8-95所示。

两个眼镜腿位于"形状2"图层中。将该图层拖至"形状1"图层下方,如图8-101所示。

图8-94

图8-95

图8-100

图8-101

02 绘制镜片,如图8-96所示。在工具选项栏中选择"凸减去顶层形状"选项,实现挖空效果,如图8-97、图8-98所示。绘制另一侧镜片,如图8-99所示。

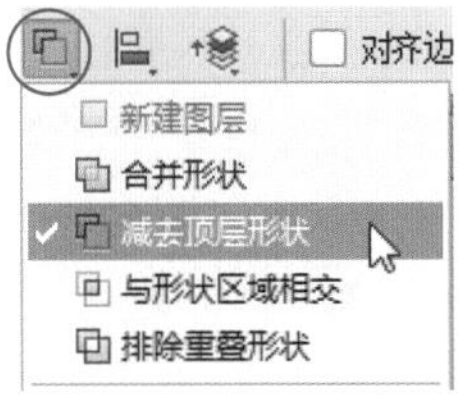

04 选择渐变工具 ▬ ,在工具选项栏中按下对称渐变按钮 ▬ ,选择"透明彩虹渐变",如图8-102所示。单击"图层"面板底部的 🔲 按钮,新建一个图层,按住Shift键拖动鼠标创建渐变,如图8-103所示。

图8-96

图8-97

图8-102

图8-103

05 选择移动工具 ▶⊕ ,按住Alt键向下拖动渐变图形进行复制,如图8-104、图8-105所示。

图8-98

图8-99

图8-104

图8-105

03 在工具选项栏中选择"凸新建图层"选项,在新的形状图层(形状2)中绘制左侧眼镜腿;再选择"凸合并形状"选项,绘制另一侧眼镜腿,如图8-100所示,使

06 按住Shift键单击"图层1",选择所有彩虹渐变图层,如图8-106所示,按下Ctrl+E快捷键合并图层,修改名称为"条纹",如图8-107所示。

图8-106　　　　　　图8-107

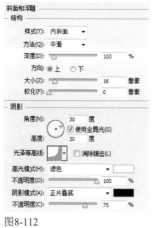 

图8-112　　　　　　图8-113

07 按下Alt+Ctrl+G键创建剪贴蒙版，将彩虹渐变剪切到眼镜腿图层中。按下Ctrl+T快捷键显示定界框，旋转渐变图形，使条纹与眼镜腿的线条一致，如图8-108所示。新建一个图层，填充肉粉色，设置混合模式为"变亮"，改变条纹颜色，如图8-109所示。

图8-114　　　　　　图8-115

10 在"形状1"图层下方新建一个图层，如图8-116所示。使用魔棒工具 按住Shift键在眼镜片上单击，创建选区，填充黑色，如图8-117所示。取消选择。

图8-108　　　　　　图8-109

图8-116　　　　　　图8-117

08 按住Ctrl键单击"条纹"图层，将其与"颜色"图层一同选取，按住Alt键向上拖动进行复制（在"形状1"图层上方放开鼠标）。按住Alt+Ctrl+G键创建剪贴蒙版，如图8-110所示。调整条纹角度，如图8-111所示。

11 单击"图层"面板中的 按钮，锁定透明像素。绘制略小于镜片的椭圆形选区，填充深灰色，如图8-118所示。按住Shift键绘制如图8-119所示的两个选区，按下Shift+Ctrl+I键反选，填充黑色后取消选择，如图8-120所示。新建一个图层，制作镜片的高光，如图8-121所示。

图8-110　　　　　　图8-111

09 双击"形状1"图层，打开"图层样式"对话框，选择"斜面和浮雕"选项，设置参数如图8-112所示；选择"描边"选项，在"填充类型"下拉列表中选择"渐变"，单击 按钮，在打开的渐变下拉面板中选择"橙黄橙渐变"，如图8-113、图8-114所示。关闭对话框后，按住Alt键拖动"形状1"图层后面的 fx 图标到"形状2"图层，复制图层样式，如图8-115所示。

图8-120　　　　　　图8-121

8.7 披肩

设计要点:

本实例将设计一款紫色的皮草披肩,款式精致、小巧、简洁,不会显得臃肿。紫色有高贵、神秘的寓意,使这款披肩更具贵族气息。

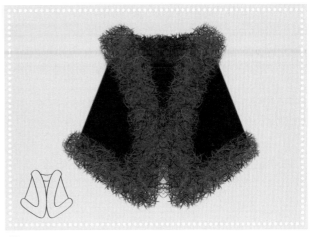

01 按下Ctrl+N快捷键,创建21厘米×29.7厘米,分辨率为96像素/英寸的RGB模式文件。选择画笔工具 ✎ ,按下F5键打开"画笔"面板,选择"沙丘草"笔尖,分别设置画笔大小、形状动态、散布及颜色动态等参数,如图8-122~图8-125所示。

02 将前景色设置为紫色(R145、G12、B120),背景色设置为深紫色(R22、G15、B22)。新建一个图层。用画笔工具 ✎ 绘制出披肩上的皮草轮廓,如图8-126所示,再反复涂抹进行填充,如图8-127所示。使用橡皮擦工具 ✐ (柔角30像素)将边缘修得整齐一些,如图8-128所示。

图8-126　　　图8-127　　　图8-128

03 在当前图层下方新建一个图层。使用多边形套索工具 ⚲ (羽化1像素)绘制披肩轮廓,按下Ctrl+Delete键填充背景色,如图8-129所示。按住Ctrl键单击"图层1",按下Alt+Ctrl+E键盖印,如图8-130所示。

04 执行"编辑>变换>水平翻转"命令翻转图像,使用移动工具 ⊹ 将其向右移动。用同样方法制作披肩后面的部分,颜色要略深一些,如图8-131所示。

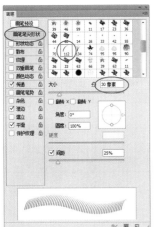

图8-122

图8-123

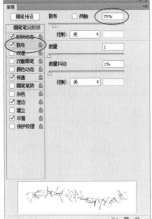

图8-124

图8-125

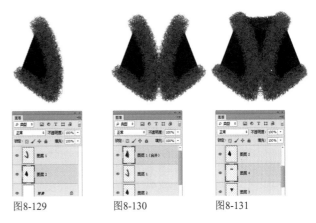

图8-129　　　图8-130　　　图8-131

8.8 领带

●效果:光盘/实例效果/8.8

设计要点:
本实例将设计一款商务人士佩戴的领带。面料由深浅不同的蓝色网点组成,简约中略有变化,庄重而不失雅致,增添了领带的时尚感。

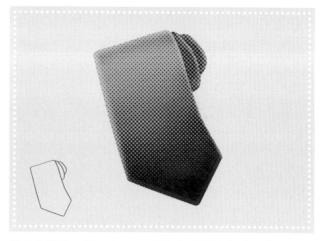

01 按下Ctrl+N快捷键,打开"新建"对话框,创建一个大小为21厘米×29.7厘米,分辨率为150像素/英寸的RGB模式文件。在"路径"面板中新建一个路径层。选择钢笔工具 ✐,在工具选项栏中选择"路径"选项,绘制领带的路径,如图8-132、图8-133所示。使用路径选择工具 ▶ 选取如图8-134所示的路径。

图8-132　　　　图8-133　　　　图8-134

02 单击"路径"面板底部的 ⬭ 按钮,将路径转换为选区,在"路径"面板空白处单击,取消路径的显示,选区效果如图8-135所示。设置前景色为深蓝色(R38、G52、B115),背景色为蓝色(R54、G201、B213)。选择渐变工具 ▇,在渐变下拉列表中选择"前景色到背景色渐变",如图8-136所示。新建一个图层,由下向上拖动鼠标填充渐变,按下Ctrl+D快捷键取消选择,如图8-137所示。

图8-135　　　　图8-136　　　　图8-137

03 执行"滤镜>素描>半调图案"命令,制作网点图案,如图8-138、图8-139所示。

04 新建一个图层,如图8-140所示。单击"路径1",如图8-141所示,使用路径选择工具 ▶ 选取如图8-142

所示的路径,按下Shift+X键切换前景色与背景色,单击"路径"面板底部的 ● 按钮,用前景色(蓝色)填充路径,如图8-143所示。按下Ctrl+F快捷键执行"半调图案"命令,如图8-144所示。

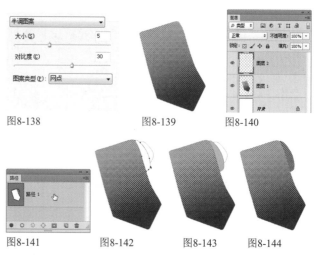

图8-138　　　　图8-139　　　　图8-140

图8-141　　　　图8-142　　　　图8-143　　　　图8-144

05 用同样方法为另一路径也填充相同的颜色,如图8-145所示。在"图层1"上方新建一个图层,设置混合模式为"柔光",按下Alt+Ctrl+G键创建剪贴蒙版,如图8-146所示。选择画笔工具 ✐,用黑色表现领带的暗部,用白色表现高光,如图8-147所示,分别在"图层2"与"图层3"上方新建图层,创建剪贴蒙版,绘制出领带不同位置的明暗效果,如图8-148所示。

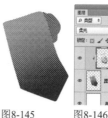

图8-145　　　　图8-146　　　　图8-147　　　　图8-148

8.9 女士钱包

设计要点：
本实例将设计一款时尚的女士钱包。钱包为桃红色系，代表着甜美、温柔和纯真。图案为斑马纹理，并有压印文字作为装饰。

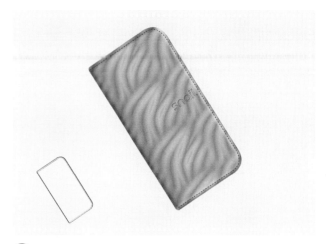

01 按下Ctrl+N快捷键，创建一个大小为21厘米×29.7厘米，分辨率为150像素/英寸的RGB模式文件。新建一个路径层，选择钢笔工具 ✍，在工具选项栏中选择"路径"选项，绘制钱包的路径，如图8-149所示。

02 按下Ctrl+回车键将路径转换为选区。选择渐变工具 ▉，单击工具选项栏中的 ▉▉▉ 按钮，打开"渐变编辑器"设置渐变颜色，如图8-150所示。新建一个图层，在选区内填充线性渐变，如图8-151所示。按下Ctrl+D快捷键取消选择。

图8-149　　　　图8-150　　　　图8-151

03 双击该图层，在打开的对话框中选择"斜面和浮雕"选项，设置参数如图8-152所示，使钱包呈现立体效果；选择"图案叠加"选项，在图案下拉面板中选择"斑马"图案，为钱包添加纹理如图8-153、图8-154所示。

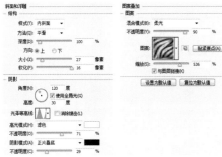

图8-152　　　　图8-153　　　　图8-154

04 用钢笔工具 ✍ 绘制钱包的缝纫线路径，如图8-155所示。选择画笔工具 ✎，打开"画笔"面板，选择"柔边椭圆11"笔尖，设置参数如图8-156、图8-157所示。

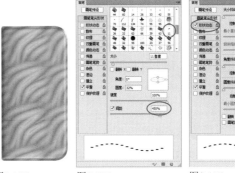

图8-155　　　　图8-156　　　　图8-157

05 新建一个图层。将前景色设置为深红色。单击"路径"面板底部的 ○ 按钮，用画笔描边路径，如图8-158所示。选择横排文字工具 T，在画面中单击输入文字，在"字符"面板中设置字体及大小，如图8-159、图8-160所示。

图8-158　　　　图8-159　　　　图8-160

06 双击文字图层，打开"图层样式"对话框，设置"内阴影"效果，如图8-161所示；将填充不透明度设置为0%，如图8-162所示，使文字呈现压印效果，如图8-163所示。

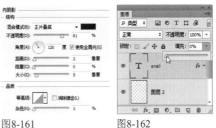

图8-161　　　　图8-162　　　　图8-163

8.10 铂金耳环

●效果：光盘/实例效果/8.10

设计要点：
本实例将设计一款华丽的铂金耳环。耳环以王冠和星形为主要元素，体现其高端的品位，加之铂金的色泽干净、晶莹、有着天然纯白的光泽，能更好的体现永恒不变的特质。

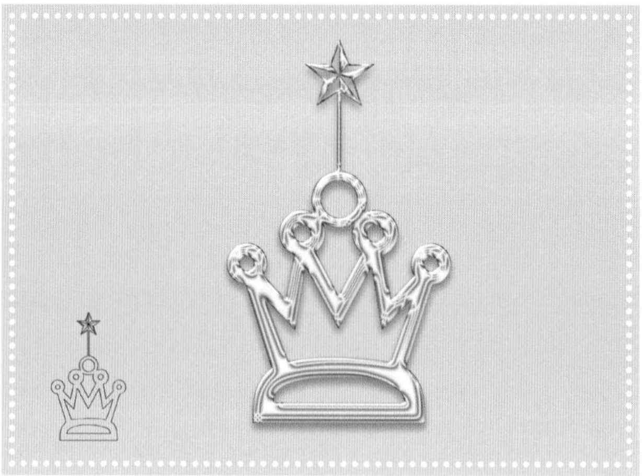

01 按下Ctrl+N快捷键，创建一个大小为21厘米×29.7厘米，分辨率为150像素/英寸的RGB模式文件。单击“图层”面板底部的按钮，新建一个图层。

02 选择自定形状工具，在工具选项栏中选择“像素”选项，用图8-164所示的几种形状绘制出耳环效果，如图8-165~图8-167所示。选择矩形工具绘制一条竖线，如图8-168所示。为了便于对齐图形，将每个形状图形都绘制在一个单独的图层中。

03 按住Shift键单击“图层1”，选取这4个图层，如图8-169所示。选择移动工具，单击工具选项栏中的水平居中对齐按钮，对齐图形，按下Ctrl+E快捷键合并图层，如图8-170所示。

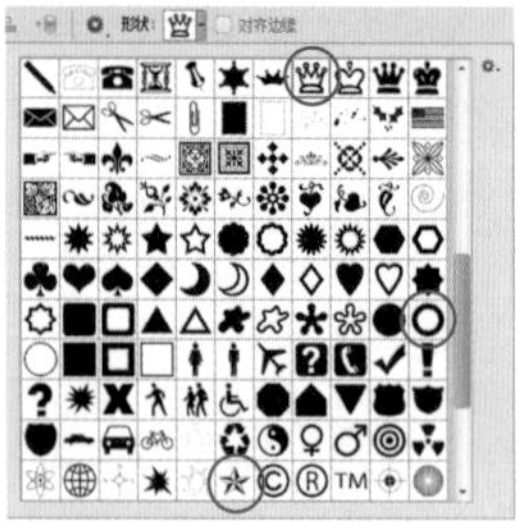
图8-164

图8-165

图8-166

图8-167

图8-168

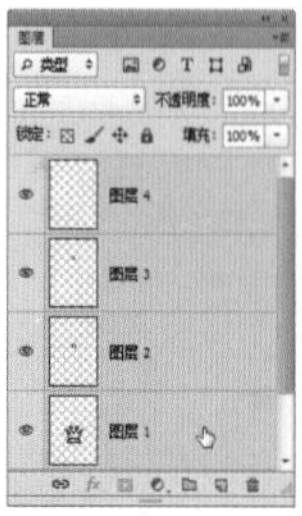
图8-169

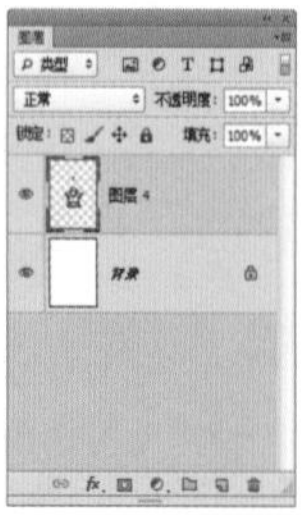
图8-170

04 双击该图层，打开“图层样式”对话框，选择“斜面和浮雕”、“内阴影”、“内发光”、“光泽”、“投影”等选项，设置参数如图8-171~图8-175所示，制作出白金特效，如图8-176所示。

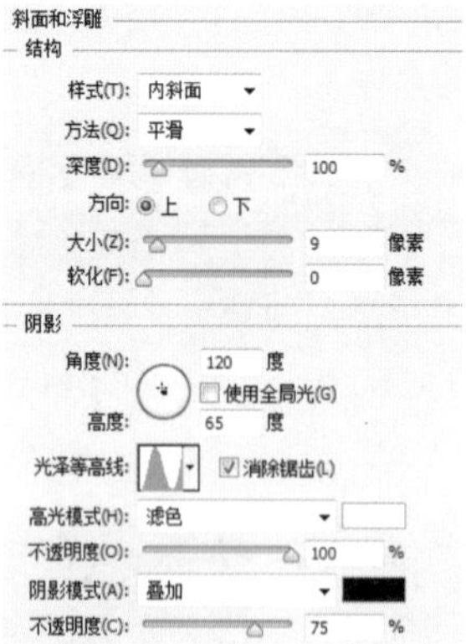

图8-171

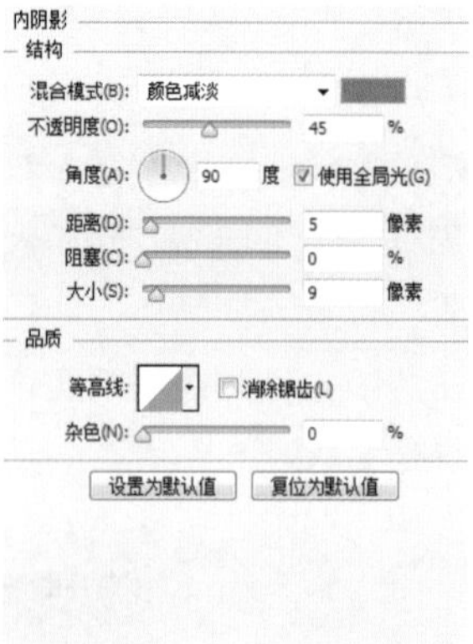

图8-172

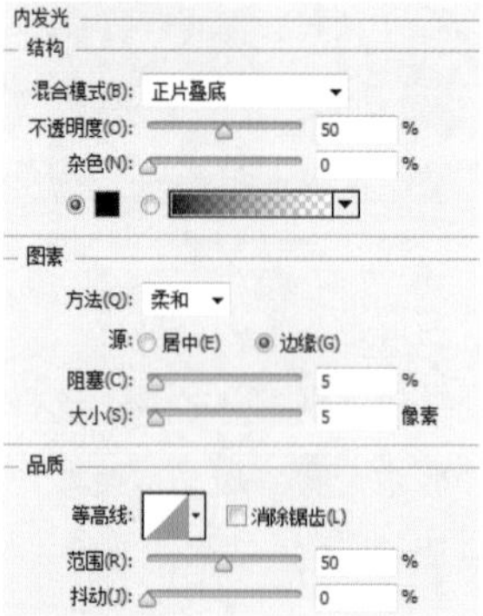

图8-173

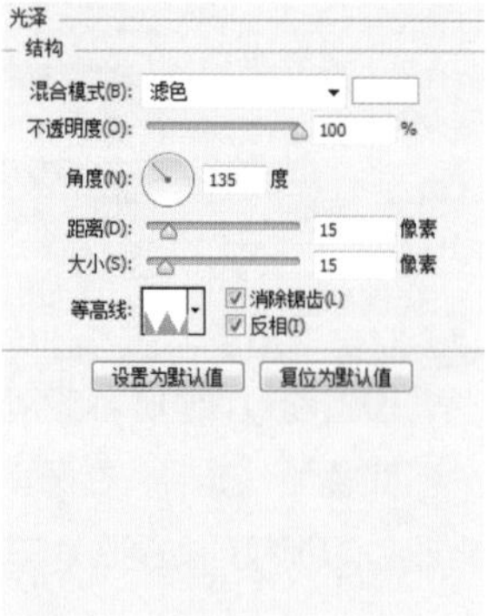

图8-174

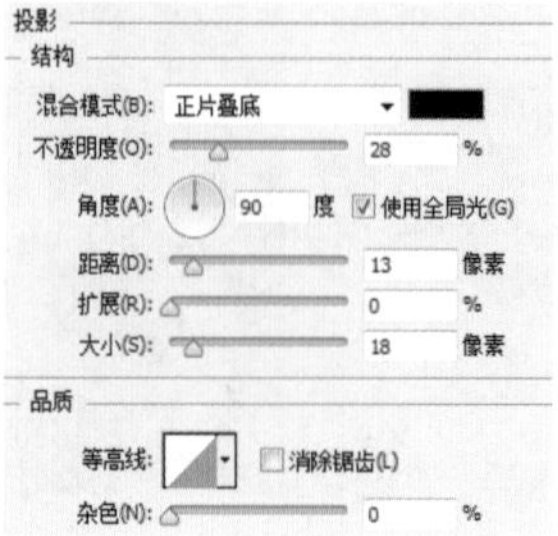

图8-175

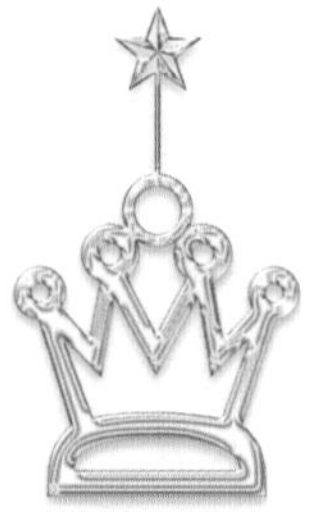
图8-176

8.11 金镶玉项链

设计要点:

本实例将设计一款有着吉祥寓意的项链。项链使用中国传统的太极图案为设计元素,在黄金上镶嵌祖母绿翡翠,形成了材质上的反差,体现动静结合、变化统一的形式美。

01 按下Ctrl+N快捷键,创建一个大小为29.7厘米×21厘米,分辨率为150像素/英寸的RGB模式文件。执行"滤镜>渲染>云彩"命令,创建云彩效果,如图8-177所示。执行"滤镜>渲染>分层云彩"命令,增强纹理感,如图8-178所示。

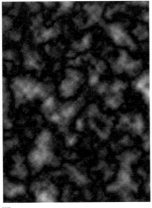

图8-177 图8-178

02 单击"调整"面板中的 ▣ 按钮,创建"渐变映射"调整图层.在"属性"面板中单击 ▆▆ 按钮,如图8-179所示,打开"渐变编辑器"调整渐变颜色,如图8-180所示,为纹理着色,如图8-181所示,按下Ctrl+E快捷键合并图层,如图8-182所示。

图8-179 图8-180

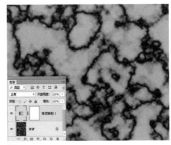

图8-181 图8-182

03 执行"编辑>定义图案"命令,将云彩纹理定义为图案,如图8-183所示。按下Ctrl+Delete键将背景填充白色,单击"图层"面板底部的 ▣ 按钮,新建一个图层,如图8-184所示。

图8-183 图8-184

04 选择自定形状工具 ,在工具选项栏中选择"像素"选项,在形状下拉面板中选择"阴阳符号"形状,如图8-185所示,按住Shift键创建形状,如图8-186所示。

图8-185 图8-186

05 双击该图层，打开"图层样式"对话框，选择"颜色叠加"选项，单击混合模式右侧的颜色块，打开"拾色器"，将颜色设置为暖褐色（R152、G100、B0），如图8-187所示，选择"图案叠加"选项，单击按钮打开"图案"下拉面板，选择自定义的"云彩纹理"图案，如图8-188所示。

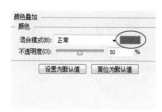
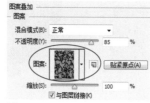

图8-187　　　　　图8-188

06 分别选择"斜面和浮雕"、"等高线"选项，设置参数如图8-189、图8-190所示；选择"纹理"选项，在"图案"下拉面板中选择"云彩纹理"图案，如图8-191所示，表现出金属的质感、纹理与光泽，效果如图8-192所示。

07 选择"内阴影"选项，单击"等高线"按钮，打开"等高线编辑器"，在等高线上单击，添加控制点，拖动控制点调整位置，如图8-193、图8-194所示。等高线用来控制效果在指定范围内的形状，以便材质模拟更加逼真，效果如图8-195所示。

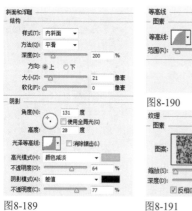

图8-189　　　　　图8-190

图8-191

图8-192

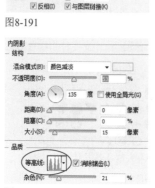

图8-193

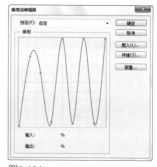

图8-194　　　　　　图8-195

08 分别添加"内发光"、"投影"和"外发光"效果，如图8-196~图8-199所示。

图8-196　　　　　　图8-197

图8-198　　　　　　图8-199

09 选择魔棒工具（容差为30），按住Shift键选取图形中白色的区域，如图8-200所示。新建一个图层，将前景色设置为绿色（R70、G237、B28），按下Alt+Delete键将选区填充前景色，按下Ctrl+D快捷键取消选择，如图8-201所示。

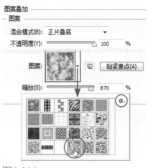

图8-200　　　　　　图8-201

10 双击该图层，打开"图层样式"对话框，分别添加"斜面和浮雕"、"等高线"、"内阴影"、"内发光"效果，如图8-202~图8-205所示。

图8-206　　　　　　　　　　图8-207

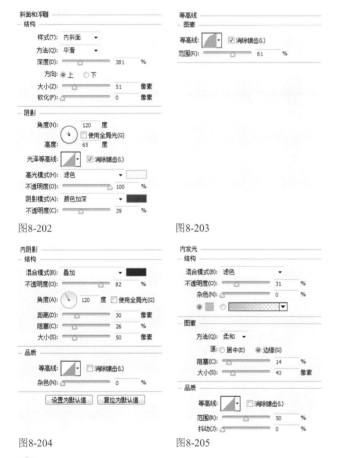

图8-202　　　　　　图8-203

图8-204　　　　　　图8-205

11 设置"图案叠加"选项时，在图案下拉面板中单击 ⚙ 按钮，打开面板菜单，选择"图案"命令，加载该图案库，选择"云彩"图案，如图8-206所示，制作出绿色的翡翠玉石效果，如图8-207所示。

12 执行"窗口>样式"命令，打开"样式"面板，单击面板底部的 🔲 按钮，弹出"新建样式"对话框，为样式命名，如图8-208所示，将当前的翡翠玉石效果创建为样式，保存在"样式"面板中，如图8-209所示。在制作下一个实例"翡翠戒指"时会用到该样式。

图8-208　　　　　　图8-209

13 选择钢笔工具 ✐ （路径），绘制项链路径，如图8-210所示。选择画笔工具 ✏，打开"画笔"面板，设置画笔参数，如图8-211所示。在"图层1"下方新建一个图层，单击"路径"面板底部的 ○ 按钮，用画笔描边路径，如图8-212所示。

图8-210　　　　图8-211　　　　图8-212

14 按住Alt键拖动"图层1"后面的 *fx* 图标到"图层3"，复制图层样式，如图8-213、图8-214所示。

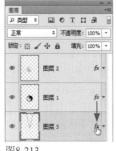

图8-213　　　　　　图8-214

8.12 翡翠戒指

●效果:光盘/实例效果/8.12

设计要点:
本实例将设计一款典雅的翡翠戒指。祖母绿宝石镶嵌在晶莹的钻石中,风格简洁、经典而不失大气。

01 创建一个大小为29.7厘米×21厘米,分辨率为150像素/英寸的文件,将前景色设置为浅灰色(R236、G232、B238),新建一个图层,使用椭圆工具 ⬭ (像素)绘制一个椭圆形,如图8-215、图8-216所示。

图8-215　　　　　　　图8-216

02 双击该图层,在打开的"图层样式"对话框中选择"斜面和浮雕"、"内发光"和"纹理"等选项,设置参数如图8-217~图8-221所示,效果如图8-222所示。

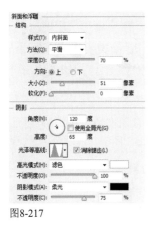

图8-217　　　　　　　图8-218

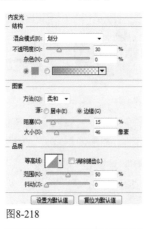

图8-219　　　　　　　图8-220

图8-221　　　　　　　　　　　　图8-222

03 新建"图层2",在戒指两边绘制两个灰色椭圆形,如图8-223所示。按住Alt键拖动"图层1"后面的 *fx* 图标到"图层2",复制图层样式,如图8-224、图8-225所示。

图8-223　　　　图8-224　　　　图8-225

04 新建"图层3",将前景色设置为绿色(R70、G237、B28),绘制一个绿色椭圆形,如图8-226所示。单击"样式"面板中的"翡翠"样式,如图8-227所示,这是前面制作项链实例时保存的样式,将其应用到当前图层,制作出翡翠玉石效果,如图8-228所示。

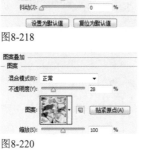

图8-226　　　　图8-227　　　　图8-228

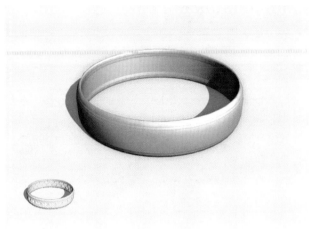

8.13 黄金手镯

●效果:光盘/实例效果/8.13

设计要点:
本实例将设计一款样式简洁的黄金手镯,主要应用3D命令生成模型,再通过渐变叠加来表现手镯的色泽。

01 按下Ctrl+N快捷键,创建一个大小为21厘米×29.7厘米,分辨率为72像素/英寸的RGB模式文件,按下Ctrl+J快捷键通过拷贝的图层,生成"图层1",如图8-229所示。执行"从图层新建网格>网格预设>环形"命令,生成3D圆环,如图8-230所示。

图8-229

图8-230

02 使用缩放3D对象工具 单击3D对象并向下拖动,将模型缩小,如图8-231所示;使用旋转3D对象工具 向下拖动使模型围绕其x轴旋转;向右拖动可围绕其y轴旋转,如图8-232所示。

 提示

使用滚动3D对象工具 在3D对象两侧拖动可以使模型围绕其z轴旋转。使用拖动3D对象工具 在3D对象两侧拖动可沿水平方向移动模型;上下拖动可沿垂直方向移动模型。使用滑动3D对象工具 在3D对象两侧拖动可沿水平方向移动模型;上下拖动可将模型移近或移远。

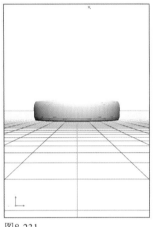

图8-231

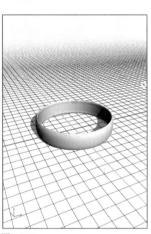

图8-232

03 完成 3D 文件的编辑之后,执行"3D>渲染"命令,对模型进行渲染。渲染3D模型需要一定的时间,要耐心等待。在窗口底部会显示渲染进度,如图8-233、图8-234所示。

图8-233

图8-234

04 按住Ctrl键单击"图层1"的缩览图,载入手镯的选区,如图8-235、图8-236所示。

图8-235 图8-236

05 新建一个图层。选择渐变工具 ，在渐变下拉面板中选择"铜色渐变"，如图8-237所示，将选区填充渐变，如图8-238所示。

图8-237 图8-238

06 设置该图层的混合模式为"颜色"，如图8-239、图8-240所示。依然保留选区状态。

图8-239 图8-240

07 单击"调整"面板中的 按钮，基于选区创建"渐变映射"调整图层，单击 按钮打开渐变下拉面板，选择"橙黄橙渐变"，如图8-241所示，选区会转换到调整图层的蒙版中，对图像进行遮盖，使手镯呈现金黄色，而阴影颜色不变，效果如图8-242所示。

图8-241 图8-242

08 设置该图层的混合模式为"颜色加深"，使手镯的颜色更加自然，如图8-243、图8-244所示。

图8-243 图8-244

09 执行"滤镜>模糊>高斯模糊"命令，设置半径为5像素，如图8-245所示，使手镯边缘产生发光效果，如图8-246所示。

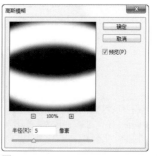

图8-245 图8-246

8.14 发饰

●效果:光盘/实例效果/8.14

设计要点:
本实例将设计一款礼帽形状的发饰,作为盘发或发髻的装饰。发饰为英式贵族风格,体现优雅高贵的特色。

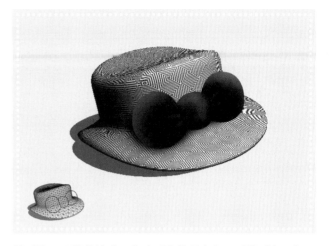

01 创建一个大小为21厘米×29.7厘米,分辨率为72像素/英寸的RGB模式文件。按下Ctrl+J快捷键复制图层,生成"图层1"。

02 执行"3D>从图层新建网格>网格预设>帽子"命令,生成3D对象,如图8-247所示。使用缩放3D对象工具 ▧将模型缩小,如图8-248所示;使用旋转3D对象工具 ▧旋转模型的角度,如图8-249、图8-250所示。按下Alt+Shift+Ctrl+R键渲染模型。

03 双击"帽子材质-默认纹理"图层,如图8-251所示,弹出一个空白的材质文件,选择油漆桶工具 ▧,在工具选项栏中选择"图案"选项,单击 ▾按钮打开图案下拉面板,选择"嵌套方块"图案,如图8-252所示。

储对纹理所做的修改,修改后的纹理会应用到模型中,如图8-254所示。

图8-253

图8-254

05 单击"调整"面板中的 ▧ 按钮,创建"曲线"调整图层,增加图像的对比度,如图8-255、图8-256所示。

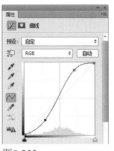

图8-255

图8-256

06 使用钢笔工具 ▧(路径)绘制蝴蝶结,填充黑色,如图8-257所示。用画笔工具 ▧绘制紫红色表现亮部,用黑色表现阴影,如图8-258所示。

图8-247

图8-248

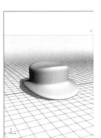

图8-249

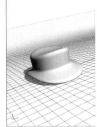

图8-250

图8-251

图8-252

图8-257

图8-258

04 在空白的纹理文档中单击鼠标填充图案,如图8-253所示,关闭该文档,会弹出一个对话框,单击"是"按钮,存

8.15 木质钮扣

●素材:光盘/素材/8.15 ●效果:光盘/实例效果/8.15

设计要点:
本实例将设计一款古朴的森系木质钮扣,钮扣上的太阳图形采用木刻的方式来表现。森系指一种服饰风格,即清新、天真、超凡脱俗,有如走入森林般的自然。森系代表一种时尚潮流、生活态度和精神实质。

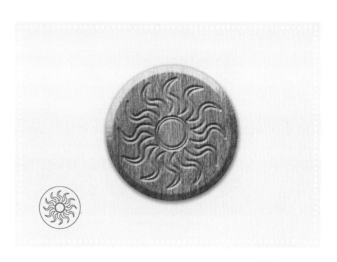

01 打开光盘中的素材文件。使用椭圆选框工具 ⬭ 按住Shift键创建一个圆形选区,如图8-259所示。按下Ctrl+N快捷键,创建一个大小为21厘米×29.7厘米,分辨率为150像素/英寸的RGB模式文件。使用移动工具 ⊕ 将选区内的图像拖入新建的文档中,如图8-260、图8-261所示。

图8-259　　　　　图8-260　　　　　图8-261

02 双击"图层1",打开"图层样式"对话框,分别选择"斜面和浮雕"、"投影"选项,设置参数如图8-262、图8-263所示,效果如图8-264所示。

03 单击"图层"面板底部的 ⬚ 按钮,新建一个图层。选择自定形状工具 ✿ ,在工具选项栏中选择"像素"选项,在形状下拉面板中选择"太阳1"形状,如图8-265所示,按住Shift键创建形状,如图8-266所示。

图8-264　　　　　图8-265　　　　　图8-266

04 双击该图层,打开"图层样式"对话框,添加"斜面和浮雕"效果,如图8-267、图8-268所示。

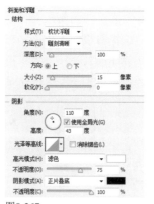 

图8-267　　　　　　　　　　图8-268

05 设置该图层的填充不透明度为0%,隐藏图像,只保留添加的图层样式,即可生成木刻图案效果,如图8-269、图8-270所示。

图8-262　　　　　图8-263

图8-269　　　　　　　　　　图8-270

8.16 钻石胸针

●素材:光盘/素材/8.16 ●效果:光盘/实例效果/8.16

设计要点:
本实例将设计一款华丽的钻石胸针。胸针是女性常用的装饰品之一，质地多为银制或白金，镶以钻石和其它宝石，将其别在衣襟上，彰显自己的品位与气质。

01 创建一个大小为21厘米×29.7厘米，分辨率为72像素/英寸的RGB模式文件。选择自定形状工具 ，在工具选项栏中选择"像素"选项，在形状下拉面板中选择"高音谱号"形状，如图8-271所示。将前景色设置为粉色（R255、G157、B162），新建一个图层，如图8-272所示，按住Shift键绘制图形，如图8-273所示。

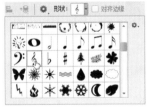

图8-271　　　　图8-272　　　　图8-273

02 双击"图层1"，打开"图层样式"对话框，添加"斜面和浮雕"、"内投影"、"光泽"等效果，如图8-274~图8-278所示，效果如图8-279所示。

03 打开光盘中的素材文件，如图8-280所示。执行"编辑>定义画笔预设"命令，如图8-281所示，将图像定义为画笔。将前景色设置为白色，新建一个图层，使用画笔工具 在胸针上绘制钻石，如图8-282所示。

图8-274　　　　　　　　图8-275

图8-276

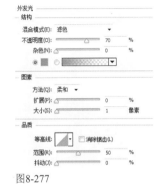

图8-277

图8-278

图8-279

图8-280

图8-281

图8-282

9.2

写意风格：职业装

9.1

写实风格：中式旗袍

9.4

装饰风格：休闲装

9.6

趣味风格：时装插画

9.3

夸张风格：女式运动装

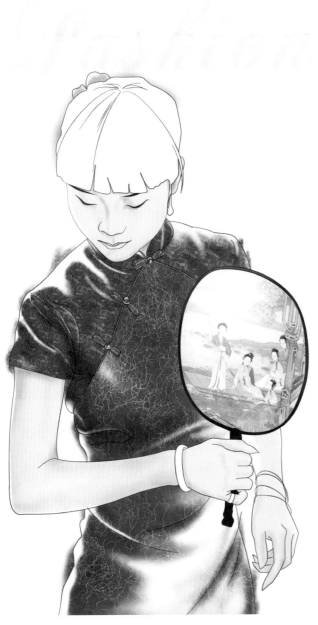

写实风格具有很强的真实感，它要求对人体造型、脸部特征、面料肌理，以及服装细节，包括印花图案、衣纹衣褶、光影效果等进行真实的再现。由于绘画细致，耗费的时间也比较长，可以通过重点部分详细描绘，非重点部分适当简化的方法，在绘画时间与表现效果上获得最佳的平衡。

「面料、色彩搭配」

| | | R: 219 G: 0 B: 17 | R: 56 G: 7 B: 94 | R: 0 G: 173 B: 230 | R: 230 G: 92 B: 0 |

9.1

写实风格：中式旗袍

●素材：光盘/素材/9.1 ●效果：光盘/实例效果/9.1

制作要点：
本实例是在已有线稿的基础上进行创作的。用魔棒工具选取不同区域，先扩展选区，再进行填色，以保证颜色与轮廓线之间不出现空隙。为旗袍专门设计了两款纹样，分别定义为画笔和图案，以绘画和填充的方式来表现，在表现画面明暗时使用了加深和减淡工具。本实例涉及的技法较多，比较典型的反映了服装款式的制作过程与方法。

9.1.1 绘制底色

01 打开光盘中的素材文件，如图9-1所示。这是一个PSD格式的分层文件，"线稿"图层中包含的是人物轮廓的线稿，为防止在绘制色彩时弄错图层，已经将该图层锁定，如图9-2所示。

图9-1　　　　　　　　　　　图9-2

02 按住Ctrl键单击"图层"面板底部的按钮，在"线稿"图层下方创建一个图层，修改名称为"衣服颜色1"，如图9-3所示。将前景色设置为红色（R219、G0、B17），按下Alt+Delete键，填充前景色，如图9-4所示。

图9-3　　　　　　　　　图9-4

03 选择魔棒工具 🪄（勾选"对所有图层取样"选项），按住Shift键选择人物衣服区域，如图9-5所示。执行"选择>修改>扩展"命令，在打开的对话框中设置扩展量为1像素，如图9-6所示，对选区进行扩展。

图9-5　　　　　　　　　图9-6

04 选择"衣服颜色1"图层，单击"图层"面板底部的 ◻ 按钮，基于选区创建图层蒙版，将线稿外面的颜色隐藏，如图9-7、图9-8所示。

图9-7　　　　　　　　　图9-8

05 按下X键，将前景色切换为白色。使用画笔工具 🖌（尖角）涂抹衣服边缘和纽扣的空白处，使下面的颜色显现出来，如图9-9所示。

图9-9

✂ 提示

使用画笔工具 🖌 涂抹必须要保证图层蒙版处于编辑状态下（"图层"面板中图层右边的图层蒙版缩览图有黑框显示）。
衣服边缘和纽扣区域也可在步骤3时就一起选中来处理，但这两个区域狭窄的尖角过多，容易出现细小的空白死角，出来的效果不太理想，而使用画笔工具 🖌 涂抹的方法就好得多。

06 新建一个"衣服颜色2"图层。将前景色设置为灰色（R167、G167、B167）。采用同样方法绘制衣服的其余部分，如图9-10、图9-11所示。

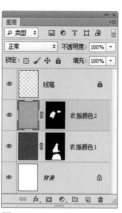

图9-10　　　　　　　　　图9-11

07 新建一个"皮肤色"图层。使用魔棒工具 🪄 选择皮肤区域，如图9-12所示。执行"扩展"命令扩展选区（扩展量1像素），如图9-13所示。

图9-12　　　　　　　　　图9-13

08 检查是否存在漏选区域，如果有，可以使用椭圆选框工具 ◯ 按住Shift键将其添加到选区中。将前景色设置为皮肤色（R253、G233、B217），按下Alt+Delete键填充前景色，如图9-14、图9-15所示。

图9-14　　　　　　　　　图9-15

09 新建 "细节" 图层，采用同样方法绘制圆形扇子的框架和头饰花（头饰花使用柔角画笔工具 ✎ 绘制），如图9-16、图9-17所示。

图9-16　　　　　　　　　图9-17

9.1.2 定义画笔和图案

01 按下Ctrl+N快捷键打开 "新建" 对话框，新建一个透明背景的文件，如图9-18所示。将前景色设置为黑色，使用画笔工具 ✎ （尖角，3像素）绘制一些随意的线条，如图9-19所示。

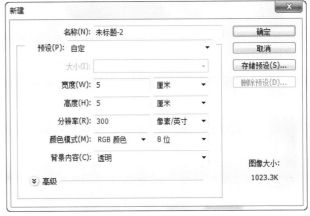

图9-18

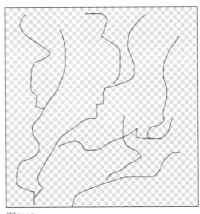

图9-19

02 执行 "编辑>定义画笔预设" 命令，在对话框中输入画笔名称，如图9-20所示，将线条定义为画笔。

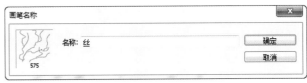

图9-20

03 再次按下Ctrl+N快捷键打开 "新建" 对话框，设置参数，如图9-21所示，新建一个白色背景文件。

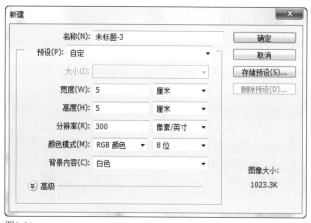

图9-21

04 分别在"图层"面板和"路径"面板中新建"线"图层和路径，如图9-22、图9-23所示。

图9-22　　　　　　　图9-23

05 使用钢笔工具 ✐ 绘制一段螺旋形线段，如图9-24所示。将前景色设置为深紫色（R56、G7、B94），选择尖角画笔工具 ✐，调整大小为3像素，单击"路径"面板底部的 ○ 按钮，对路径进行描边，单击面板的空白处隐藏路径，查看描边效果，如图9-25所示。

 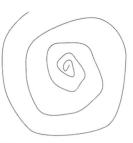

图9-24　　　　　　　图9-25

06 使用画笔工具 ✐ （尖角，3像素）沿着描边线条绘制出手绘效果，如图9-26、图9-27所示。

07 将前景色调整为蓝色（R0、G173、B230），绘制线条中间区域，使颜色和线条呈现一定的变化，如图9-28所示。按住Ctrl键单击"图层"面板底部的 🔲 按钮，在"线"图层下方创建一个"颜色"图层，将前景色设置

为橙色（R230、G92、B0），按下Alt+Delete键填充前景色，如图9-29所示。

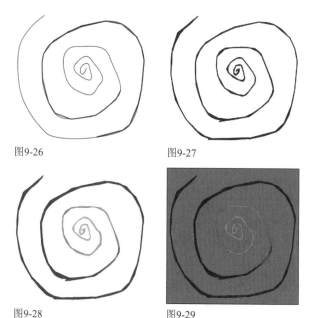

图9-26　　　　　　　　　　图9-27

图9-28　　　　　　　　　　图9-29

08 将前景色设置为红色（R210、G4、B20）。选择画笔工具 ✐，在画笔下拉面板中选择"粉笔23像素"笔尖，如图9-30所示，绘制出一些粗的笔触效果，如图9-31所示。

 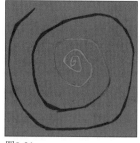

图9-30　　　　　　　　图9-31

09 变换颜色绘制点缀性的笔触效果，如图9-32所示。

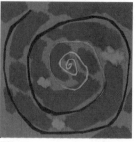

图9-32

10 按下Alt+Ctrl+C键打开"画布大小"对话框，扩展画布区域，如图9-33、图9-34所示。

图9-33

图9-34

11 单击"背景"图层前面的眼睛图标 👁 ，隐藏背景图层，如图9-35所示；按下Alt+Ctrl+Shift+E键盖印图层，得到一个新的图层，如图9-36所示。也可直接合并"线"和"颜色"图层，但采用盖印的方法可修改性要强些。

图9-35

图9-36

12 按住Alt键连续拖动图层进行复制。执行"视图>显示>智能参考线"命令，启用智能参考线，借助智能参考线来对齐各个花朵，如图9-37、图9-38所示。

图9-37

图9-38

13 连续按下Ctrl+E快捷键向下合并这几个图层，如图9-39所示，再补充绘制一些花纹，如图9-40所示。

图9-39

图9-40

14 使用裁剪工具 ⌐ 按照原来的尺寸裁剪文件，如图9-41所示。执行"编辑>定义图案"命令，在对话框中输入图案名称，如图9-42所示，按下回车键完成自定义图案。

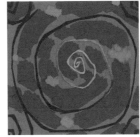
图9-41

图9-42

9.1.3 表现旗袍的图案与光泽

01 切换到旗袍文档中，隐藏"衣服颜色2"图层，如图9-43所示。选择"衣服颜色1"图层，按住Shift键单击蒙版缩览图，停用蒙版，如图9-44、图9-45所示。

02 将前景色设置为白色。选择画笔工具 ✎ ，使用刚才定义的"丝"画笔，在衣服周围绘制随意的线条纹理，如图9-46所示。

图9-43

图9-44

图9-45　　　　　图9-46

03 按住Shift键单击"衣服颜色1"图层的蒙版缩览图，启用蒙版，如图9-47、图9-48所示。

 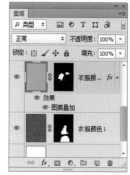

图9-51　　　　　　　　图9-52

05 执行"图层>图层样式>创建图层"命令，将图层的样式转换为可编辑的图层，如图9-53所示。选择从样式中分离出来的图层，如图9-54所示，按下Ctrl+E快捷键向下合并，如图9-55所示。

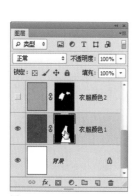 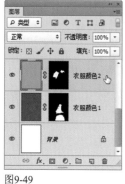

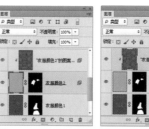 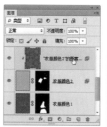 

图9-53　　　　图9-54　　　　图9-55

06 单击该图层的蒙版缩览图，进入蒙版编辑状态，如图9-56所示。选择画笔工具，在工具选项栏中设置参数如图9-57所示。

图9-47　　　　　　图9-48

04 显示并选择"衣服颜色2"图层，如图9-49所示。双击该图层，打开"图层样式"对话框，选择左侧列表中的"图案叠加"选项，使用自定义的图案并设置参数，如图9-50~图9-52所示。

图9-56　　　　　　图9-57

07 使用画笔工具在肩部涂抹，通过蒙版将这部分图像隐藏，让背景中的白色呈现出来，以表现衣服上的高光效果，如图9-58所示。

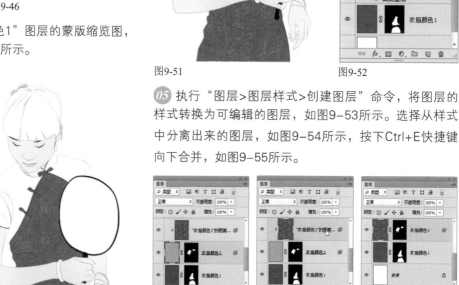

图9-49　　　　　图9-50

图9-58

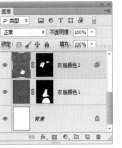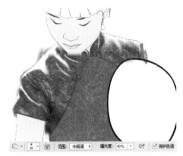

图9-61   图9-62

10 采用同样方法处理衣服上的其他细节部分，如图9-63所示。

08 选择"线稿"图层，使用魔棒工具 ✦ 选择背景空白区域，执行"扩展"命令（扩展量为1像素）扩展选区，如图9-59所示。选择"衣服颜色2"的图层蒙版，将前景色设置为白色，绘制出一些超出轮廓线的图案，使画面显得更自然随意，如图9-60所示。

图9-59   图9-60

09 单击"衣服颜色2"图层的图层缩览图，进入图像编辑状态，如图9-61所示，使用加深工具 ✏ （柔角笔尖，范围为中间调，曝光度40％）加深衣服的暗部区域，如图9-62所示。

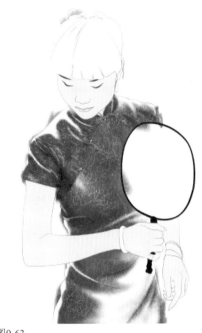

图9-63

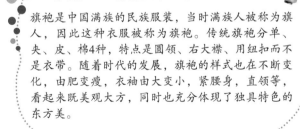

小贴士：旗袍的由来

旗袍是中国满族的民族服装，当时满族人被称为旗人，因此这种衣服被称为旗袍。传统旗袍分单、夹、皮、棉4种，特点是圆领、右大襟、用纽扣而不是衣带。随着时代的发展，旗袍的样式也在不断变化，由肥变瘦，衣袖由大变小，紧腰身，直领等，看起来既美观大方，同时也充分体现了独具特色的东方美。

11 选择"皮肤色"图层，使用橡皮擦工具 ✎（尖角）擦出高光效果，如图9-64所示。使用加深工具 ◔ 和减淡工具 ◉（柔角笔尖，范围为中间调，曝光度10%）进行处理，如图9-65所示。

图9-66　　　　　图9-67

02 按下Ctrl+T快捷键显示界定框，单击右键，在打开的快捷菜单中选择"扭曲"命令，拖动控制点将图像扭曲，以符合扇子的透视，如图9-68所示。选择"线稿"图层，使用魔棒工具 🪄 选择扇子的内圈区域，并扩展选区（扩展量为1像素），如图9-69所示。

图9-68　　　　　图9-69

03 选择"扇子"图层，单击添加图层蒙版按钮 ◲，通过蒙版将多余的图像隐藏，如图9-70、图9-71所示。

图9-64

图9-65

9.1.4　制作扇子

01 打开光盘中的素材文件，如图9-66所示。使用移动工具 ▸✛ 将它拖入旗袍文档中，如图9-67所示。将其所在的图层命名为"扇子"。

图9-70　　　　　图9-71

04 单击"扇子"图层的图像缩览图，如图9-72所示。使用减淡工具 ◉ 表现扇子的高光，如图9-73所示。

图9-72　　　　　　　　　　图9-73

05 按下Ctrl+L快捷键打开"色阶"对话框，设置参数如图9-74所示，效果如图9-75所示。

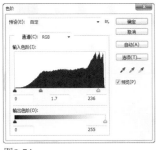

图9-74　　　　　　　　　　图9-75

06 选择"线稿"图层，单击"图层"面板顶部的 🔒 按钮，解除图层的锁定，按下Ctrl+J快捷键复制该图层，如图9-76所示。使用橡皮擦工具 ✐ （尖角，不透明度20%）处理"线稿副本1"图层，图9-77所示为隐藏其他图层时的效果。

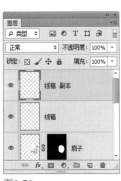

图9-76　　　　　　　　　　图9-77

07 执行"滤镜>模糊>高斯模糊"命令，对线稿进行模糊，使它能更好地与颜色融合，如图9-78、图9-79所示（隐藏其他图层效果）。

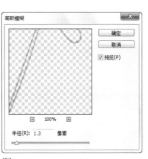

图9-78　　　　　　　　　　图9-79

08 按下Ctrl+E快捷键合并两个线稿图层，如图9-80所示。选择"细节"图层，将前景色设置为黑色，使用画笔工具 ✎ （柔角，不透明度为10%）绘制头发的阴影，最终效果如图9-81所示。

图9-80

图9-81

9.2 写意风格：职业装

● 素材：光盘/素材/9.2 ● 效果：光盘/实例效果/9.2

制作要点：
本实例主要使用"大油彩蜡笔"为服装着色，使用橡皮擦工具修正图像边缘，擦出衣服亮部；通过"液化"滤镜对色块进行涂抹，表现笔触效果；使用"强化的边缘"、"纹理化"滤镜表现上衣的质感；用"图层样式"为手袋添加图案。

9.2.1 修饰线稿与绘制重色区域

01 打开光盘中的素材文件，如图9-82所示。这是一个PSD格式的分层文件，"线稿"图层中包含的是人物的轮廓，"轮廓"路径层中有人物的"轮廓"路径和"线稿"路径，两个路径记录下了从大轮廓到确定线稿的两个过程，仅供参考，如图9-83、图9-84所示。

图9-82

图9-84

图9-83

来源于中国的"写意画"，是表现意境的绘画。这种风格的时装画构图明快，用笔洒脱，造型简洁概括而富于神韵，但需要相当的绘画基础和审美情趣。想要娴熟地运用写意风格需要长期的速写练习，对描绘的对象的结构要非常了解，落笔高度概括而艺术化，表达出设计图的重点。

「面料、色彩搭配」

R: 0 G: 0 B: 0	R: 219 G: 214 B: 183
R: 12 G: 25 B: 74	R: 250 G: 246 B: 228

02 在"图层"面板中选择"线稿"图层，执行"滤镜>纹理>纹理化"命令，在打开的对话框中设置参数，如图9-85所示，按下回车键确定，效果如图9-86所示。

图9-85

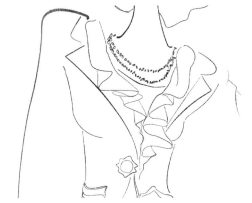

图9-86

03 按下Ctrl+J快捷键复制该图层，得到两个"线稿"图层，使用画笔工具 ✎（尖角2像素）将"线稿副本"图层断开的线段连接起来，使各个部分成为封闭的区域方便填色，如图9-87、图9-88所示。

图9-87　　　　　图9-88

04 单击面板中锁定全部按钮 🔒 锁定这两个线稿图层，如图9-89所示。在"线稿"图层下方新建"黑色"图层，如图9-90所示。使用魔棒工具 ✎（勾选工具选项栏中的"对所有图层取样"选项）选择裙子区域，如图9-91所示。

图9-89　　　　　图9-90

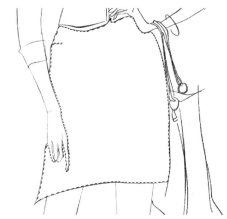

图9-91

 提示

上色时往往会出现把颜色填在线稿上的情况，给修改带来麻烦，在上色之前先把"线稿"图层锁定就可以避免这种不必要的麻烦。

05 执行"选择>修改>扩展"命令，扩展选区，如图9-92、图9-93所示。

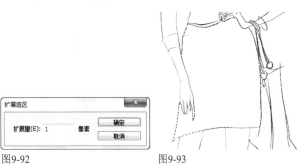

图9-92　　　　　图9-93

06 选择画笔工具 ✏️，在画笔下拉面板中选择"大油彩蜡笔"笔尖，如图9-94所示。打开"画笔"面板，调整画笔角度及大小，如图9-95所示。

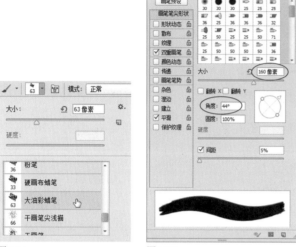

图9-94　　　　图9-95

07 在选区内绘制裙子的暗部颜色，如图9-96所示。

图9-96

08 选择橡皮擦工具 🩹，将笔尖也设置为大油彩蜡笔，不透明度为50%，如图9-97所示，擦除黑色边缘区域，如图9-98所示。

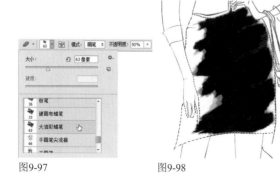

图9-97　　　　图9-98

09 选择魔棒工具 🪄，按住Shift键选择手和腿部，并对选区进行扩展（扩展量为1像素）。调整画笔大小绘制手和腿部的暗部色，如图9-99、图9-100所示。

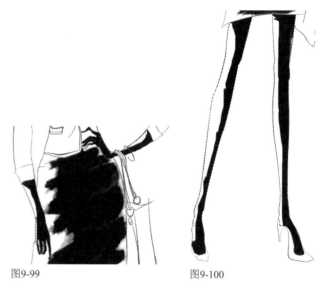

图9-99　　　　　　图9-100

10 选择橡皮擦工具 🩹，调整不透明度为100%，擦除边缘部分，使线条变细。再将工具的不透明度设置为40%，对线条的局部进行擦除，表现出明暗变化，如图9-101、图9-102所示。

图9-101　　　　　　图9-102

11 适当调整画笔大小，加粗部分线条并绘制一些小的投影，如图9-103所示。

图9-103

9.2.2 绘制其他颜色并添加纹理

01 按住Ctrl键单击"图层"面板底部的 🔲 按钮，在"黑色"图层下面创建一个"浅色"图层，如图9-104所示。单击工具箱中的前景色图标 🔳，打开"拾色器"，将前景色设置为淡黄色，如图9-105所示。

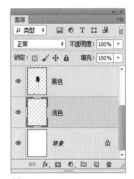

图9-104   图9-105

02 选择裙子、手和腿部并对选区进行扩展（扩展量为1），使用画笔工具 🖊 进行绘制，如图9-106所示。使用橡皮擦工具 ✐（尖角，不透明度50%）修正边缘，并取消选择，如图9-107所示。

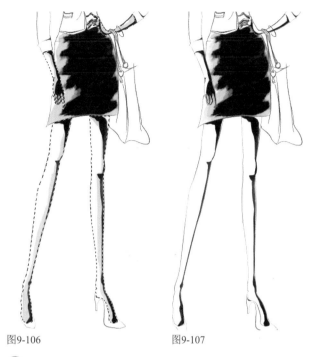

图9-106   图9-107

03 新建"头发及其他"图层，采用同样的方法绘制头发、嘴唇和里面衣服，如图9-108、图9-109所示。

图9-108   图9-109

04 选择"线稿副本"图层，使用魔棒工具 🪄 选择上衣区域，并对选区进行扩展（扩展量2像素），如图9-110、图9-111所示。

图9-110   图9-111

05 将前景色设置为深蓝色（R12、G25、B74），新建一个"上衣颜色浅"图层，如图9-112所示，按下Alt+Delete键在选区内填充前景色，然后取消选择，如图9-113所示。

图9-112　　　　图9-113

06 使用橡皮擦工具（尖角，不透明度100%）擦除部分颜色，体现出衣服的亮部区域，如图9-114所示。

图9-114

07 执行"滤镜>液化"命令，打开"液化"对话框，如图9-115所示，使用向前变形工具涂抹上衣颜色边缘，表现笔触效果，如图9-116所示。

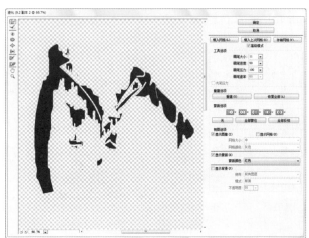

图9-115

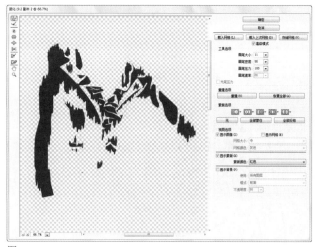

图9-116

08 按住Ctrl键单击该图层缩览图载入选区，如图9-117所示。将前景色设置为浅黄色（R250、G246、B228），按下Alt+Delete键填色，按下Ctrl+D快捷键取消选择，如图9-118所示。

图9-117　　　　图9-118

09 按下Ctrl+J快捷键复制图层，并把复制图层命名为"上衣颜色深"，如图9-119所示。采用同样的方法用较深一点的黄色填充，覆盖原来的浅黄色，如图9-120所示。

图9-119　　　　图9-120

10 使用橡皮擦工具 （柔角笔尖，不透明度为100%）处理边缘部分，使它与上一个图层形成层次感，如图9-121所示。

图9-121

11 执行"滤镜>画笔描边>强化的边缘"命令，设置参数如图9-122所示，通过强化边缘产生特殊效果，如图9-123所示。选择"上衣颜色浅"图层，按下Ctrl+F键重复滤镜，加强边缘效果的强度，如图9-124所示。

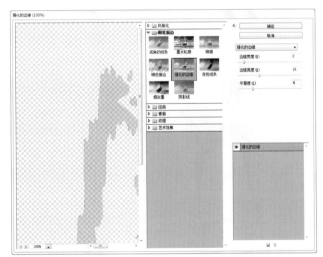

图9-122

12 按下Shift+Ctrl+N键打开"新建图层"对话框，设置选项如图9-125所示，在"上衣颜色深"图层上面创建一个叠加模式的中性色图层，如图9-126所示。

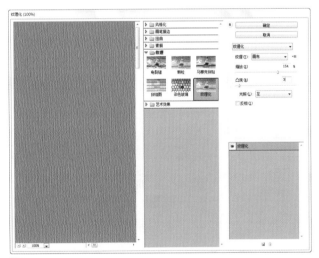

图9-125　　　　　　　　　　　　图9-126

13 执行"滤镜>纹理>纹理化"命令，设置参数如图9-127所示，在中性色图层上添加纹理。执行"编辑>渐隐纹理化"命令，降低效果的不透明度，如图9-128所示，通过渐隐纹理，可以使画面看起来柔和一点，如图9-129所示。

图9-127

图9-123　　　　　　　　图9-124

图9-128　　　　　　　　　　图9-129

⑭ 新建一个名称为 "包" 的图层，如图9-130所示。使
用魔棒工具 ✦ 选择手提包区域，并对选区进行扩展（扩
展量1像素），按下Alt+Delete键填充前景色，如图
9-131所示。

⑯ 最后隐藏 "线稿副本" 图层，如图9-134所示，调整
一下各个色块的形状，完成后的效果如图9-135所示。

图9-134

图9-130

图9-131

⑮ 双击 "包" 图层，打开 "图层样式" 对话框，选择左
侧列表中的 "图案叠加" 选项，切换到图案叠加设置面
板，单击 ▦ 按钮打开图案拾色器，单击右上角的 ✿. 按钮
在打开的菜单中选择 "彩色纸"，载入该图案库，选择
"白色木质纤维纸" 样本，如图9-132、图9-133所示。

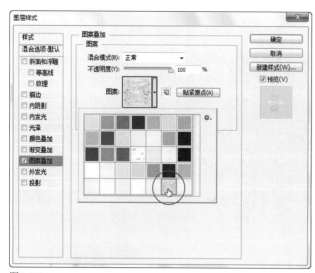

图9-132

图9-133

图9-135

Fashion

9.3 夸张风格：女式运动装

视频：光盘/实例效果/9.3

制作要点：
本实例主要使用钢笔工具绘制人物的轮廓，在绘制过程中可以按住Ctrl键转换为直接选择工具修改锚点，再用画笔描边路径。在绘制过程中还要利用线与线的重叠和线自身的弯折来制造手绘笔触效果。

9.3.1 绘制线稿

01 按下Ctrl+N快捷键，打开"新建"对话框，创建一个A4大小，分辨率为300像素/英寸的文件，将名称设置为"手绘效果时装插画"，如图9-136所示。

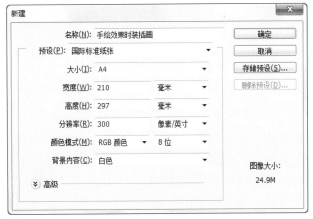

图9-136

02 单击"路径"面板底部的 ⬚ 按钮，创建一个路径层，修改名称为"大轮廓"，如图9-137所示。按下Ctrl+R快捷键显示标尺，使用移动工具 ▶⊹ 从水平标尺上拖出几条辅助线，确定人物头、脚跟以及中点的位置，如图9-138所示。

03 使用钢笔工具 ✍ 绘制出人物的大体轮廓，如图9-139所示。在绘制过程中可以按住Ctrl键转换为直接选择工具 ▷ 修改锚点，绘制完成后，在"图层"面板中新建一个相应的"大轮廓"图层，如图9-140所示。

夸张风格的特点是突出表现服饰的局部细节或人体的局部特征，如夸张的人体比例、人体动态、脸部五官等，突出主题、强调服装的特征和绘画风格的营造。夸张的一般规律是：长的更长（如模特的小腿），小的更小（如模特的头），柔软的更加柔软（如丝绸的质感），均匀的更加均匀（如大面积的色泽）。

「面料、色彩搭配」

R: 169 G: 186 B: 191	R: 41 G: 39 B: 78
R: 216 G: 13 B: 29	R: 27 G: 27 B: 27
R: 45 G: 63 B: 92	R: 83 G: 73 B: 33

图9-137

图9-138

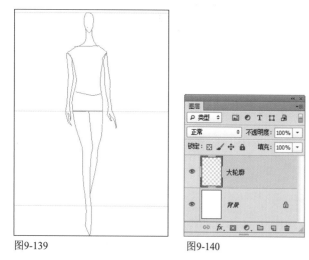

图9-139

图9-140

04 选择画笔工具 （尖角3像素），单击"路径"面板底部的 按钮，用画笔描边路径，如图9-141所示，将该图层的不透明度调整为30%，如图9-142、图9-143所示。下面将参考它来制作效果图。

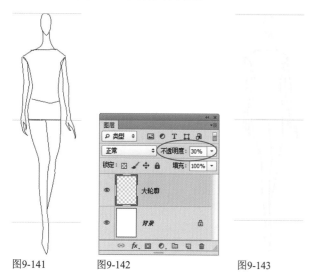

图9-141　　　图9-142　　　　图9-143

05 执行"视图>清除参考线"命令，删除参考线。新建一个"靴子"路径层，如图9-144所示。使用钢笔工具 从人物的腿部开始绘制靴子，注意要根据手绘线条的特性一条一条绘制，如图9-145、图9-146所示。

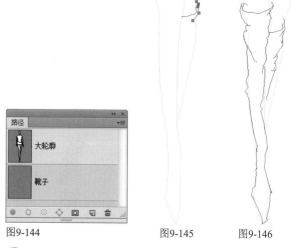

图9-144　　　　　　图9-145　　　　图9-146

06 在绘制过程中要注意利用线与线的重叠和线自身的弯折来表现手绘的笔触效果，如图9-147~图9-150所示。

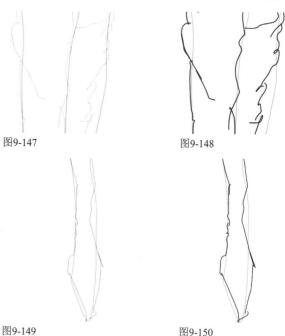

图9-147　　　　　　　　　图9-148

图9-149　　　　　　　　　图9-150

07 按住Ctrl键单击"图层"底部的 按钮，在"大轮廓"图层下方新建一个"靴子"图层，如图9-151所示。再通过描边路径的方式得到靴子的线稿，如图9-152所示。

图9-151

图9-152

图9-154

图9-155

08 采用同样的方法，绘制其他部分的线稿，如图9-153~图9-155所示。

图9-153

提示

绘制过程中可以使用橡皮擦工具 擦除图层重叠处的线条。"大轮廓"图层只是个参考图层（与深入绘制时有出入，属正常现象），在绘制好一部分后也可擦除"大轮廓"图层上相应的部位，这样可以避免不必要的干扰。

09 使用橡皮擦工具 擦除裙子线条，使之呈现缝纫线效果，如图9-156、图9-157所示。

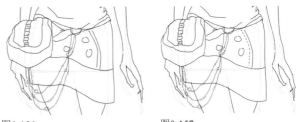

图9-156

图9-157

10 隐藏"大轮廓"图层，检查多余线稿是否擦除干净，如发现没有擦除的线段，可以使用橡皮擦工具 擦除干净，如图9-158所示。删除"大轮廓"图层，按住Shift键将除"背景"图层以外的所有图层选取，按下Ctrl+E快捷键合并图层，重命名为"线稿"，如图9-159所示。

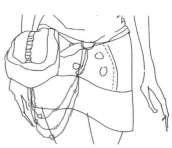

图9-160　　　　　　　　图9-161

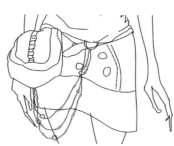

图9-162　　　　　　　　图9-163

03 设置前景色为棕色（R83、G73、B33），使用魔棒工具  按住Shift键选择皮肤区域，如图9-164所示，执行"选择>修改>扩展"命令扩展选区，设置扩展量为2像素，按下Alt+Delete键，在选区内填充前景色，如图9-165所示。

图9-158　　　　　　　　图9-159

9.3.2 上色

01 按下Ctrl+J快捷键复制"线稿"图层，如图9-160所示。使用画笔工具 ✎ 将复制的线稿图层中线与线间断开处封闭起来，使它形成一个个小的封闭区域，以便于填色，如图9-161、图9-162所示。

02 在"线稿"图层下方新建一个"皮肤色"图层，如图9-163所示。

图9-164　　　　　　　　图9-165

04 新建若干个图层，采用同样的方法，选择不同的区域，然后扩展选区再填色，如图9-166、图9-167所示。

图9-166

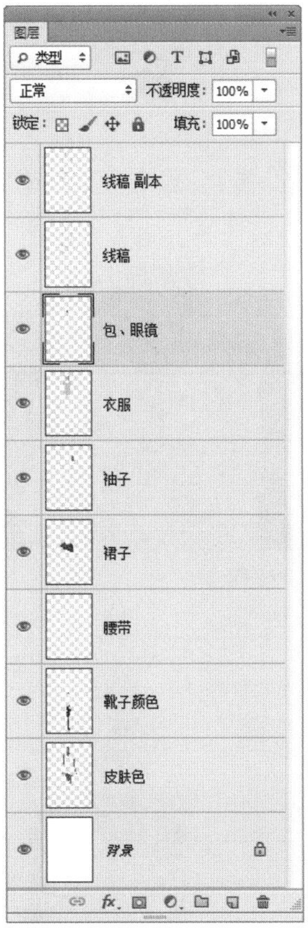

图9-167

9.3.3 深入刻画与表现细节

01 选择橡皮擦工具 ，在下拉面板中设置大小为50像素，硬度为30%，如图9-168所示，沿着颜色的边缘进行擦除，表现出高光效果，如图9-169所示。

图9-168

图9-169

02 使用魔棒工具 选择右腿区域，执行"扩展"命令扩展选区（扩展量2像素），如图9-170所示。使用橡皮擦工具 擦除右腿左边边缘，如图9-171所示。

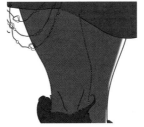

图9-170

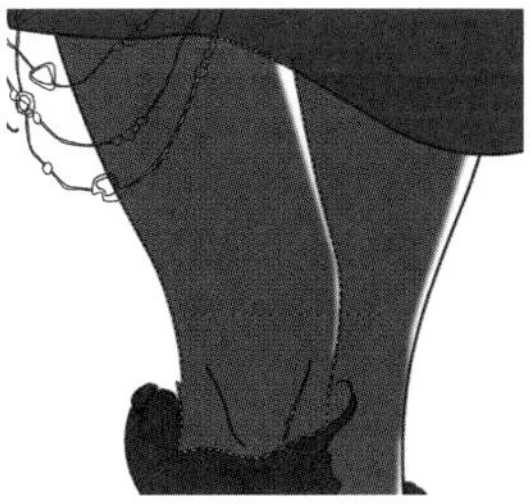

图9-171

03 使用同样方法擦除处理除衣服外的所有颜色图层，如图9-172所示。调整橡皮擦工具 的不透明度为38%，擦除衣服边缘，使它的明暗对比相对小些，减轻整个强烈背光效果画面给人视觉带来的不适感觉，如图9-173所示。

图9-172

图9-173

04 选择画笔工具 （干画笔），如图9-174所示，将前景色设置为浅蓝色（R169、G186、B191），如图9-175所示。

图9-174

图9-175

05 选择"衣服"图层，如图9-176所示，隐藏"线稿副本"图层，沿着衣服边缘绘制一些表现材质的小细点，如图9-177所示。

图9-176

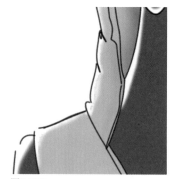
图9-177

06 采用同样方法在"靴子"图层上绘制，如图9-178所示。使用加深工具（范围为中间调，曝光度30%）加深处理帽子、衣袖、裙子和包，使它们呈现一定的立体感，如图9-179、图9-180所示。新建"补充线"图层，如图9-181所示。

图9-178

图9-179

图9-180

图9-181

07 使用3像素尖角画笔工具绘制一些随意的花纹并补充一些缝纫线丰富画面，如图9-182、图9-183所示。

图9-182

图9-183

08 删除"线稿副本"图层，最终效果如图9-184所示。

图9-184

装饰风格是指对人物形象和服装的线条进行高度概括、归纳和修饰，并通过大色块和平面化，使画面产生节奏感和秩序的美感。这种风格通过点、线、面等元素结合色彩作为表达形式和表达手段，带有强烈的装饰画的特点。

「面料、色彩搭配」

R: 255	R: 255	R: 0
G: 5	G: 248	G: 0
B: 151	B: 56	B: 0

9.4 装饰风格：休闲装

●效果：光盘/实例效果/9.4

制作要点：
本实例主要使用"半湿描油彩笔"绘制轮廓线并为画面着色。使用橡皮擦工具修饰线条，使线条简练、形象概括，有非常强的时尚感和装饰性。在制作上装时，为图层设置了不透明度，以表现服装面料的轻薄质感，使简洁的服装具有层次感。

01 按下Ctrl+N快捷键，打开"新建"对话框，创建一个A4大小，分辨率为300像素/英寸，RGB模式的文件。单击"图层"面板底部的 按钮，新建一个图层，如图9-185所示。选择画笔工具，在画笔下拉面板中选择"半湿描油彩笔"笔尖，设置大小为15像素，如图9-186所示。

图9-185　　　　　图9-186

02 先绘制人物的五官，以概括的方式来表现，如图9-187所示。按下] 键将笔尖调大，绘制头发，如图9-188所示。

图9-187　　　　　图9-188

03 绘制身体结构，画时先在一点单击，然后将光标移另一位置，再次单击可自动在两点间连接直线，如图

9-189所示，将衣服区域涂成黑色。按下[键将笔尖调小，着重刻画眼睛，目光要深邃、传神，用橡皮擦工具 （半湿描油彩笔）将脸部线条擦细，修饰发型，如图9-190所示。

个图层。将前景色设置为洋红色（R255、G5、B151），按下Alt+Delete键填充前景色，按下Ctrl+D快捷键取消选择，如图9-196所示。

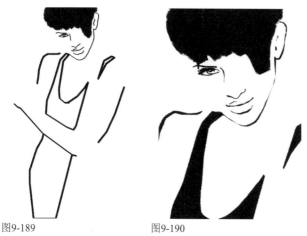

图9-189　　　　　图9-190

04 用橡皮擦工具 修饰身体轮廓线，使线条呈现粗细变化，如图9-191所示。在工具选项栏中设置不透明度及流量参数均为50%，如图9-192所示。

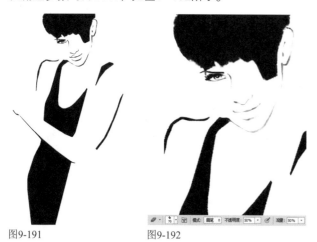

图9-191　　　　　图9-192

05 单击设置前景色图标，打开"拾色器"，将前景色设置为灰蓝色，如图9-193所示。选择画笔工具 ，在工具选项栏中设置模式为"正片叠底"，不透明度和流量均为50%，绘制眼影和颈部阴影，如图9-194所示。

提示

在模式下拉列表中选择画笔笔迹颜色与下面像素的混合模式，效果与"图层"面板中的混合模式相同。

06 选择多边形套索工具 ，按下工具选项栏中的添加到选区按钮 ，创建背包选区，如图9-195所示。新建一

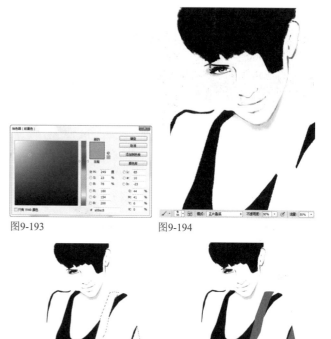

图9-193　　　　　图9-194

图9-195　　　　　图9-196

07 新建一个图层，设置不透明度为80%。创建上衣条纹选区，填充黄色（R255、G248、B56），如图9-197、图9-198所示。

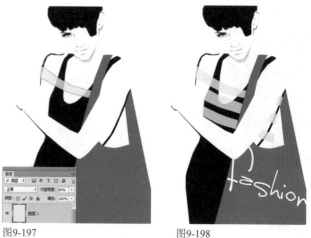

图9-197　　　　　图9-198

卡通风格主要分为冷峻、可爱和搞笑三种不同的表现形式。无论用线、用色、还是造型、构图，不同的作者有迥然不同的表达方法，卡通风格的时装画适合表现童装、少男少女服装。

「面料、色彩搭配」

R: 252 G: 227 B: 117	R: 230 G: 0 B: 18
R: 169 G: 0 B: 55	R: 87 G: 0 B: 25
R: 100 G: 182 B: 136	R: 136 G: 113 B: 94

Fashion

9.5 卡通风格：少女服装

● 素材：光盘/素材/9.5 ● 效果：光盘/实例效果/9.5

制作要点：

钢笔工具可以绘制三种图形，这个实例中主要以形状图层来表现。将人物按照不同部位与颜色进行划分，每个形状图层中都包含一个或几个路径形状。通过图层样式表现描边效果。这种方法绘制的效果图无论在调整轮廓还是填色方面都很方便，不足之处是图层比较多。

9.5.1 用形状图层表现模特

01 执行"视图>显示>网格"命令，在画面中显示网格，网格可起到辅助绘画的作用。读者可以打开光盘中的素材图片，如图9-199所示，根据卡通少女的姿态绘制轮廓图。

图9-199

提示

执行"编辑>首选项>参考线、网格和切片"命令，可以在打开的对话框中设置参考线的颜色和样式，包括直线和虚线两种样式。

02 选择钢笔工具 ✐，在工具选项栏中选择"形状"选项，单击工具选项栏中"填充"右侧的颜色块，在打开的下拉面板中按下 █ 按钮，如图9-200所示，打开"拾色器"，将填充颜色设置为皮肤色（R253、G231、B202），绘制面部，"图层"面板中会新增一个形状图层，如图9-201、图9-202所示。

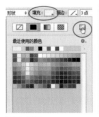
图9-200

图9-201

图9-202

03 双击该形状图层，打开"图层样式"对话框，选择"描边"选项，设置大小为2像素，位置为"居中"，单击"颜色"按钮打开"拾色器"，设置描边颜色为暗橙色（R221、G104、B51），如图9-203、图9-204所示。

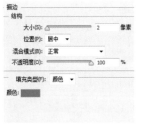
图9-203　　　　　　　图9-204

04 选择"背景"图层，如图9-205所示，用钢笔工具 ✐ 绘制耳朵，该形状图层会位于"背景"图层上方，如图9-206、图9-207所示。

图9-205

图9-206

图9-207

提示

如果新绘制的形状没有位于一个新的形状图层中，而是与原形状在同一图层中，可以选择工具选项栏中的新建图层选项 ▢，然后再绘制。

05 在工具选项栏中选择合并形状选项 ▣，如图9-208所示。绘制另一侧耳朵，可以使两只耳朵位于一个形状图层中，如图9-209所示。

图9-208

图9-209

06 按住Alt键拖动"形状1"图层后面的效果图标 *fx* 到"形状2"图层，如图9-210所示，将效果复制到该图层，使耳朵也有同样的描边效果，如图9-211、图9-212所示。

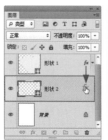
图9-210

图9-211

图9-212

07 分别绘制眉毛、眼睛和睫毛，如图9-213所示，绘制眼球，如图9-214、图9-215所示。

图9-213

图9-214

图9-215

08 双击"眼球"形状图层，在打开的对话框中选择"渐变叠加"选项，调整渐变颜色，设置渐变角度为-59度，如图9-216、图9-217所示。

图9-216 图9-217

09 用椭圆工具 ⬭ 绘制瞳孔，如图9-218所示。再用钢笔工具 ✍ 绘制眼睛上的反光，在"图层"面板中设置该形状图层的不透明度为50%，如图9-219所示。绘制眼睛的高光，如图9-220所示。

图9-218 图9-219 图9-220

10 用钢笔工具 ✍ 绘制双眼皮。双眼皮为开放式路径，没有填充颜色，因此，需要先在工具选项栏中选择"路径"选项，然后在左眼睛上方绘制。在工具选项栏中选择合并形状选项 ⬚，绘制右眼的双眼皮，如图9-221所示。选择画笔工具 ✒，在画笔下拉面板中选择柔边圆笔尖，设置大小为2像素，如图9-222所示，单击"路径"面板底部的 ○ 按钮，用画笔描边路径，效果如图9-223所示。

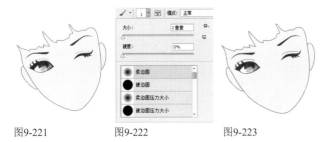

图9-221 图9-222 图9-223

11 分别绘制出鼻子和嘴巴，使人物的表情可爱、俏皮，如图9-224~图9-226所示。

图9-224 图9-225 图9-226

12 绘制头发，并将形状图层移至最底层，如图9-227、图9-228所示。

图9-227 图9-228

13 按住Shift键单击最上面的形状图层，选取背景图层以外的所有图层，如图9-229所示。按下Ctrl+G快捷键创建图层组。双击图层组名称，重新命名为"头部"，如图9-230所示。

图9-229 图9-230

9.5.2 绘制衣服

01 绘制人物身体的上半部分，上衣、脖子和手，衣领装饰红线，并配有蝴蝶结，如图9-231所示。绘制出衣服的明暗色块，如图9-232所示。

图9-231 图9-232

02 绘制裙子。裙子分为五部分，每部分位于一个单独的形状图层中，如图9-233、图9-234所示。图中的黑色描边是为使读者能够更清楚裙子的结构。

图9-233　　　　　图9-234

03 打开光盘中的图案素材，如图9-235所示。使用移动工具 ▶ 将素材拖入服装效果图文档中，按下Alt+Ctrl+G键创建剪贴蒙版，将图案剪切到裙子色块中，如图9-236、图9-237所示。

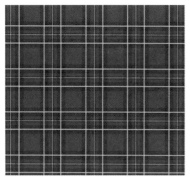

图9-235

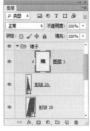

图9-236　　　　　图9-237

04 按下Ctrl+T快捷键显示定界框，调整图案的角度，如图9-238所示，按下回车键确认。用同样方法给其他色块添加图案并调整角度，如图9-239、图9-240所示。绘制裙子上深色的褶皱，如图9-241所示。

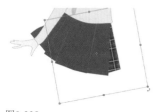

图9-238　　　　　　　　图9-239

图9-240　　　　　　　　　图9-241

05 绘制腿和鞋子，如图9-242所示，表现鞋子的明暗，如图9-243所示。

图9-242　　　　　　　　　图9-243

06 最后完成卡通风格少女服装的绘制，效果如图9-244所示。可以尝试不同的色系，设计出或活泼、或淡雅的风格，图9-245所示为藕荷色系的效果。

图9-244　　　　　　　　　图9-245

Fashion

趣味风格可以带有一定的异样、可爱、搞笑甚至荒诞的味道。趣味风格最典型的特点不在于对服装和人物进行合理的描绘，而是通过变形的手法突出个性、追求与众不同、突破常规的视觉效果，除了各种不同的表现形式和表现手法外，使用特殊材质也能强化画面的趣味性。

「面料、色彩搭配」

9.6 趣味风格：时装插画

制作要点：
本实例将使用丰富的素材进行图像合成，制作带有巴洛克风格的服装效果图。巴洛克追求的是繁复夸张、富丽堂皇，服装上用艳丽奢华的配饰加以点缀，散发着浓郁的贵族气质。制作这幅插画时使用的技法包括用快速选择工具和钢笔工具抠图、用图层蒙版合成图像、用变换命令制作有装饰感的图案等。

9.6.1 面部抠图

01 打开光盘中的素材，如图9-246所示。使用快速选择工具 选取人物面部以外的区域，如图9-247所示。

图9-246

图9-247

02 选择多边形套索工具 ，按住Shift键将面颊两侧未被选取的区域选中，如图9-248所示，按下Shift+Ctrl+I键反选，如图9-249所示。

图9-248

图9-249

03 按下Ctrl+N快捷键打开"新建"对话框，创建一个A4大小、240像素/英寸的文档，如图9-250所示。将前景色设置为浅灰色（R226、G223、B220），按下 Alt+Delete键填充前景色。使用移动工具 ⊹ 将选区内的人物图像拖入新建的文档中，如图9-251所示。

图9-250　　　　　图9-251

04 按下Ctrl++快捷键将窗口放大，可以看到人物下颌处轮廓不够流畅。选择钢笔工具 ♦，在工具选项栏中选择"路径"选项，在人物下颌处绘制一条光滑的路径，路径以外的区域可以概括的用锚点进行连接，形成一个封闭的区域，如图9-252所示。按下Ctrl+回车键将路径转换为选区，如图9-253所示。按下Delete键删除选区内图像，按下Ctrl+D快捷键取消选择，如图9-254所示。

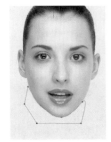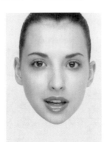

图9-252　　　图9-253　　　图9-254

9.6.2 五官合成与色调调整

01 打开光盘中的素材文件，如图9-255所示。使用移动工具 ⊹ 将素材拖到人物文档中，如图9-256所示。

图9-255　　　　　图9-256

02 单击"图层"面板底部的 ▣ 按钮，创建蒙版，用画

笔工具 ✏ （柔角）在眼睛周围涂抹黑色，将图像边缘隐藏，如图9-257、图9-258所示。

图9-257　　　　　图9-258

03 单击"图层"面板底部的 ▣ 按钮，新建一个图层。用画笔工具 ✏ 给眼睛绘制黑色的眼影，如图9-259所示。设置该图层的混合模式为"柔光"，使眼影柔和、自然的融合在皮肤上，如图9-260所示。

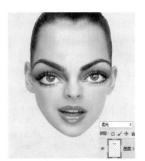

图9-259　　　　　图9-260

04 单击"调整"面板中的 ▦ 按钮，创建"色阶"调整图层，增加色调的对比度，如图9-261、图9-262所示。

图9-261　　　　　图9-262

05 单击"调整"面板中的 ▨ 按钮，创建"可选颜色"调整图层，分别调整红色和黄色，使人物肤色更加白皙通透，如图9-263~图9-266所示。

图9-263

图9-264

图9-265

图9-266

06 选择快速选择工具 ，在工具选项栏中勾选"对所有图层取样"选项，如图9-267所示，选取人物嘴部，如图9-268所示。

图9-267　　　　图9-268

小贴士：巴洛克艺术

巴洛克艺术最早产生于意大利，其特点是豪华、有宗教色彩、富有激情。它打破了理性的宁静和谐，具有浓郁的浪漫主义色彩，非常强调艺术家的丰富想象力。运动与变化可以说是巴洛克艺术的灵魂。同时它也注重综合性，巴洛克艺术强调艺术形式的综合手段，例如在建筑上重视建筑与雕刻、绘画的综合，此外，巴洛克艺术也吸收了文学、戏剧、音乐等领域里的一些因素和想象。

07 单击"调整"面板中的 按钮，基于选区创建"色相/饱和度"调整图层，对画面中的红色进行调整，使唇彩更加鲜艳，如图9-269、图9-270所示。

图9-269

图9-270

08 按住Shift键单击"图层1"，将除"背景"以外的图层全部选取，如图9-271所示，按下Ctrl+G快捷键编组。双击组名称，将其重新命名为"面部"，如图9-272所示。

图9-271

图9-272

9.6.3　发式设计

01 打开光盘中的素材，如图9-273、图9-274所示。

图9-273

图9-274

02 使用移动工具 ▶⊕ 将头发的刘海部分拖到人物文档中，如图9-275、图9-276所示。

图9-275　　　　　　　　图9-276

03 打开光盘中的素材文件，这是一个蝴蝶翅膀，如图9-277、图9-278所示。

图9-277　　　　　　图9-278

04 按下Ctrl+T快捷键显示定界框，将光标放在中心点上，按住鼠标拖动，将中心点移到图像左侧，如图9-279、图9-280所示。

图9-279　　　　　　　　图9-280

05 在工具选项栏中设置旋转角度为6度，如图9-281、图9-282所示，按下回车键确认，按下Alt+Ctrl+Shift+T键可旋转复制出一个图像，如图9-283所示。连续按19次，制作生成一个新的图案，如图9-284、图9-285所示。

图9-281

图9-282　　　　　　　　图9-283

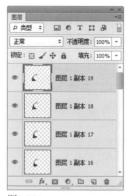

图9-284　　　　　　　　图9-285

06 按住Shift键单击"图层1"，选择所有图像图层，如图9-286所示，按下Ctrl+E快捷键合并。双击图层名称，重新命名为"扇形"，如图9-287所示。

图9-286　　　　　　　　图9-287

07 使用移动工具 ▶⊕ 将图案素材拖到人物文档中，如图9-288所示。按下Ctrl+J快捷键，复制图层，如图9-289所示。

图9-288　　　　　　　　图9-289

08 执行"编辑>变换>水平翻转"命令，将复制的图像进行水平翻转，并移动到头部右侧。在"图层"面板中将该图层拖到"扇形"图层下方，如图9-290、图9-291所示。

220

图9-290 图9-291

09 按下Ctrl+F6快捷键切换到蝴蝶翅膀文档，执行"文档>恢复"命令，将该文档恢复到初始状态，下面再使用该素材制作一个圆形的图案，制作方法与扇形图案相同，只是将旋转角度设置为−10度，如图9-292~图9-294所示。

图9-292

 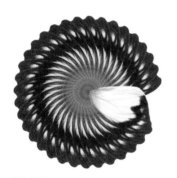

图9-293 图9-294

10 将图层合并，重新命名为"圆形"，如图9-295所示，然后移动到人物文档中，如图9-296所示。

图9-295 图9-296

11 将前景色设置为浅绛色，如图9-297所示。单击"图层"面板底部的 🔲 按钮，新建一个图层，用画笔工具 🖌 在圆形图案上涂抹，如图9-298所示。

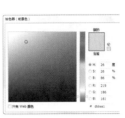 

图9-297 图9-298

12 设置该图层的混合模式为"颜色减淡"，按下Alt+Ctrl+G键创建剪贴蒙版，如图9-299、图9-300所示。

图9-299 图9-300

13 打开光盘中的素材文件，如图9-301所示，这是一个分层文件，包括了组成人物头饰、身体及服饰的所有配件，为了便于区别，以图层组的方式进行划分，如图9-302所示。

图9-301 图9-302

14 使用移动工具 ⊕ 将蓝色虫子拖入人物文档中，如图9-303所示。单击"图层"面板底部的 ▢ 按钮，创建蒙版，用画笔工具 🖌 （柔角）在图像边缘涂抹黑色，将边缘隐藏，如图9-304所示。

图9-303　　　　　　　图9-304

15 切换到头发文档，将发髻拖入人物文档，如图9-305所示。将前景色设置为深棕色，如图9-306所示。

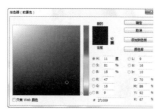

图9-305　　　　　　　图9-306

16 按住Ctrl键单击"图层"面板底部的 □ 按钮，在当前图层下方新建一个图层，设置混合模式为"正片叠底"，不透明度为25%，用画笔工具 ∕ 绘制发髻的投影，如图9-307、图9-308所示。

图9-307　　　　　　　图9-308

17 选择移动工具 ▶⊕，在工具选项栏中勾选"自动选择"选项，并在下拉列表中选择"图层"，如图9-309所示。在素材文档的帽子上单击，可自动跳转到其所在的图层，这样就不必在"图层"面板中寻找了。将帽子拖入人物文档中，连续按下Ctrl+[快捷键将其向下移动，移至扇形后面，如图9-310所示。

图9-309

图9-310

9.6.4 巴洛克风格服饰设计

01 在移动工具 ▶⊕ 的工具选项栏中选择"组"，单击素材文档中的"身体"图层组，如图9-311所示，由面板中将该组拖入人物文档中（即将"图层"面板中的"身体"图层组拖入人物文档窗口），此时会切换到人物文档，其"图层"面板如图9-312所示。

图9-311　　　　　　　图9-312

02 摆放好领子、上衣及裙子的位置，如图9-313所示。

图9-313

03 在移动工具 ▶♦ 的工具选项栏中选择"图层",按下
Ctrl+F6快捷键切换到头发文档中,将头发拖入人物文
档,按下Ctrl+[快捷键将其向下移动,也可在"图层"面
板中直接将其拖到"上衣"图层下方,如图9-314、图
9-315所示。

图9-318　　　　图9-319　　　　　　图9-320

06 将其他素材逐一拖入文档中,组成人物的手臂,注意
细节装饰物的摆放。为虫形扣子添加投影时,可按住Alt
拖动"扣子1"图层后面的 *fx* 图标到当前图层,用直接复
制图层样式的方法操作。右手的投影则需用画笔工具 ✏
绘制,最终效果如图9-321所示。

图9-314　　　　　　　图9-315

04 在"白色领子"图层上方新建一个图层,设置混合模
式为"正片叠底",不透明度为74%,如图9-316所
示。将前景色设置为驼色(R187、G175、B155),用
画笔工具 ✏ 绘制下巴的投影(衣领上方),如图9-317
所示。

图9-316　　　　　　　图9-317

05 将虫形扣子拖入人物文档中,如图9-318所示。双击
其所在图层(扣子1),打开"图层样式"对话框,在左
侧列表中选择"投影"选项,设置参数如图9-319所
示,为扣子添加投影效果,如图9-320所示。

图9-321

07 人物卷曲的假发、华丽的衬衫、裙子繁复的褶饰、
丰富而及具个性的虫子配饰,都表现出浓浓的巴洛克风
格,塑造了非常优雅华贵的形象。

10.1 临摹法：向大师学习技巧

●素材：光盘/素材/10.1 ●效果：光盘/实例效果/10.1

制作要点：

这幅时装画人物动作优雅、时尚感强。临摹时先使用钢笔工具绘制轮廓，再通过画笔描边来表现线条。调整画笔参数时，对形状动态使用了渐隐设置，使线条能够呈现由重到轻，如行云流水般自然流畅的效果。

10.1.1 绘制线稿

01 下面以图10-1所示的时装画为例，临摹服装设计大师的作品，读者可以此图为参考。按下Ctrl+N快捷键，打开"新建"对话框，创建一个185mm×260mm，分辨率为300像素/英寸的RGB模式文件，如图10-2所示。

图10-1

「面料、色彩搭配」

R: 255	R: 255	R: 196
G: 255	G: 194	G: 109
B: 255	B: 199	B: 142

今天的时装画已不仅仅只是表达创意思想的绘画，而是更加注重艺术的欣赏价值和视觉感受。一批又一批的时装画大师不断创新，为我们提供了大量可以学习和借鉴的优秀作品。临摹优秀时装画是初学者快速进步的最好方式，我们可以从不同风格、不同技巧的作品中吸收营养，归纳出自己需要的元素，通过实践充分掌握绘制时装画的要点与精髓。

新建		
名称(N): 未标题-1		确定
预设(P): 自定	▼	取消
大小(I):	▼	存储预设(S)...
宽度(W): 185	毫米 ▼	删除预设(D)...
高度(H): 260	毫米 ▼	
分辨率(R): 300	像素/英寸 ▼	
颜色模式(M): RGB 颜色	8 位 ▼	
背景内容(C): 白色	▼	图像大小:
≫ 高级		19.2M

图10-2

02 单击"路径"面板底部的 按钮，新建一个路径层，修改名称为"线条"，如图10-3所示。使用钢笔工具 🖊 绘制出人物的动态轮廓线，在绘制的过程中，可以按住Ctrl键切换为直接选择工具 ▹ 修改锚点，效果如图10-4所示。

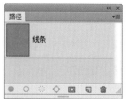

图10-3

图10-4

图10-7

04 单击"图层"面板底部的 按钮，新建一个图层，如图10-8所示。选择画笔工具 🖊（尖角1px），单击"路径"面板底部的 ○ 按钮，用画笔描边路径，生成一个临时线条图层，作为下面绘制图形的参考，如图10-9所示。

提示

由于钢笔工具 🖊 是用来绘制路径图形的，所以在同一个路径层上绘制不同线段时往往会出现两条线段首尾相连的现象，给绘制带来不必要的麻烦。如果在绘制完一条线段后按住Ctrl键在画面中单击一下，然后放开Ctrl键再接着绘制就不会出现这种现象了。

03 动态轮廓绘制好之后，继续绘制细节部分线条来使画面更丰富，如图10-5~图10-7所示。

图10-8    图10-9

05 新建一个"颜色轮廓"路径层，如图10-10所示。选择钢笔工具 🖊，在工具选项栏中选择合并形状  选项，绘制出需要填充颜色的区域，小面积或者封闭区域除外，如图10-11所示。

图10-5   图10-6

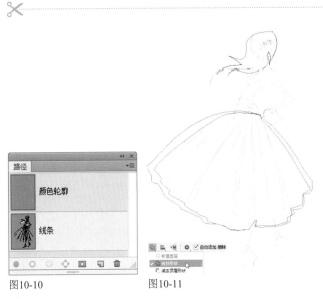

图10-10　　　　　　　　图10-11

图10-14　　　　　　　　图10-15

06 单击"路径"面板的空白区域，隐藏画面中所有的路径，将"图层1"拖动到🗑按钮上删除，再新建一个图层，命名为"线条"，如图10-12所示。在"路径"面板中选择"线条"路径层，在画面中显示该层中的所有路径，使用路径选择工具▶选择其中的一段路径，如图10-13所示。

图10-12　　　　　　　　图10-13

图10-16

07 将前景色设置为浅蓝色（R174、G205、B207）。选择画笔工具✏（尖角4px），按下F5键打开"画笔"面板，设置大小的动态控制为"渐隐"，参数为500，如图10-14所示。单击"路径"面板底部的 ○ 按钮，从头发线条开始描边路径，如图10-15所示。

08 采用同样方法，适当调整画笔大小以及渐隐参数继续绘制，如图10-16所示，将画笔的大小动态控制恢复为"关"，描边头饰，如图10-17所示。

图10-17

09 将前景色调整为深棕色（R138、G75、B46），绘制皮肤线条，如图10-18所示。

图10-18

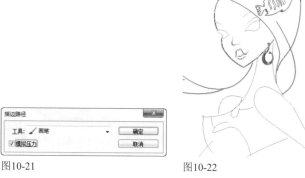

图10-21　　　　　　　　　　图10-22

⑩ 选择耳环子路径，如图10-19所示，设置画笔的大小
动态控制为"钢笔压力"，如图10-20所示。

图10-23　　　　　　　　图10-24

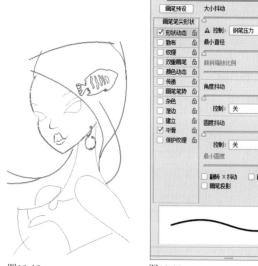

图10-19　　　　　图10-20

⑪ 调整画笔大小为8px，按住Alt键单击"路径"面板底
部的 ○ 按钮，在打开的对话框中勾选"模拟压力"选
项，如图10-21所示，再次描边耳环路径，效果如图
10-22所示。

⑫ 采用同样的方法处理"线条"图层，当一种画笔式样
描边不能达到线条效果时，可以采用绘制耳环的方法通
过重复描边来达到目的。例如先将"控制"设置为"渐
隐"，进行描边，然后再设置为"钢笔压力"进行描
边，如图10-23所示（背部线条）。如图10-24所示的左
腿线条则是将画笔的大小动态控制恢复为"关"进行描
边，再设置为"钢笔压力"重复描边，绘制完的线条效
果如图10-25所示。

图10-25

10.1.2 为人物和服装着色

01 按住Ctrl键单击"图层"面板底部的 按钮，在"线条"图层下面创建一个"粉红1"图层。将前景色设置为粉红色（R255、G194、B199）。选择"颜色轮廓"路径，使用路径选择工具 选择其中的一个形状图形，如图10-26所示。单击"路径"面板底部的 ● 按钮，填充路径区域，如图10-27所示。

图10-26   图10-27

02 新建"粉红2"图层，采用同样的方法在另外一个形状路径内填充粉红色，如图10-28、图10-29所示。

图10-28   图10-29

03 修改"粉红1"图层的不透明度为38%，如图10-30所示，效果如图10-31所示。

图10-30   图10-31

04 选择"线条"图层，使用魔棒工具 选择腰带区域，如图10-32所示，执行"选择>修改>扩展"命令，将选区向外扩展1像素，如图10-33所示。选择"粉红2"图层，按下Alt+Delete键填充前景色，如图10-34所示。

图10-32   图10-33

图10-34

05 新建一个"头发"图层。将前景色设置为浅黄色（R237、G222、B193）。选择"颜色轮廓"路径，使用路径选择工具 选择其中的头发图形，如图10-35所示。单击"路径"面板底部的 ● 按钮，填充路径区域，如图10-36所示。

图10-35

图10-36

06 在 "路径" 面板中新建一个路径层，命名为 "结构"。使用钢笔工具 🖊 绘制皮肤区域形状路径，绘制时应与线条错开一定的区域，使线条显得轻松随意，如图10-37、图10-38所示。

图10-37

图10-38

07 将前景色设置为皮肤色（R241、G212、B198）。单击 "路径" 面板底部的 ⬤ 按钮，填充路径区域，如图10-39所示。面部的颜色处理可以通过先载入选区，然后扩展选区（扩展量1像素），再使用画笔工具 🖌 涂抹的方法来绘制，如图10-40所示。

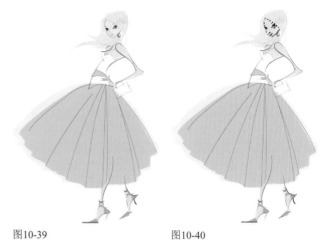

图10-39   图10-40

08 创建 "饰品" 图层，采用同样的方法绘制相应的颜色，如图10-41所示。

图10-41

10.1.3 修改和完善细节

01 使用钢笔工具 🖊 在衣物的褶皱和头发等的转折处绘制轮廓形状，如图10-42所示。新建一个 "结构" 图层，分别用适当的颜色填充各个结构路径，使得画面更富于变化，如图10-43所示。

图10-42

图10-44

图10-43

图10-45

02 选择"线条"路径，使用路径选择工具 ▶ 选取其中部分线段路径，如图10-44所示。将前景色设置为白色，采用前面绘制"线条"图层的方法绘制所选路径，如图10-45所示。

03 使用橡皮擦工具 ✐ 擦除遮挡住脸、肩和手的部分颜色，如图10-46～图10-49所示。

图10-46

图10-47

图10-48　　　　　　　　图10-49

图10-54　　　　　　　　图10-55

04 选择"线条"图层，使用魔棒工具 选择脸部区域，执行"选择>修改>扩展"命令扩展选区（扩展量1像素）。新建一个"细节"图层，将前景色设置为粉红色（R237、G142、B148），使用画笔工具 （柔角，不透明度20%，流量100%）在人物的眼睛部位绘制眼部周围的红晕，取消选区后的效果如图10-50所示。使用多边形套索工具 在双肩处创建选区，同样绘制部分红晕，如图10-51所示。

07 最后使用橡皮擦工具 （尖角，不透明度10%）处理"线条"图层，使线条更富于变化。完成后的效果如图10-56所示。

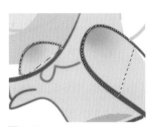

图10-50　　　　　　　　图10-51

05 将画笔的笔尖调整为尖角，采用相同的方法绘制面部其他细节以及项链，如图10-52所示。使用涂抹工具 （强度80%）涂抹出眼睫毛，如图10-53所示。

图10-52　　　　　　　　图10-53

06 在"结构"图层下面创建一个"花纹"图层，将前景色设置为紫色（R196、G109、B142）。用尖角画笔点出不同大小、不同颜色的圆点，再用橡皮擦工具 擦除头饰和腰带轮廓外面的花纹，如图10-54、图10-55所示。

图10-56

10.2 参照法：将图片转换成时装画

●素材：光盘/素材/10.2 ●效果：光盘/实例效果/10.2

制作要点：

在参考图片的基础上绘制线稿，这种绘画练习有助于培养造型能力，提高表现力。绘制时主要应用钢笔工具，再通过两种不同的画笔进行描边，使线条呈现粗细变化，接近手绘效果。面料的制作使用了滤镜功能，并通过"变形"与服装协调统一。

10.2.1 参考图片绘制线稿

下面以图10-57所示的模特为参照绘制服装效果图。参照法一般先创建一个尺寸超过参照图片的文档（也可以在参照图片上创建图层），然后使用移动工具 ▶◆ 将图片拖入文档中。为了能够更加清晰地观看所绘路径，可以将图片的不透明度设置为50%，如图10-58、图10-59所示，之后，开始参照图片绘制模特的轮廓。

图10-57

图10-58

轮廓的绘制方法并没有特别之处，读者可以打开光盘中的路径素材文件进行后面的操作，如图10-60所示。

参照法是指通过临摹时装图片来绘制时装画，这种方法可以启发绘画灵感，捕捉到更加新颖时尚的人体动态。临摹图片并不是完全依循图片上的客观主体，而是以图片中人物的动态为主，人物的肢体可进行适当夸张，表情、服饰也可以重新塑造。

「面料、色彩搭配」

R: 240 G: 77 B: 108	R: 229 G: 207 B: 184
R: 0 G: 0 B: 0	R: 255 G: 255 B: 255
R: 255 G: 240 B: 165	R: 136 G: 171 B: 218

图10-59　　　　　　　　　　　　　　图10-60

图10-64　　　　　　　　　　　　　　图10-65

01 单击"路径"面板底部的 按钮，新建一个路径层，如图10-61所示。选择钢笔工具 ，在工具选项栏中选择"路径"选项。描绘人物轮廓，如图10-62、图10-63所示。

图10-61

图10-62　　　　　　　　图10-63

02 轮廓描绘完成后，将"图层1"拖至 按钮上删除。图10-64、图10-65所示为图片与线稿的对比效果，只剩下轮廓线后，模特看起来会比图片胖。

03 按照时装画的标准，该图还不够纤细，因此，在保证身体比例平衡的前提下，通过延长脖子、腿的长度，使模特的身材显得修长舒展。使用路径选择工具 选取头部路径，向上移动，如图10-66所示。再选取腿部路径，向下移动，如图10-67所示。

图10-66　　　　　　　　　　　图10-67

04 使用直接选择工具 在路径端点上单击，如图10-68所示。将端点向上移动，贴近面部路径，如图10-69所示。

图10-68　　　　　　　　　　　图10-69

05 用同样方法调整腿部路径，效果如图10-70所示。单击"图层"面板底部的 按钮，新建一个图层，命名为"轮廓"，如图10-71所示。

图10-70

图10-74

图10-75

图10-71

06 选择画笔工具 ，在画笔下拉面板中选择"硬边圆"，设置大小为1像素，如图10-72所示。单击"路径"面板底部的 按钮，用画笔描边路径，效果如图10-73所示。

技巧
用画笔描边路径后，路径仍会显示在画面中，此时应在"路径"面板空白处单击，隐藏路径，这样可以避免在变换图像或删除图层时，影响到路径。

08 选择魔棒工具 ，按下添加到选区按钮 ，设置容差为20，勾选"对所有图层取样"选项，如图10-76所示。在人物的皮肤上单击，创建选区，如图10-77所示。按住Ctrl键单击"图层"面板底部的 按钮，在当前图层下方新建一个图层，命名为"皮肤"，如图10-78所示。

图10-76

图10-72

图10-73

07 再选择"硬边圆压力大小"画笔，设置大小为4像素，如图10-74所示。单击 按钮再次描边，使细条产生粗细变化，如图10-75所示。

图10-77

图10-78

10.2.2 为轮廓上色

01 将前景色设置为皮肤色（R253、G212、B235），按下Alt+Delete键在选区内填充前景色，如图10-79所示。选择画笔工具 （柔角，100像素），用略深一点的颜色表现皮肤的明暗，如图10-80所示。

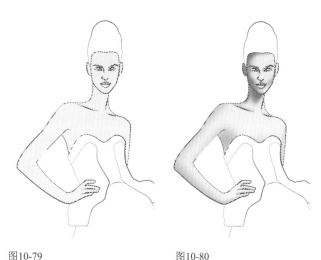

图10-79　　　　　　图10-80

02 按下Ctrl+D快捷键取消选择，绘制眼影、眉毛和嘴唇，如图10-81、图10-82所示。

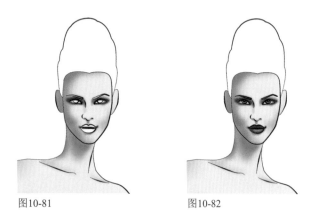

图10-81　　　　　　图10-82

03 眉毛的轮廓线略粗，可以在"图层"面板中选择"轮廓"图层，使用橡皮擦工具 将眉梢擦淡，如图10-83所示。下面来绘制头发，依然在"皮肤"图层中操作。使用魔棒工具 选取头发区域，填充粉红色（R240、G77、B108），如图10-84所示。

04 使用画笔工具 绘制出明暗效果，如图10-85所示。新建一个图层，用小一点的笔触绘制额头的发色，如图10-86所示。

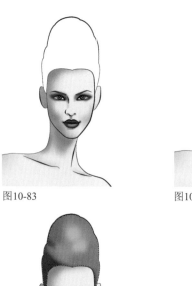

图10-83　　　　　　图10-84

图10-85　　　　　　图10-86

05 选择涂抹工具 ，在画笔下拉面板中选择"粉笔"，如图10-87所示。在深色笔触上拖动鼠标，涂抹出发丝效果，如图10-88、图10-89所示。按下Ctrl+E快捷键将该图层（发丝）与"皮肤"图层合并。

图10-87

图10-88　　　　　　图10-89

提示

涂抹工具可拾取鼠标单击点的颜色，并将颜色沿拖移方向展开，像手指拖过油漆时的效果，涂抹工具适合在小范围图像操作，图像面积太大则不容易控制，并且处理速度慢。大面积图像可使用"液化"滤镜。

10.2.3 通过变形扭曲表现上衣花纹

01 选取上衣，新建一个图层，填充黑色，如图10-90、图10-91所示。执行"选择>修改>收缩"命令，设置收缩量为10像素，如图10-92、图10-93所示。

图10-90   图10-91

图10-92   图10-93

02 打开光盘中的图案素材，如图10-94所示。按下Ctrl+A快捷键全选，按下Ctrl+C快捷键复制图案，切换到服装效果图文档，执行"编辑>选择性粘贴>贴入"命令，将图案粘贴到选区内，自动生成蒙版，将选区以外的图案隐藏，如图10-95、图10-96所示。

图10-94

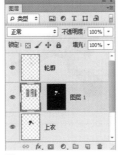

图10-95   图10-96

03 按下Ctrl+T快捷键显示定界框，将图案向逆时针方向旋转，如图10-97所示。单击鼠标右键，在打开的快捷菜单中选择"变形"命令，显示变形网格，如图10-98所示。

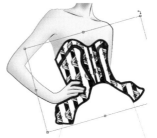

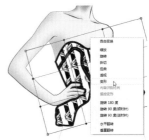

图10-97   图10-98

04 拖动锚点扭曲图案，使图案符合衣服的款型，如图10-99所示。按下回车键确认。单击蒙版缩览图，进入蒙版的编辑状态，如图10-100所示。

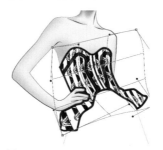

图10-99   图10-100

提示

图案变换完成后，可以在"图层1"的图像缩览图与蒙版缩览图之间单击，将图像与蒙版链接在一起。

05 使用画笔工具 ![brush](（大小50像素，硬度60%），在衣服上涂抹黑色，如图10-101所示。将画笔硬度设置为0%，不透明度为30%，继续涂抹，以减淡图案的显示，如图10-102所示。

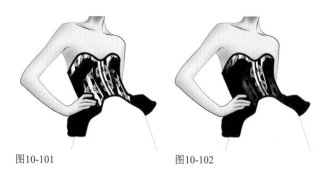

图10-101　　　　　　　图10-102

10.2.4 使用滤镜制作裙子花纹

01 新建一个图层。使用矩形选框工具 ▭ 创建一个选区，填充白色，如图10-103、图10-104所示。按下Ctrl+D快捷键取消选择。

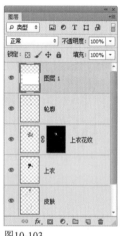 

图10-103　　　　　　　图10-104

02 执行"滤镜>素描>半调图案"命令，打开"滤镜库"，在"图案类型"下拉列表中选择"网点"，设置参数如图10-105所示。

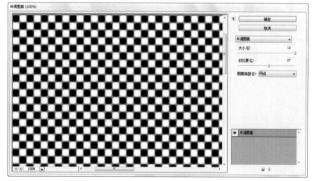

图10-105

03 按下Ctrl+T快捷键显示定界框，调整图像的高度，如图10-106所示。按下Ctrl+J快捷键复制图层，设置混合模式为"差值"，如图10-107所示。

 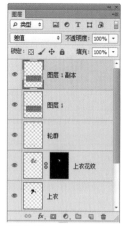

图10-106　　　　　　　图10-107

04 按下Ctrl+Alt+F键再次打开"滤镜库"，在"图案类型"下拉列表中选择"直线"，如图10-108所示。关闭对话框，按下Ctrl+E键将这两个图案合并到一个图层中，效果如图10-109所示。使用移动工具 ▸⊕ 按住Alt键向上拖动图案进行复制，如图10-110所示，同时会生成一个新的图层，可以再次按下Ctrl+E快捷键将图案图层合并。

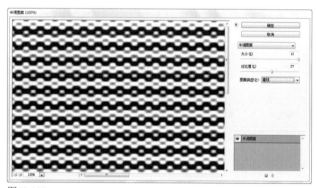

图10-108

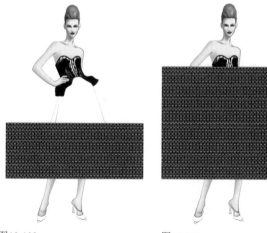

图10-109　　　　　　　图10-110

05 按下Ctrl+L键打开"色阶"对话框，拖动黑色滑块将图案的色调调暗，如图10-111、图10-112所示。

键创建剪贴蒙版，如图10-116、图10-117所示。

图10-115　　图10-116

图10-111　　图10-112

06 新建一个图层，设置混合模式为"叠加"，分别绘制浅黄色与浅蓝色相间的条纹，为图案着色，如图10-113、图10-114所示。按下Ctrl+E快捷键将色块合并到图案中。

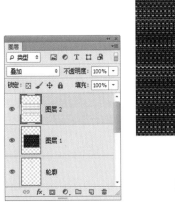

图10-113　　图10-114

07 隐藏"图层2"（图案图层），使用魔棒工具 选取裙子区域，创建一个相同名称的图层，填充黑色，调整一下图层的排列顺序，使"轮廓"图层依然位于最顶层，如图10-115所示。选择并显示图案图层，按下Alt+Ctrl+G

图10-117

08 根据裙摆的形状对图案进行扭曲，方法与制作上衣图案相同，在操作前先复制出两个图案图层（Ctrl+J）作为备用。图案的扭曲效果如图10-118所示。使用多边形套索工具 选取多余的区域，按下Delete键删除，效果如图10-119所示。再将另外两个图案扭曲成如图10-120所示的效果。

09 新建一个路径层。使用钢笔工具 绘制裙子上的装饰线，如图10-121、图10-122所示。

图10-118　　　图10-119　　　图10-120

为89%，勾选"颜色动态"选项，如图10-126所示。分别调整前景色与背景色，用画笔描边路径，效果如图10-127所示。

图10-125　　　图10-126　　　图10-127

12 选取鞋子部分，填充颜色。用多边形套索工具 ▽ （羽化：3像素）创建选区，填充白色作为高光，如图10-128所示。整体效果如图10-129所示。

图10-121　　　　　图10-122

图10-128

10 新建一个图层。选择画笔工具 ／，在画笔下拉面板中加载"DP画笔"库，选择"DP裂纹"画笔，设置大小为50像素，如图10-123所示。将前景色设置为白色，单击"路径"面板底部的 ○ 按钮，用画笔描边路径，效果如图10-124所示。

图10-123　　　　图10-124

11 绘制耳环和项链路径，如图10-125所示。在画笔面板菜单中选择"复位画笔"命令，恢复为Photoshop默认的画笔。选择"硬边圆"画笔，设置大小为3像素，间距

图10-129

Fashion

10.3 模板法：基于人物模板快速创作

●素材:光盘/素材/10.3 ●效果:光盘/实例效果/10.3

制作要点：
在平时练习和创作过程中，可以积累一个人物线稿素材库。绘制效果图时，就可以在人体模板的基础上创作，着重服装款式、色彩和面料的设计，在短时间内就可以呈现构思和效果。

10.3.1 在人物模板上勾勒轮廓

图10-130所示为使用钢笔工具 ✎ 绘制出的不同姿态、角度的人物模板。在模板上面勾勒衣服轮廓，可以快速绘制出服装效果图。

图10-130

服装杂志上有大量俊男靓女照片，我们可以用Photoshop的钢笔工具将其描摹下来，作为模板使用，以便为将来快速准确地绘制时装画提供方便。人物模板只要画出清晰的轮廓、保证身体各部分比例正确即可，面部和发型不必刻画得太细致。创建一个模板后，可通过改变腿、手臂的位置来创造更多的造型和姿势。

「面料、色彩搭配」

R: 229	R: 196
G: 0	G: 89
B: 79	B: 150

10.3.2 在人物模板上绘制服装

01 打开光盘中的模板素材，选择钢笔工具 ✐，在工具选项栏中选择"形状"选项，在"填充"下拉面板中选择洋红色，如图10-131所示。绘制出连衣裙款式，如图10-132所示。

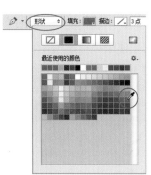

图10-131   图10-132

02 选择油漆桶工具 ♨，在下拉面板菜单中选择"自然图案"命令，加载该图案库，如图10-133所示。单击"图层"面板底部的 ◻ 按钮，新建一个图层，在画面中单击，填充图案，如图10-134所示。

图10-133   图10-134

03 设置混合模式为"变暗"，按下Alt+Ctrl+G键创建剪贴蒙版，将图案制作成裙子底纹，如图10-135、图10-136所示。

图10-135   图10-136

10.3.3 表现面料的透明度

01 选择"形状1"图层，如图10-137所示，单击"图层"面板底部的 ◻ 按钮，为形状图层添加蒙版，如图10-138所示。

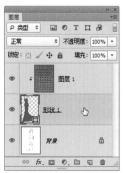

图10-137   图10-138

 提示

为剪贴蒙版组中的图层创建蒙版时，如果在基底图层（"形状1"）中创建蒙版，在蒙版中所做的任何操作，内容图层（图层1即本例中的图案图层）都会受到影响，比如填充渐变后，会呈现渐隐效果。而在内容图层中创建蒙版，则只影响内容图层中的图像，不会使基底图层的效果发生变化。

02 选择渐变工具 ▣，在画面底部填充黑色渐变，使裙子底部呈现渐隐效果，如图10-139、图10-140所示。

图10-139

图10-140

10.3.4 制作描边与褶皱

01 在选择"形状1"图层的情况下，画面中会显示路径，此时的"路径"面板会有一个临时路径层，如图10-141所示。按下Ctrl+回车键或单击面板底部的 ⊕ 按钮，将路径转换为选区，如图10-142所示。

图10-141

图10-142

02 单击"图层"面板底部的 ◻ 按钮，新建"图层2"，如图10-143所示。将"图层2"拖至"图层1"上方，按下Alt+Ctrl+G键，将其从剪贴蒙版组中释放出来，如图10-144所示。

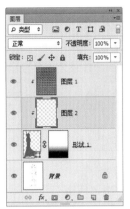

图10-143

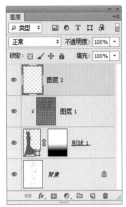

图10-144

03 执行"编辑>描边"命令，设置描边宽度为3像素，位置居外，如图10-145所示。单击"确定"按钮关闭对话框，按下Ctrl+D快捷键取消选择，如图10-146所示。

图10-145   图10-146

 提示

"描边"对话框中的"保留透明区域"选项，表示只对包含像素的区域描边。

04 用钢笔工具绘制裙子左侧的褶皱，如图10-147所示。在工具选项栏中选择合并形状选项，继续绘制，使图形位于一个形状图层中，效果如图10-148所示。

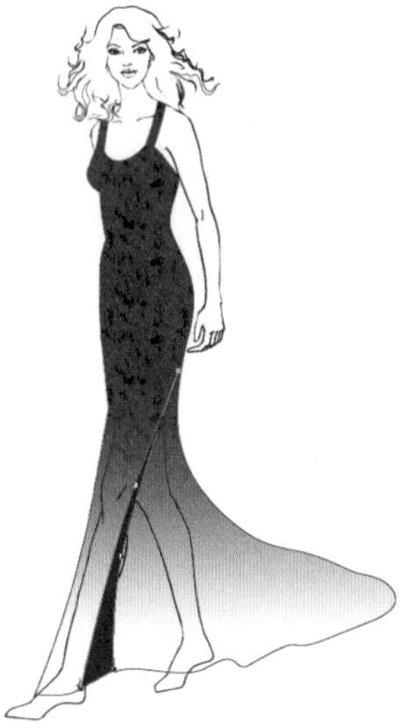

图10-147

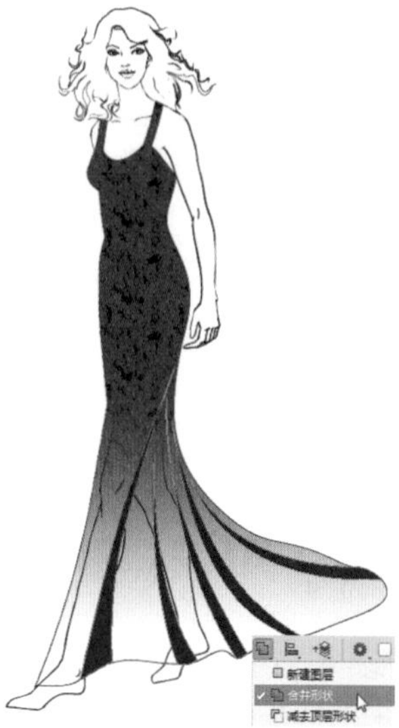

图10-148

提示

路径是矢量对象，修改起来要比光栅图像容易得多，即便绘制好图形之后，也可以重新对其进行运算。操作方法是用路径选择工具选择多个子路径，然后单击工具选项栏中的运算按钮即可。

05 设置该图层的混合模式为“叠加”，使褶皱能融入到裙子的色调及花纹中，如图10-149、图10-150所示。

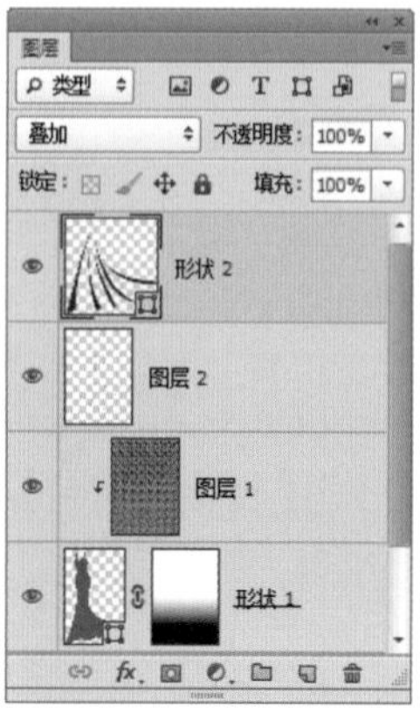

图10-149

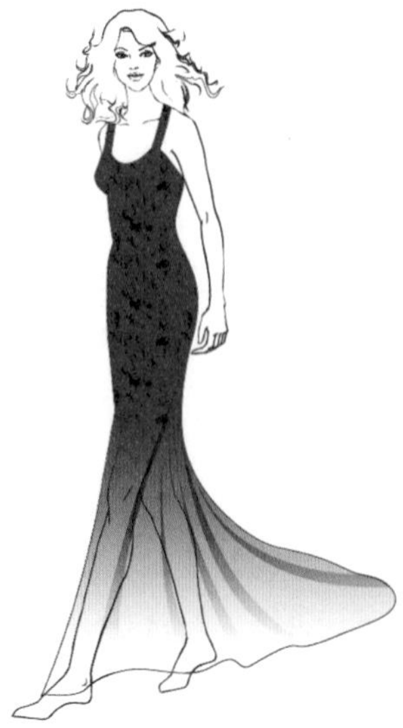

图10-150

06 绘制鞋子，如图10-151所示，用与裙子描边相同的方法为鞋子描边，如图10-152所示，最终效果如图10-153所示。

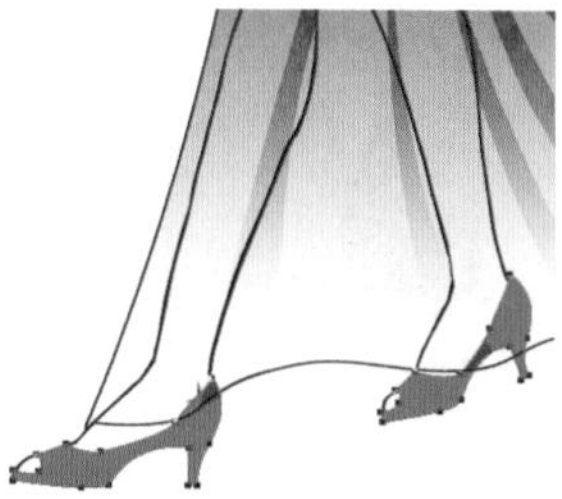

图10-151

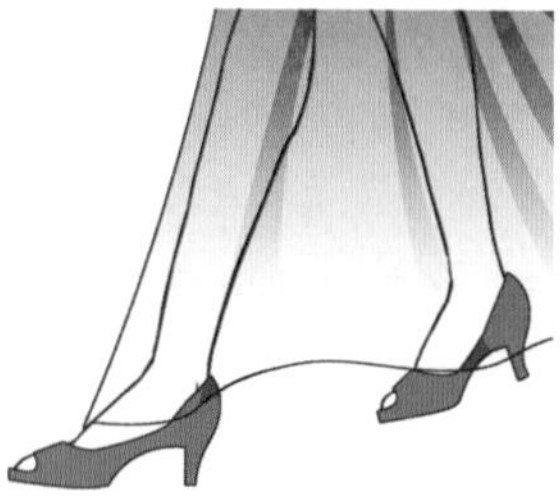

图10-152

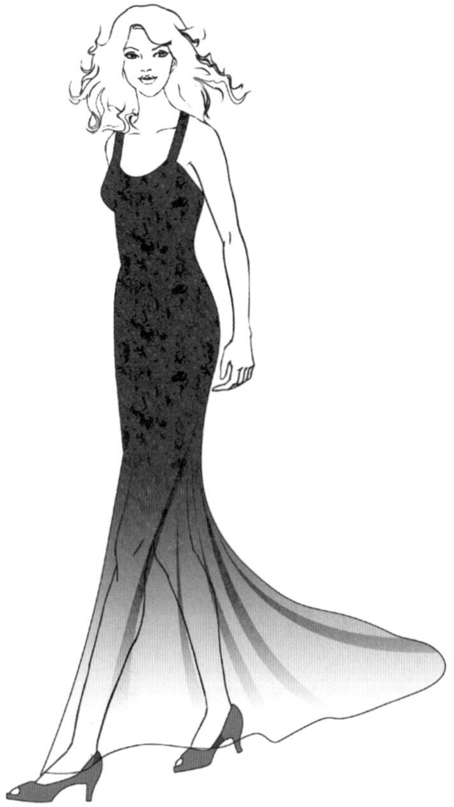

图10-153

技巧

如果锚点偏离了轮廓，可以按住Ctrl键切换为直接选择工具，将它拖回到轮廓线上。用钢笔工具抠图时，最好通过快捷键来切换直接选择工具（按住Ctrl键）和转换点工具（按住Alt键），在绘制路径的同时便对路径进行调整。此外，还可以适时按下Ctrl++或Ctrl+-快捷键放大或缩小窗口，并按住空格键移动画面，以便更加清楚地观察图像细节。

10.4 结合法：探索新的表现方式

● 素材: 光盘 / 素材 / 10.4
● 效果: 光盘 / 实例效果 / 10.5

设计要点:
结合法可以充分发挥电脑的优势，对时装画进行各种全新的尝试。例如，可以将绘画人物放置在真实的照片场景中，或将真人放置在绘画场景中，也可以在真人身上进行局部绘画等。结合法能够增强绘画的趣味性，也比较容易赢得更高的关注度。

01 打开光盘中的素材图片，如图10-154所示。这是一个分层素材，"人物"位于单独的图层中。

图10-154

02 连续按两次Ctrl+J快捷键复制"人物"图层，如图10-155所示。单击两个副本图层前面的眼睛图标 👁 ，将它们隐藏，选择"人物"图层，如图10-156所示。

图10-155   图10-156

03 执行"编辑>描边"命令，打开"描边"对话框，设置描边宽度为3像素，位置"居外"，如图10-157、图10-158所示。

图10-157　　　　　　　图10-158

04 选择并显示"人物副本"图层，执行"滤镜>风格化>查找边缘"命令，从图像中对比度变化剧烈的区域提取边界线，如图10-159所示。

图10-159

05 选择并显示"人物副本 2"图层。如图10-160所示，双击该图层，打开"图层样式"对话框，按住Alt拖动"本图层"选项中的白色滑块，将滑块分离，隐藏当前图层中的白色像素，如图10-161、图10-162所示。

图10-160　　　　　　图10-161

✂ **提示**

使用混合滑块只能隐藏像素，而不是真正删除像素。重新打开"图层样式"对话框后，将滑块拖回原来的起始位置，便可以将隐藏的像素显示出来。

图10-162

06 按住Ctrl键单击"人物副本2"图层缩览图，如图10-163所示，载入人物的选区，如图10-164所示。

图10-163　　　　　　图10-164

07 单击"调整"面板中的 ▥ 按钮，基于选区创建"色阶"调整图层，向右拖曳黑色滑块，适当增强图像的暗部区域；向左拖动白色滑块，增强亮部区域，如图10-165~图10-167所示。

图10-165　　　　　　图10-166

图10-167

08 调整后白色裙子丢失了细节，可以通过编辑蒙版进行补救。选择画笔工具 ✎，在裙子上涂抹黑色（蒙版中的黑色为透明区域），使调整图层不会对裙子产生影响，如图10-168、图10-169所示。

图10-168

图10-169

09 单击"调整"面板中的 ▽ 按钮，创建"自然饱和度"调整图层，增加自然饱和度参数，使图像色彩鲜艳，如图10-170、图10-171所示。

图10-170

图10-171

10 新建一个图层，设置混合模式为"正片叠底"，如图10-172所示。选择椭圆工具 ○，在工具选项栏中选择"像素"选项，在人物面部绘制两个红脸蛋，如图10-173所示。用画笔工具 ✎ 描绘眉毛和嘴唇，如图10-174所示。

图10-172　　　　　图10-173　　　　　图10-174

11 单击"背景"图层，如图10-175所示。执行"滤镜>模糊>高斯模糊"命令，使背景虚化，如图10-176、图10-177所示。

图10-175　　　　　图10-176

图10-177

Fashion

10.5 贴图法：抠图与贴图的综合运用

●素材:光盘/素材/10.5   ●效果:光盘/实例效果/10.5

制作要点：

贴图法是一种最能体现Photoshop服装绘画优势的技术。它的特点是操作方法便捷、效果直观。贴图法既可以使用真实的面料作为素材，也可以用Photoshop制作或加工的面料，然后通过剪贴蒙版、图层蒙版等将其贴在款式图或直接覆盖在模特原有的服装上。

由于需要确定贴图区域，因此，贴图法会用到抠图技术。抠图是指将所需图像选中并从背景中分离出来，这是Photoshop中具有一定难度的技术，令许多初学者望而却步。Adobe公司的软件开发人员不断尝试着降低抠图的难度，像经过改进的"调整边缘"命令就很好用，它取代了以前版本的"抽出"滤镜，而成为了新的抠图利器。本实例就来学习怎样使用快速选择工具和"调整边缘"命令抠图，并用抠出的人像进行创意合成。

10.5.1 人物抠图

01 打开光盘中的素材文件，如图10-178所示。使用快速选择工具 🖌 在模特身上单击并拖动鼠标创建选区，如图10-179所示。

图10-178   图10-179

02 如果有漏选的地方，可以按住Shift键在其上涂抹，将其添加到选区中，如图10-180、图10-181所示；多选的地方，则按住Alt键涂抹，将其排除到选区之外，如图10-182、图10-183所示。

「面料、色彩搭配」

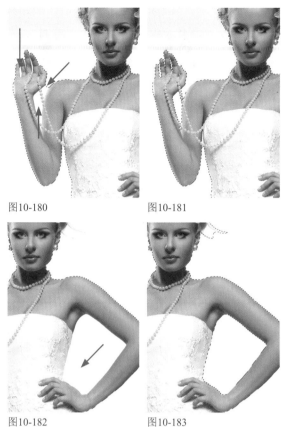

图10-180　　　　　　　　　图10-181

图10-182　　　　　　　　　图10-183

03 现在看起来似乎模特被轻而易举地选中了，不过，目前的选区还不精确，不信的话，可以按Ctrl+J快捷键将选中的图像复制到一个图层中，在它下面创建图层并填充黑色，在黑色背景上观察就可以看到，人物轮廓并不光滑，而且还有残缺，如图10-184、图10-185所示。

图10-184　　　　　　　　　图10-185

04 下面来对选区进行深入加工。单击工具选项栏中的"调整边缘"按钮，打开"调整边缘"对话框。先在"视图"下拉列表中选择一种视图模式，以便更好地观察选区的调整结果，如图10-186、图10-187所示。

图10-186　　　　　　　　　图10-187

05 勾选"智能半径"选项，并调整"半径"参数；将"平滑"值设置为5，让选区变得光滑；将"对比度"设置为20，选区边界的黑线、模糊不清的地方就会得到修正；勾选"净化颜色"选项，将"数量"设置为100%，如图10-188、图10-189所示。

图10-188　　　　　　　　　图10-189

06 "调整边缘"对话框中有两个工具，它们可以对选区进行细化。其中，调整半径工具 可以扩展检测的区域，抹除调整工具 可以恢复原始的选区边界。工具选项栏中也有这两个工具，而且还可以调整画笔大小。下面先来将残缺的图像补全。选择抹除调整工具 ，在人物头部轮廓边缘单击，并沿边界涂抹（鼠标要压到边界上），放开鼠标以后，Photoshop就会对轮廓进行修正，如图10-190、图10-191所示。

图10-190 图10-191

07 再来处理头纱,将多余的背景删除掉。使用调整半径工具 ✎ 在头纱上涂抹,放开鼠标以后,头纱就会呈现出透明效果,如图10-192、图10-193所示。

图10-192 图10-193

08 其他区域也使用这两个工具处理,操作要点是,有多余的背景,就用调整半径工具 ✎ 将其涂抹掉,如图10-194、图10-195所示;有缺失的图像,就用抹除调整工具 ✎ 将其恢复过来,如图10-196、图10-197所示。

图10-194 图10-195

图10-196 图10-197

 提示

在处理细节时,可以按Ctrl++和Ctrl+-快捷键放大或缩小窗口中的图像,按住空格键拖动鼠标可以移动画面。

09 选区修改完成后,在"输出到"下拉列表中选择"新建带有图层蒙版的图层"选项,如图10-198所示。单击"确定"按钮,将选中的图像复制到一个带有蒙版的图层中,完成抠图操作,如图10-199、图10-200所示。

图10-198

图10-199 图10-200

⑩ 单击"背景副本"图像缩览图，用同样方法选取裙子，通过新建带有蒙版的图层，生成"背景副本2"图层，如图10-201、图10-202所示。

 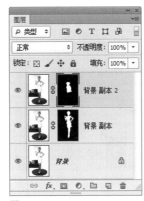

图10-201　　　　　图10-202

⑪ 选择椭圆选框工具 ◯，按下工具选项栏中的添加到选区按钮 ◻，设置羽化参数为1像素，选取位于裙子上面的项链，如图10-203所示。单击"背景副本2"图像缩览图，如图10-204所示。

 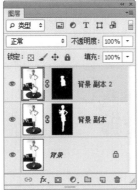

图10-203　　　　　图10-204

⑫ 按下Ctrl+J快捷键，将选区内的图像复制到新的图层中，如图10-205所示。将"背景"图层拖到"图层"面板底部的 🗑 按钮上删除。重新命名其他图层，如图10-206所示。

 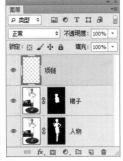

图10-205　　　　　图10-206

10.5.2 面料拼贴

① 按下Ctrl+O快捷键，打开光盘中的面料素材，如图10-207、图10-208所示。

图10-207　　　　　图10-208

② 使用移动工具 ▶️ 将玫瑰花纹素材拖入人物文档中，按下Ctrl+Shift+[键将其移至底层，如图10-209、图10-210所示。

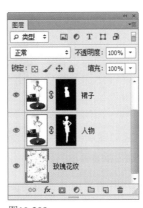 

图10-209　　　　　图10-210

③ 按下Ctrl+F6快捷键切换到素材文档。单击"玫瑰花纹"前面的眼睛图标 👁️，将其隐藏。选择"蓝色花纹"，如图10-211所示。使用矩形选框工具 ⬚ 选取素材的一部分，如图10-212所示。

图10-211　　　　　图10-212

图10-215　　　　　图10-216

04 按下Ctrl键切换为移动工具 ▶✛，将选区内的图像拖到人物文档中，如图10-213所示。用同样方法，选取素材中的其他面料，装饰在人物背景中，如图10-214所示。

图10-213　　　　　图10-214

05 将"古典装饰花纹"拖动到人物文档中，放置在"裙子"图层上方，按下Alt+Ctrl+G键创建剪贴蒙版，如图10-215、图10-216所示。

06 按下Ctrl+I快捷键将图像反相，设置混合模式为"颜色加深"，使其产生如缎面一样的纹理和光泽感，如图10-217、图10-218所示。

图10-217　　　　　图10-218

07 选择"人物"图层，如图10-219所示。按下Ctrl+M快捷键打开"曲线"对话框，将人物图像调亮，如图10-220、图10-221所示。

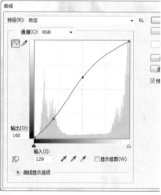

图10-219　　　　　图10-220

图10-221

10.5.3 表现背景的透视与明暗关系

01 将粉色花纹拖到人物文档中，用来装饰地面。按下Ctrl+T快捷键显示定界框，将光标放在定界框的一角，拖动鼠标将图像旋转90度，如图10-222所示；将光标放在定界框上方，向下拖动鼠标调整图像的高度，如图10-223所示。

图10-222

图10-223

02 将光标放在定界框的右下角，按住Alt+Shift+Ctrl键向外侧拖动鼠标，使图像呈现梯形变化。用同样方法将光标放在右上角，向内拖动，表现出近大远小的透视变化，如图10-224所示。按下回车键确认，效果如图10-225所示。

图10-224

图10-225

03 按下Ctrl+U快捷键打开"色相/饱和度"对话框，调整色相参数，改变花纹颜色，如图10-226、图10-227所示。

图10-226　　　　图10-227

04 选择矩形选框工具，按照地面花纹的大小创建一个矩形选区，如图10-228所示。按下D键，将前景色设置为黑色。选择渐变工具，在渐变下拉面板中选择"前景色到透明渐变"，如图10-229所示。

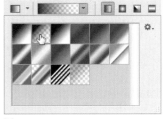
图10-228　　　　图10-229

05 单击"图层"面板底部的 按钮，新建一个图层，在选区内填充渐变，使远处的地面变暗，如图10-230所示。按下Ctrl+D快捷键取消选择，将图层的混合模式设置为"柔光"，不透明度调整为70%，如图10-231、图10-232所示。

图10-230

图10-231　　　　　图10-232

06 拾取"深黑暖褐"色作为前景色，如图10-233所示。在工具选项栏中单击对称渐变按钮 ▣ ，如图10-234所示。新建一个图层，设置不透明度为50%，如图10-235所示。将光标放在地面与墙的衔接处，按住Shift键向下拖动鼠标创建对称渐变，鼠标移动的范围很小，使渐变看起来更像一条柔和的线，如图10-236所示。

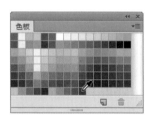

图10-233　　　　　　图10-234

图10-235　　　　　图10-236

07 新建一个图层，设置混合模式为"正片叠底"，不透明度为40%，如图10-237所示。再创建一个范围稍大一

点的对称式渐变，效果如图10-238所示。

图10-237　　　　　图10-238

08 用画笔工具 ✐ （不透明度30%）在人物脚部绘制投影，效果如图10-239所示。

图10-239

✂

09 双击"蓝色花纹"图层，如图10-240所示。打开"图层样式"对话框，在左侧列表中选择"投影"选项，为布料添加投影效果，设置角度为120度，使投影出现在布料的右边，取消"使用全局光"选项的勾选，如图10-241所示。效果如图10-242所示。

11 再复制图层样式到"牡丹花纹"图层，如图10-245所示。双击该图层，打开"图层样式"对话框，将角度调整为60度，如图10-246所示。使投影出现在布料的左边。按住Alt键，将"牡丹花纹"图层后面的 fx 图标拖动到"黄色花纹"图层，为其添加投影效果，如图10-247所示。

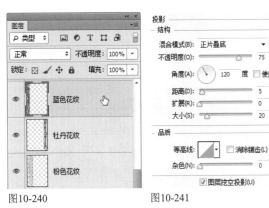

图10-240　　　　　　　　图10-241

图10-245　　　　　　　　图10-246

图10-242

10 按住Alt键拖动"蓝色花纹"图层后面的 fx 图标到"粉色花纹"图层，如图10-243所示。将图层样式复制到该图层，如图10-244所示。

图10-243

图10-244

图10-247

10.6 马克笔效果男士休闲装：笔触的表现技巧

● 素材：光盘/素材/10.6　● 效果：光盘/实例效果/10.6

制作要点：

本实例主要使用"大油彩蜡笔"对路径进行描边并填色。操作要点是注意笔触相交处的形状，再用橡皮擦工具擦除超出边缘线的颜色，并处理笔触的起笔和收笔处，使其更具手绘的效果。用涂抹工具在笔触的尾部进行涂抹，表现出笔触的飞白效果。

10.6.1 绘制基本色

01 打开光盘中的素材文件，如图10-248所示。该图像是一个PSD格式的分层文件，"线稿"图层中包含的是人物轮廓的线稿，如图10-249所示。"路径"面板中有人物的"线稿"路径，如图10-250所示。

图10-248

图10-249

图10-250

马克笔又称麦克笔，它的的最大特点是风格洒脱、豪放，适合快速表现构思。马克笔的出现克服了水粉、水彩等工具携带不方便、表现技法不易掌握等弊端。表现马克笔绘画效果时，应体现出运笔的力度，笔触要果断，作画时还应适当留有空白。

「面料、色彩搭配」

R: 217 G: 186 B: 161	R: 245 G: 231 B: 215
R: 137 G: 72 B: 11	R: 129 G: 56 B: 12
R: 75 G: 132 B: 162	R: 123 G: 102 B: 17

02 单击"图层"面板顶部的锁定全部按钮 🔒，将"线稿"图层锁定，以免上色时颜色涂到线稿上，如图10-251所示。按住Ctrl键单击面板底部的 🔲 按钮，在"线稿"图层下方创建一个图层，将名称修改为"衣服颜色1"，如图10-252所示。

图10-251 　　　　　　　　　图10-252

03 将前景色设置为粉红色（R217、G186、B161），选择画笔工具 🖌，在画笔预设下拉面板中选择大油彩蜡笔，设置不透明度为90%，如图10-253所示。

图10-253

 提示

在设置画笔不透明度的时候不仅要考虑到笔触之间的交叠，还要考虑到颜色本身的特点，像粉红色这类颜色不透明度设置过低会使颜色变灰而显得没有精神。

04 在衣服区域内绘制颜色，如图10-254所示，绘制过程中不要过分在意超出边缘线的颜色，要注意笔触相交

处的形状，使用橡皮擦工具 🖌（尖角）擦除超出边缘线的大部分颜色，并处理笔触的起笔和收笔处，使它更像手绘的笔触效果，如图10-255所示。

图10-254 　　　　　　　　　图10-255

05 选择涂抹工具 ，选择干画笔，设置强度为80%，如图10-256所示。在每个笔触的尾部进行涂抹，使它们呈现出干笔绘制出的飞白效果，如图10-257所示。

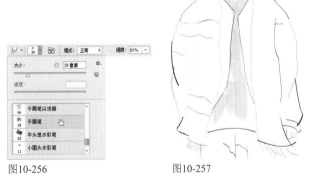

图10-256 　　　　　　　　　图10-257

06 选择橡皮擦工具 🖌，设置参数如图10-258所示，擦拭涂抹处，使飞白效果更加真实，如图10-259所示。

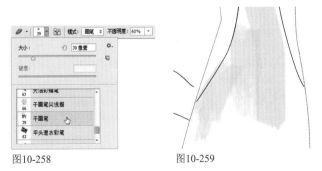

图10-258 　　　　　　　　　图10-259

07 新建一个图层，如图10-260所示。继续绘制其余空白处颜色，如图10-261所示。

图10-260　　　　　　　　图10-261

08 使用橡皮擦工具 同样处理后，按下Ctrl＋E快捷键向下合并图层，如图10-262、图10-263所示。

图10-262　　　　　　　　图10-263

09 采用同样的方法绘制出所有衣服的颜色，如图10-264、图10-265所示。

图10-264　　　　　　　　图10-265

10 在"路径"面板中新建"辅助"路径层，使用钢笔工具 绘制出路径，然后使用涂抹工具 （干画笔笔

尖，模式为正常，强度为80%）描边，可以结合橡皮擦工具 （干画笔笔尖，不透明度60%）来完成长段飞白效果的绘制，如图10-266、图10-267所示。

图10-266　　　　　　　　图10-267

11 其余部分的颜色采用绘制衣服颜色的方法绘制，如图10-268、图10-269所示。

图10-268　　　　　　　　图10-269

10.6.2　绘制细节部分

01 新建一个"衣服条纹"图层，如图10-270所示，将前景色设置为淡黄色，如图10-271所示。

图10-270　　　　　图10-271

02 使用画笔工具 🖌（大油彩蜡笔笔尖，不透明度60%）绘制衣服的条纹，如图10-272所示。调整画笔大小及前景色，继续绘制深色条纹，如图10-273所示。

图10-272　　　　　图10-273

03 新建"亮部、暗部"图层，绘制脸部及暗部色彩增加立体效果，如图10-274、图10-275所示。

图10-274　　　　　图10-275

04 新建一个"粗线条"图层，如图10-276所示。选择"线稿"路径，使用路径选择工具 ▶ 按住Shift键选择上衣区域中的一些子路径，如图10-277所示。

图10-276　　　　　图10-277

05 按下D键，将前景色切换为黑色，选择画笔工具 🖌（不透明度100%），按下F5键打开"画笔"面板，调整画笔的圆度以及角度，如图10-278所示。单击"路径"面板底部的 ○ 按钮，用画笔描边路径，通过加粗线条来强调轮廓，如图10-279所示。

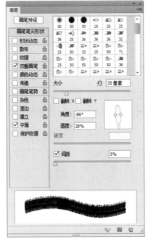

图10-278　　　　　图10-279

06 选择"辅助"路径层，如图10-280所示。使用钢笔工具 ✐ 绘制几条路径，采用同样方法描边，如图10-281、图10-282所示。

图10-280

图10-281　　　　　　图10-282

图10-285　　　　　图10-286

07 使用画笔工具 ✏ 随意涂抹出一些小的衣纹线，如图10-283所示。使用橡皮擦工具 ▱ （干画笔笔尖，不透明度60%）擦除处理绘制好的粗线条，使它们呈现手绘笔触效果，如图10-284所示。

09 调整该图层不透明度，减淡影子以使主体人物更加突出，最终效果如图10-287所示。

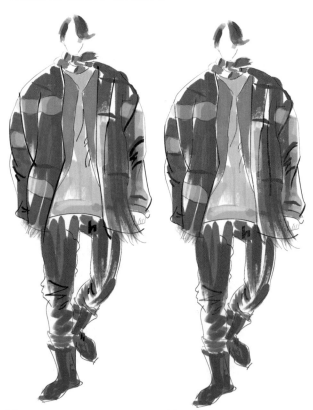

图10-283　　　　　　图10-284

08 新建一个"影子"图层，调整画笔的不透明度和前景色，绘制一些投影，如图10-285、图10-286所示。

图10-287

「面料、色彩搭配」

R: 146 G: 7 B: 131	R: 241 G: 158 B: 194
R: 245 G: 216 B: 60	R: 170 G: 137 B: 89
R: 72 G: 18 B: 133	R: 233 G: 80 B: 215

水彩画的特点是以薄涂保持其透明性，产生晕染、渗透、叠色等特殊效果，适合表现轻薄柔软的丝绸、薄纱面料。水彩画色彩鲜艳，充满生气，在一定程度上暗示了造型的活力和动感。

10.7 水彩效果晚礼服：透明度的灵活运用

●素材：光盘/素材/10.7　●效果：光盘/实例效果/10.7

制作要点：
本实例主要使用"半湿描油彩笔"进行绘制，通过调整画笔的大小、不透明度和流量，绘制出水彩风格的时装画。这种方法能在保持颜色透明特性的同时，体现出笔触的叠加效果。在为裙子着色时，将墨渍素材定义为画笔，体现了画笔工具丰富的表现力。

10.7.1 绘制轮廓

01 按下Ctrl+N快捷键，打开"新建"对话框，创建一个A4大小，分辨率为300像素/英寸，RGB模式的文件。先来绘制人物的比例结构。在绘制前，新建一个图层，先确定画面的视觉中心位置，绘制出人体动态的中轴线，按照9头身的比例进行分割。再创建新的图层，使用画笔工具 ✎ 绘制，如图10-288、图10-289所示。绘制时先在一点单击，然后将光标移到另一位置再次单击，可在两点之间连接直线。

图10-288　　　　图10-289

02 新建一个图层。在画笔下拉面板中选择"半湿描油彩笔"，如图10-290所示。绘制人物的眉眼及面部，如图10-291所示。按下 [键或] 键可调整画笔工具的大小，用较粗的笔尖绘制身体轮廓，如图10-292所示。绘制完成后，可将"图层1"删除。

图10-290　　　　　　图10-291

图10-292

10.7.2 刻画面部、表现水彩笔触

01 选择橡皮擦工具 ，在工具下拉面板中设置大小为15像素，硬度为80%，如图10-293所示，在线条的边缘进行擦除，使线条变细，没有多余的棱角，如图10-294

所示。将工具大小设置为30像素，硬度为0%，不透明度为30%，在线条上面单击，使线条变浅，形成明暗变化，如图10-295所示。

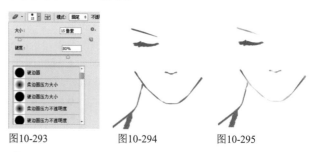

图10-293　　　　图10-294　　　　图10-295

02 选择画笔工具 ，在工具选项栏中设置大小为10像素，不透明度和流量参数均为50%，如图10-296所示。绘制人物的嘴唇、眼影和睫毛，如图10-297、图10-298所示。

图10-296

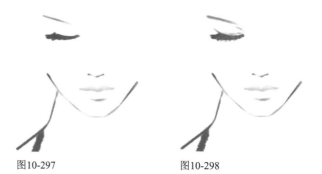

图10-297　　　　　　　图10-298

03 在"色板"中拾取紫红色作为前景色，如图10-299所示。将画笔工具 的大小设置为45像素，不透明度和流量均为100%，绘制头发，如图10-300所示。再拾取洋红作为前景色，调整画笔参数（不透明度30%，流量50%）继续绘制，如图10-301、图10-302所示。

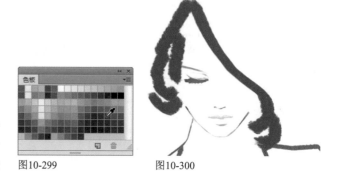

图10-299　　　　　　图10-300

图10-301　　　　　　图10-302

04 分别用橙黄色、黄色、青蓝色绘制头发，颜色淡一些，表现出水彩画的透明感，如图10-303所示。将画笔调小绘制细节，如图10-304所示。

图10-305

图10-303

图10-306

06 用同样方法涂抹出更多的发丝效果，如图10-307所示。绘制完成后，可按下Ctrl+E快捷键将发丝与人物图层合并在一起。

图10-304

05 新建一个图层。在头顶处点一个浅棕色的点，如图10-305所示。选择涂抹工具 ，在工具选项栏中设置大小为13像素，强度为80%，在色点上拖动鼠标，涂抹成一条发丝线，如图10-306所示。

图10-307

263

10.7.3 用"雕刻法"表现轮廓线

01 选择橡皮擦工具 ，在下拉列表中选择"半湿描油彩笔"，设置大小为50像素；将光标放在肩部轮廓线上，单击并拖动鼠标，将线条擦细，使线条更加富于变化，不足之处可用画笔工具 修补，如图10-308~图10-311所示。

图10-308

图10-309

图10-310

图10-311

02 用较细的笔尖绘制手套，也同样需要使用橡皮擦来修饰线条，去除棱角，使线条看起来更流畅，如图10-312所示。为人物皮肤着色，如图10-313所示，颜色不用涂满，可见笔触。再用青蓝色表现颈部和手臂的暗影，如图10-314所示。

图10-312

图10-313

图10-314

10.7.4 自定义画笔表现水彩笔触

01 打开光盘中的素材文件，如图10-315所示。

图10-315

02 执行"编辑>定义画笔预设"命令，在打开的对话框中将画笔命名为"水彩画笔"，如图10-316所示。关闭对话框。选择画笔工具 ，按下F5键打开"画笔"面板，选择自定义的画笔，设置大小为300像素，角度为-53°，如图10-317所示。

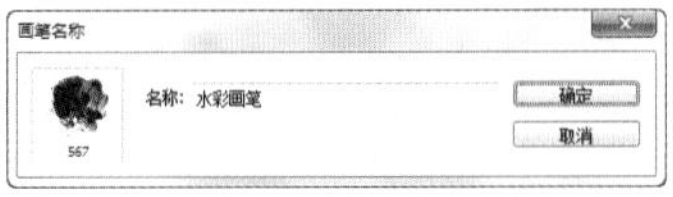

图10-316

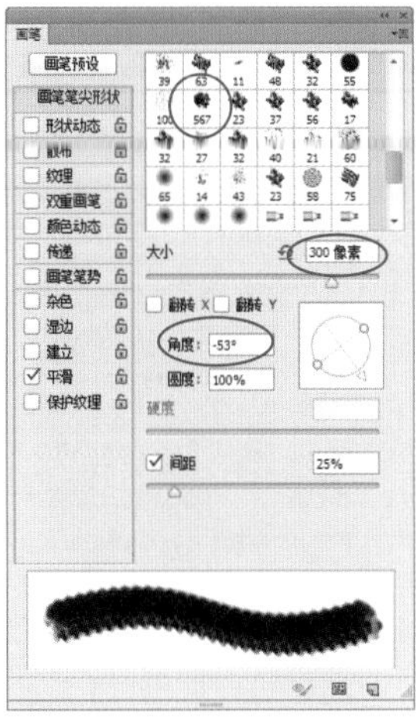

图10-317

03 在工具选项栏中调整不透明度及流量参数，如图10-318所示。在裙子上涂抹蓝紫色，铺设出主体色彩，同时在服装的亮度要留白，如图10-319、图10-320所示。

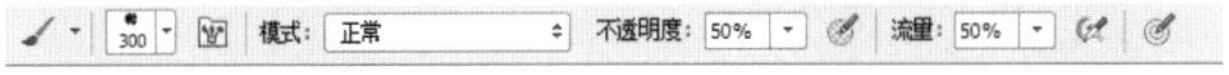

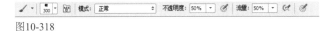

图10-318

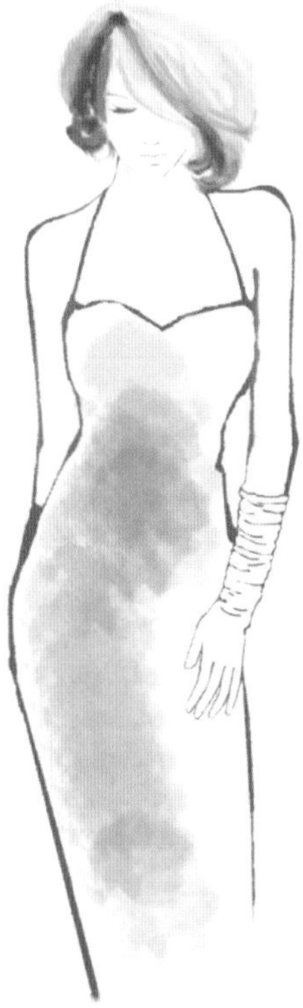

图10-319

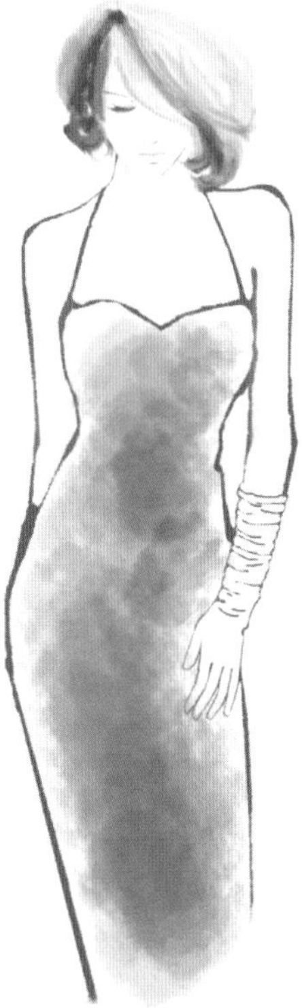

图10-320

04 在画笔下拉面板中选择“硬边圆”画笔，绘制裙摆部分，如图10-321所示。用“半湿描油彩笔”绘制大色块，如图10-322所示。

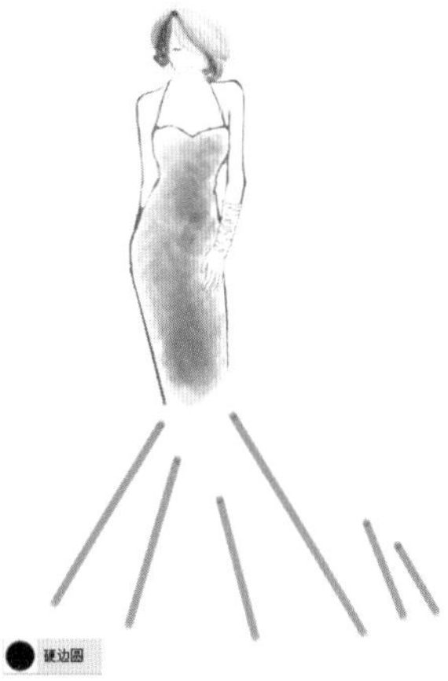

图10-321

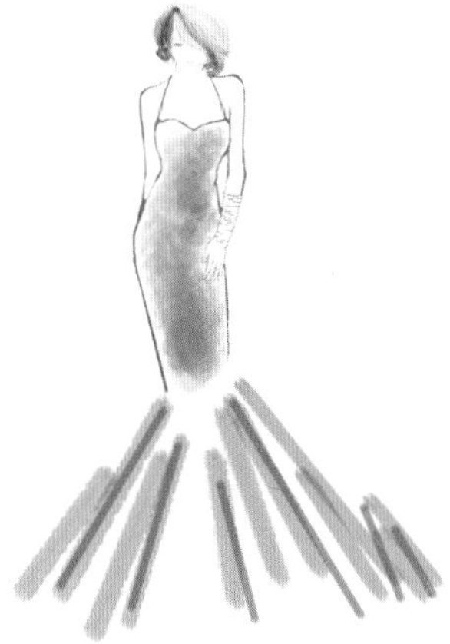

图10-322

05 再铺一些粉红色，如图10-323所示。选择橡皮擦工具（半湿描油彩笔，不透明度50%），擦除一些色块的颜色，使裙摆呈现纱质的轻薄透明特性，如图10-324所示。

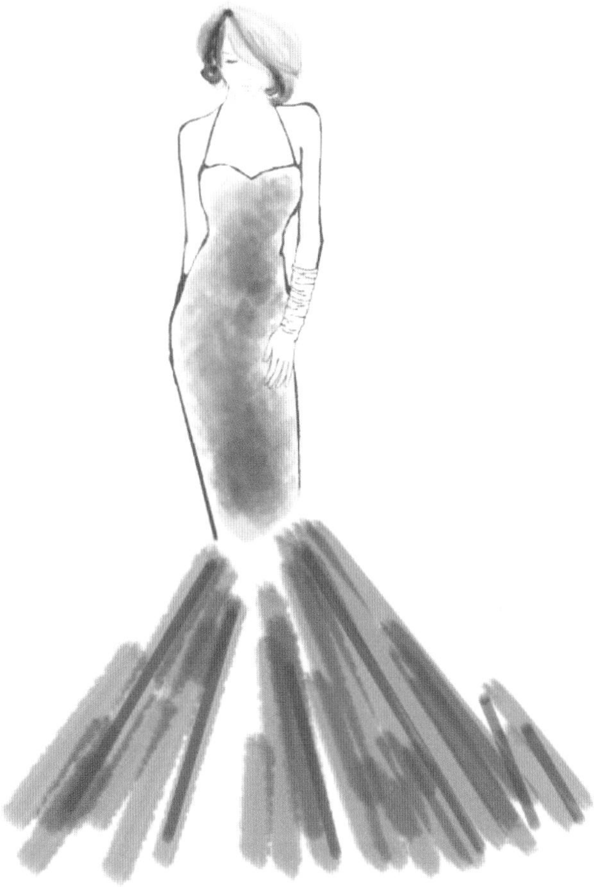

图10-323

图10-324

06 补一些颜色，提高高光，再表现出褶皱处的阴影，通过重复刻画表现层次和透叠效果，使裙摆有立体感，用橡皮擦工具 ✐ 修饰边缘，效果如图10-325所示。

图10-325

07 打开光盘中的素材文件，如图10-326所示。使用移动工具 ▸⊕ 将素材拖入服装效果图文档中，作为背景，如图10-327所示。

图10-326

图10-327

水粉画是介于油画和水彩画之间的画种，有其相对的灵活性和多样性。水粉是以水调和含胶的粉质颜料在纸上作画，颜料含比较多的粉，有很强的覆盖力，既可平涂，又可用不同的笔绘画，并能够在画面上反复的修改。作画时可大胆落笔，从容作画。

「面料、色彩搭配」

R: 0 G: 0 B: 0	R: 14 G: 48 B: 54
R: 60 G: 56 B: 56	R: 44 G: 46 B: 129
R: 88 G: 155 B: 206	R: 160 G: 160 B: 160

10.8 水粉效果运动装：画笔的灵活运用

●效果：光盘/实例效果/10.8

制作要点：
本实例主要使用画笔库中的"中号湿边油彩笔"绘制水粉效果，对画笔的原始参数进行修改，取消"湿边"选项的勾选，使画笔笔触更接近水粉效果。再调整画笔的大小、不透明度和流量进行绘制。

01 按下Ctrl+N快捷键，打开"新建"对话框，创建一个A4大小，分辨率为300像素/英寸，RGB模式的文件，新建一个图层，先用直线打轮廓，绘制人物的比例结构，如图10-328~图10-330所示，再用橡皮擦工具 🩹 将多余的线条擦除，如图10-331所示。

图10-328

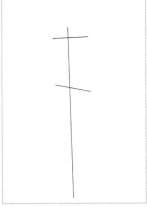

图10-329

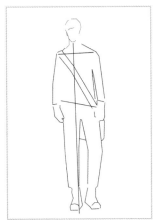

图10-330

图10-331

02 选择画笔工具 ✏，在画笔面板菜单中选择"湿介质画笔"，如图10-332所示，加载该画笔库，选择"中号湿边油彩笔"，如图10-333所示。

图10-332　　　　　　　　图10-333

03 按下F5键打开"画笔"面板，如图10-334所示，取消"湿边"选项的勾选，如图10-335所示。

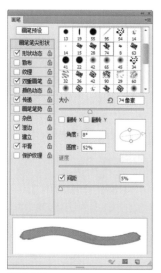 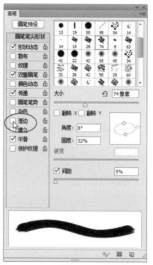

图10-334　　　　　　　　图10-335

04 在工具选项栏中设置流量为60%，如图10-336所示。绘制人物面部，如图10-337所示。按下]键将笔尖调大，以概括的方法绘制头发，使用橡皮擦工具 ✐ 将多余的线条擦除，如图10-338所示。

图10-336

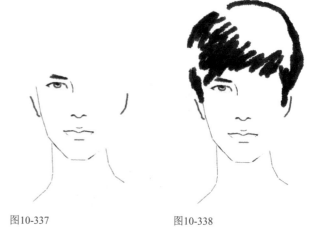

图10-337　　　　　　　　图10-338

05 绘制上衣，预留出包带的位置，如图10-339所示，将上衣涂成黑色，如图10-340所示。

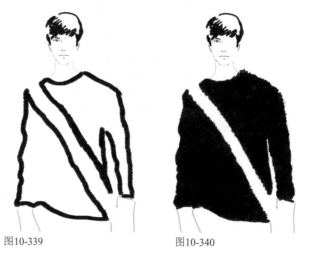

图10-339　　　　　　　　图10-340

06 将前景色设置为深绿色，如图10-341所示。绘制裤子，如图10-342所示。

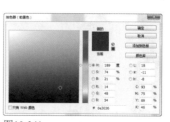

图10-341　　　　　　　　图10-342

07 将前景色设置为深灰色，如图10-343所示。新建一个图层，绘制包带，再用黑色绘制背包的其他部分，如图10-344所示。

图10-347

图10-348

10 设置画笔工具 🖌 的不透明度为30%，如图10-349所示。

图10-349

11 新建一个图层。在"色板"中拾取50%灰作为前景色，如图10-350所示。绘制服装的明度部分，裤子可用比原来填充的深绿色略浅一点的颜色绘制，手套也是如此，如图10-351~图10-353所示。

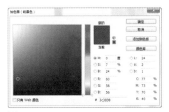

图10-343

图10-344

08 将前景色设置为深蓝色，如图10-345所示，按下[键将笔尖调小，绘制手套，如图10-346所示。

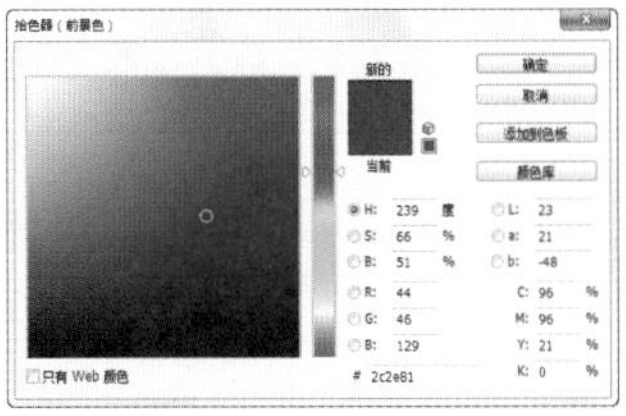

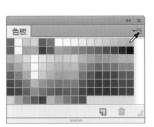

图10-350

图10-351

图10-345

图10-346

09 新建一个图层，绘制运动鞋及鞋带，如图10-347、图10-348所示。

图10-352

图10-353

⑫ 选择"背景"图层，如图10-354所示。将前景色设置为浅绿色，如图10-355所示。按下Alt+Delete键填充颜色，如图10-356所示。

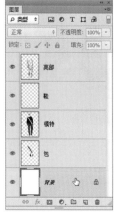

图10-354

图10-355

图10-356

⑬ 在"背景"图层上方新建一个图层。将前景色设置为皮肤色，如图10-357所示。用画笔工具 ✎ 在人物面部涂色，不要涂满，如图10-358所示，最终效果如图10-359所示。

图10-359

图10-357　　图10-358

✂ **提示**

单击"色板"面板中的 按钮，可以将当前设置的前景色保存到面板中。如果要删除一种颜色，可将它拖动到 按钮上。

Fashion

10.9 彩铅效果舞台服：用滤镜制作铅笔线条

●素材:光盘/素材/10.9 ●效果:光盘/实例效果/10.9

制作要点：

本实例主要使用画笔工具绘制模特，再对素材图片应用滤镜进行处理，作为服装面料的贴图使用。制作出模特整体效果后，使用"彩色铅笔"滤镜对图像进行处理，使画面初步具备手绘效果。再载入画笔素材，绘制出一排排的铅笔线条，使彩铅效果更加逼真。

10.9.1 绘制模特

01 按下Ctrl+N快捷键，打开"新建"对话框，创建一个A4大小，分辨率为300像素/英寸，RGB模式的文件。单击"图层"面板底部的 🔲 按钮，新建一个图层，命名为"模特"。

02 选择画笔工具 🖌 ，在工具选项栏中的画笔预设下拉面板中选择"平头湿水彩笔"，设置不透明度为10%，如图10-360所示，按下] 键将笔尖调大，在画面中涂抹出一个头部轮廓，如图10-361所示。

图10-360

图10-361

03 选择橡皮擦工具 🧽 ，设置硬度为50%，如图10-362所示，擦除轮廓的边缘，使这个轮廓变得更加具体，如图10-363所示。

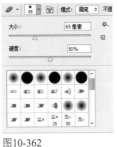

图10-362

图10-363

彩色铅笔与素描相似，但它可以产生颜色，在绘制时应注重几种颜色的结合使用，色与色之间的相互交叠形成多层次的混色效果，使画面色调既有变化又统一和谐。彩色铅笔可以与其他技法结合使用，产生多变的风格，但不适合表现浓重的色彩。

「面料、色彩搭配」

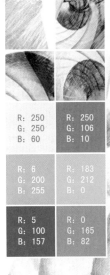

R: 250 G: 250 B: 60	R: 250 G: 106 B: 10
R: 6 G: 200 B: 255	R: 183 G: 212 B: 0
R: 5 G: 100 B: 157	R: 0 G: 165 B: 82

04 适当调整画笔的大小和不透明度，仔细绘制面部轮廓线，如图10-364~图10-366所示。

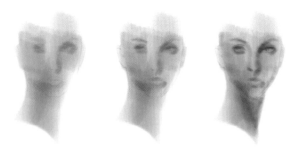

图10-364　　　　　　图10-365　　　　　　图10-366

05 按下X键，将前景色切换成白色，绘制头部的光照区域，如图10-367、图10-368所示。不断调整画笔的大小、不透明度和前景色，从概括到具体一步步深入，绘制出整个头部，如图10-369所示。

图10-367　　　　　　图10-368　　　　　　图10-369

06 采用同样的方法绘制出手和头发，如图10-370、图10-371所示。

图10-370　　　　　　　　图10-371

07 由于设置了画笔的不透明度，绘制出来的人物图像的一些区域是有透明度的，添加背景时就会透出来，所以

要对人物部分进行处理。选择多边形套索工具 ，在工具选项栏中设置羽化参数为1px，围绕人物轮廓建立选区，如图10-372所示。在"模特"图层下方创建一个图层，如图10-373所示。将前景色设置为白色，按下Alt+Delete快捷键填充前景色。按住Ctrl键加选"模特"图层，按下Ctrl+E 快捷键，合并这两个图层。

图10-372　　　　　　　　图10-373

10.9.2 制作图案

01 按住Alt+Ctrl键单击"图层"面板底部的 按钮，在"模特"图层下方新建一个名称为"衣服"的图层，如图10-374所示。使用多边形套索工具 （羽化1px）建立选区，如图10-375所示。

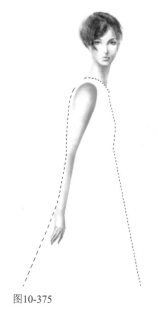

图10-374　　　　　　　　　图10-375

02 将前景色设置为黑色，按下Alt+Delete键填充前景色，如图10-376所示。打开光盘中的素材文件，这是一张JPG格式的图片，如图10-377所示。

图10-376　　　　图10-377

03 执行"滤镜>扭曲>极坐标"命令，对图像进行扭曲，如图10-378，图10-379所示。

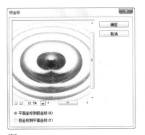

图10-378　　　　图10-379

04 按下Ctrl+J快捷键复制"背景"图层，如图10-380所示。按下Ctrl+F快捷键重复执行该滤镜，效果如图10-381所示。

图10-380　　　　图10-381

05 设置图层的混合模式为"线性加深"，如图10-382所示。按下Alt+Shift+Ctrl+E键盖印图层，得到一个新的图层，使用椭圆选框工具 ⬭ 选择中间的圆形部分，如图10-383所示。

图10-382　　　　图10-383

10.9.3 将图案贴到服装上

01 按下Ctrl键将选区内图形拖入当前文件，得到一个新的图层，重命名该图层为"图案"，如图10-384、图10-385所示。

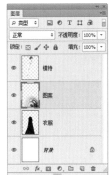

图10-384　　　　图10-385

02 按下Ctrl+T快捷键显示定界框，在工具选项栏中输入旋转角度为-90度，旋转图案，如图10-386所示，按下回车键确认变换。按下Ctrl+A快捷键全选，如图10-387所示，执行"图像>裁剪"命令，将位于窗口以外的图像裁掉。

图10-386　　　　图10-387

03 按下Shift+Ctrl+G键创建剪贴蒙版，使图案只在衣服部分显示，并适当调整图形的位置和大小，如图10-388、图10-389所示。

273

图10-388　　　　　　图10-389

04 按下Ctrl+J快捷键复制图层，再次按下Shift+Ctrl+G
键创建剪贴蒙版，如图10-390所示。按下Ctrl+T快捷键
显示定界框，自由变换图形，并放到适当的位置，如图
10-391所示。

图10-390　　　　　　图10-391

05 新建"裙子暗部"图层，如图10-392所示。按住Ctrl
键单击"衣服"图层的缩览图，载入选区，使用画笔工
具 （柔角，不透明度10%）绘制裙子暗部色，如图
10-393所示。

图10-392　　　　　　图10-393

06 单击"调整"面板中的 ▃▃▃ 按钮，创建"色阶"调整
图层，设置参数如图10-394所示，对裙子的色调进行调
整，如图10-395所示。

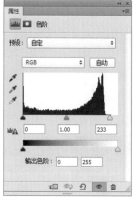

图10-394　　　　　　图10-395

07 新建一个名称为"手镯"的图层，使用画笔工具 ✎
（平头湿水彩笔，不透明度20%），绘制手镯效果，如
图10-396、图10-397所示。

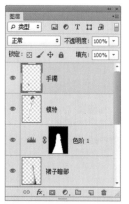

图10-396　　　　　　图10-397

08 按住Shift键单击"衣服"图层，选取除"背景"以
外的所有图层，如图10-398所示，按下Ctrl+E快捷键合
并，如图10-399所示。

图10-398　　　　　　图10-399

09 按下Ctrl+J快捷键复制图层，如图10-400所示，双击图层名称，为图层重新命名，如图10-401所示。

图10-400　　　　　图10-401

10 执行"滤镜>艺术效果>彩色铅笔"命令，使图像产生手绘效果，如图10-402所示。

图10-402

11 设置混合模式为"变亮"，不透明度为66%，如图10-403、图10-404所示。

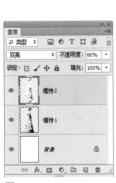

图10-403　　　　　图10-404

12 打开光盘中的素材，如图10-405所示。使用移动工具 ⊕ 将素材拖入服装效果图文档中，按下Shift+Ctrl+[键将素材移至底层，如图10-406所示。

图10-405　　　　　图10-406

10.9.4 用载入的画笔绘制线条

01 选择画笔工具 ✐，打开工具选项栏中的画笔下拉面板菜单，选择"载入画笔"命令，如图10-407所示，打开"载入"对话框，选择"光盘>素材"文件夹中的"素描画笔.abr"文件，如图10-408所示，加载该画笔库。

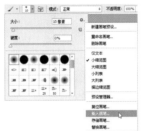 

图10-407　　　　　图10-408

02 按下F5快捷键打开"画笔"面板，选择"素描画笔6"，如图10-409所示。设置大小为110像素，角度为110度，间距为3%，如图10-410所示。

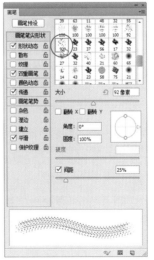 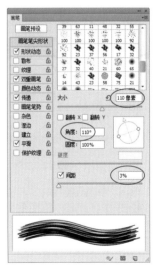

图10-409　　　　　图10-410

03 在工具选项栏中设置画笔的不透明度为30%，流量
为50%，如图10-411所示。

图10-411

04 选择"图层1"，按住Alt键单击 ◙ 按钮，添加一个
反相的蒙版，如图10-412所示。用画笔工具 ✐ 在画面
右侧绘制线条，像画素描一样排线，如图10-413所示。
增加线条的数量，排布在人物周围，图10-414所示为蒙
版效果，图10-415所示为图像效果。

图10-412

图10-413

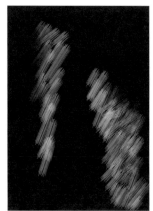

图10-414

图10-415

 提示

添加图层蒙版后，蒙版缩览图外侧有一个白色的边
框，它表示蒙版处于编辑状态，此时进行的所有操
作将应用于蒙版。如果要编辑图像，应单击图像缩
览图，将边框转移到图像上。

05 选择"模特1"图层，单击 ◙ 按钮，添加一个蒙
版，将画笔工具 ✐ 的不透明度设置为70%，在人物裙子
的边缘、衣领的灰色部分绘制线条，如图10-416、图
10-417所示。

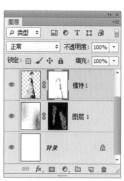

图10-416   图10-417

06 打开光盘中的素材文件，如图10-418所示。使用移
动工具 ▶ 将素材拖入服装效果图文档中，设置混合模式
为"叠加"，不透明度为60%，如图10-419所示。

图10-418   图10-419

07 单击"调整"面板中的 ▽ 按钮，创建"自然饱和
度"调整图层，调整参数，使图像的色彩更加鲜艳，如
图10-420、图10-421所示。

图10-420

图10-421

Fashion

10.10 晕染效果公主裙：画笔与图层样式的结合

●素材：光盘/素材/10.10 ●效果：光盘/实例效果/10.10

制作要点：
本实例主要使用钢笔工具绘制路径，用"硬边圆压力大小"画笔描边，使线条流畅并带有柔和的变化。表现晕染效果时使用了混合模式与图层样式，混合模式可以使颜色之间相互叠加、渗透。在实例中，图层样式起到了让颜色边缘呈现水渍痕迹的作用。

10.10.1 使用路径绘制线稿

01 按下Ctrl+N快捷键，打开"新建"对话框，创建一个A4大小，分辨率为300像素/英寸，RGB模式的文件。单击"路径"面板底部的 ▣ 按钮，新建一个路径层。选择钢笔工具 ✎，在工具选项栏中选择"路径"选项，绘制人物的面部，绘制头发时，应注意线条的排列要紧密、均匀，如图10-422~图10-424所示。

图10-422　　　　　图10-423　　　　　图10-424

02 使用路径选择工具 ▶ 在头发以外的区域按住鼠标，拖出一个矩形框，框选头发路径，按住Alt键向上拖动进行复制，如图10-425所示。按下Ctrl+T快捷键显示定界框，拖动定界框的一角将路径缩小，然后旋转，如图10-426所示，按下回车键确认。绘制另一侧头发，如图10-427所示。

图10-425　　　　　图10-426　　　　　图10-427

03 绘制头上束起的发髻时，可以先绘制一边，再通过复制、水平翻转的方法制作另一边，如图10-428所示。

晕染是从中国画和水彩画中汲取的一种绘画手法。将颜色扩散，使色彩逐渐变淡；染是指两种颜色的过渡。晕染法的主要特点是通过水的调和来柔和画面效果，营造柔美朦胧的意境，因此，这种技法的关键在于水的运用。

「面料、色彩搭配」

R: 237　R: 81
G: 246　G: 200
B: 228　B: 195

R: 0　　R: 0
G: 183　G: 104
B: 238　B: 183

R: 30　　R: 16
G: 65　　G: 9
B: 169　B: 100

图10-428

04 绘制身体部分，如图10-429所示。将前景色设置为浅灰色（R235、G235、B224），选择"背景"图层，按下Alt+Delete键填充前景色，如图10-430所示。

图10-429　　　　　　　　图10-430

10.10.2　用带有压力感的画笔描绘轮廓

01 选择画笔工具 ，在画笔下拉面板中选择"硬边圆"，设置大小为1像素，如图10-431所示。新建一个图层，命名为"轮廓"，将前景色设置为浅蓝色（R147、G192、B229），单击"路径"面板底部的 按钮，用画笔描边路径，效果如图10-432所示。

图10-431　　　　　　图10-432

02 再选择"硬边圆压力大小"画笔，设置大小为4像素，如图10-433所示。将前景色设置为黑色，再次单击 按钮描边路径，效果如图10-434所示。在"路径"面板空白处单击，隐藏路径。

图10-433　　　　　　　　图10-434

03 使用橡皮擦工具 擦掉眼睛和嘴唇的轮廓线，如图10-435所示。使用路径选择工具 按住Shift键选取所有组成眼睛和嘴唇的路径，如图10-436所示。单击 按钮用前景色填充路径，如图10-437所示。

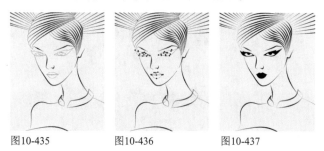

图10-435　　　　图10-436　　　　图10-437

10.10.3　表现晕染效果

01 选择画笔工具 ，在画笔下拉面板中选择"半湿描油彩笔"，如图10-438所示。新建一个图层用来绘制裙子。调整前景色（R255、G248、B56），在裙子边缘涂抹，如图10-439所示。

图10-438　　　　　　　　图10-439

02 设置该图层的混合模式为"正片叠底",不透明度为60%,如图10-440、图10-441所示。

图10-440　　　　　　　图10-441

03 双击该图层,打开"图层样式"对话框,在左侧列表中选择"内发光"效果,设置参数如图10-442所示,使颜色就像是被水冲淡了、逐渐地向外扩散,如图10-443所示。

图10-442　　　　　　　图10-443

04 新建一个图层,在裙子上涂抹蓝色(R0、G183、B238),如图10-444所示,设置该图层的混合模式为"正片叠底",不透明度为60%。按住Alt键拖动"图层1"的 *fx* 图标到"图层2",如图10-445所示,用这种方法复制"图层1"的效果,使新绘制的蓝色也具有晕染效果,如图10-446所示。

05 接下来的操作则与上面方法相同,只是采用了不同的颜色,混合模式也略有变化,新建一个图层,将前景色设置为深蓝色(R0、G104、B183),在裙子上着色,颜色范围可与蓝色略有重叠,但面积不宜太大,如图10-447所示。

图10-444　　　　　　　图10-445

图10-446　　　　　　　图10-447

06 设置该图层的混合模式为"颜色加深",不透明度为60%。再将"图层2"的效果复制给"图层3",如图10-448、图10-449所示。

图10-448　　　　　　　图10-449

07 新建一个图层。在靠近腰部的位置涂抹深黑蓝色(R16、G9、B100),如图10-450所示,设置该图层的混合模式为"颜色加深",不透明度为60%,将"图层3"的效果复制给该图层,如图10-451所示。

图10-450

图10-451

图10-456

图10-457

08 按住Ctrl键单击"图层4"的缩览图，如图10-452所示，载入选区，如图10-453所示。按住Ctrl+Shift键单击"图层3"的缩览图，将该层的图像也添加到选区内，如图10-454、图10-455所示。

10 设置该图层的混合模式为"强光"，不透明度为72%，复制"图层4"的效果到该图层，如图10-458、图10-459所示。

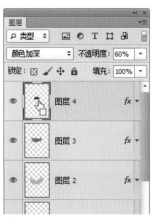

图10-452

图10-453

图10-458

图10-459

11 用画笔工具 ✐ 给上衣着色，如图10-460所示。同样，复制图层效果到该图层，如图10-461所示。

图10-454

图10-455

图10-460

图10-461

09 继续将"图层2"和"图层1"中的图像添加到选区内，如图10-456所示。选择渐变工具 ▭ ，按下工具选项栏中的径向渐变按钮 ◉ ，在选区内填充渐变，如图10-457所示。按下Ctrl+D快捷键取消选择。

12 用上面操作中的添加选区法，加载裙子的选区，单击"调整"面板中的 ▨ 按钮，基于选区创建曲线调整图层，将曲线向下调整，使裙子变暗，如图10-462、图10-463所示。按下Ctrl+D快捷键取消选择。

图10-462　　　　　　图10-463

⓭ 选择"轮廓"图层，单击 ▦ 按钮锁定透明像素，如图10-464所示。用蓝色涂抹裙子的轮廓线，如图10-465所示。

图10-464　　　　　　图10-465

⓮ 将前景色设置为浅绿色（R81、G200、B195）。新建一个图层，用画笔工具 ✐ （半湿描油彩笔，不透明度80%）绘制鞋子，一笔带过即可，如图10-466所示。用橡皮擦工具 ✐ （不透明度30%）将鞋尖与鞋跟的颜色擦得浅一些，如图10-467所示。

图10-466　　　　　　图10-467

⓯ 用"柔边圆"画笔给头发涂黑色，颜色不要涂满，要有虚实变化，设置图层的不透明度为69%，如图10-468、图10-469所示。

图10-468　　　　　　图10-469

⓰ 在"轮廓"图层下方新建一个图层，设置不透明度为60%，如图10-470所示。在皮肤部分涂白色，颜色涂在高光位置，不要涂满，如图10-471所示。

图10-470　　　　　　图10-471

 提示

新建的图层会位于原来所选图层的上方，并且自动成为当前图层。如果要在当前图层的下方新建图层，可以按住Ctrl键单击 ◫ 按钮。但"背景"图层下面不能创建图层。选择一个图层以后，按下Alt+]快捷键，可以将当前图层切换为与之相邻的上一个图层；按下Alt+ [快捷键，则可将当前图层切换为与之相邻的下一个图层。

10.10.4 制作领口的蝴蝶装饰

01 在服装效果图中，细节的装饰能够丰富画面，起到画龙点睛的作用。打开光盘中的素材文件，如图10-472所示，在"图层"面板中可以看到，素材蝴蝶以形状图层的形式存在，如图10-473所示，该图无论放大或缩小多少倍率都不会失真。

图10-472

图10-473

02 将蝴蝶拖入服装效果图文档中。按下Ctrl+T快捷键显示"定界框"，调整大小并旋转，如图10-474所示，单击鼠标右键，在打开的快捷菜单中选择"变形"命令，显示变形网格，如图10-475所示。拖动锚点扭曲图案，使图案符合身体的角度，如图10-476所示，按下回车键确认，效果如图10-477所示。

图10-474

图10-475

图10-476

图10-477

03 打开光盘中的素材文件，如图10-478所示。使用移动工具 ▶⊕ 将素材拖入服装效果图文档中，按下Shift+Ctrl+[键将其移至底层，设置图层混合模式为"线性减淡"，如图10-479、图10-480所示。

图10-478

图10-479

图10-480

拓印是指将棉花、海绵、布等材料加工成一定形状，蘸上颜料之后作用于画面，可形成一定的肌理效果。

「面料、色彩搭配」

R: 250 G: 250 B: 60	R: 142 G: 195 B: 30

R: 235 G: 103 B: 161

Fashion

10.11 拓印效果：双重画笔的使用

●素材：光盘/素材/10.11 　●效果：光盘/实例效果/10.11

制作要点：
本实例主要使用自定形状工具绘制手的图形，再将其创建为画笔。通过设置画笔工具的"形状动态"、"散布"、"双重画笔"和"颜色动态"等选项参数的调节，可以使原本简单的笔刷呈现出丰富的表现效果，绘制出有拓印感觉的笔触。

01 打开光盘中的素材文件，如图10-481所示，图中的裙子采用白描的手法，通过线条表现服装的褶皱关系。在"图层"面板中，模特身体和裙子分别位于两个单独的图层中，如图10-482所示。

图10-481　　　　　　　　图10-482

02 按下Ctrl+N快捷键打开"新建"对话框，创建一个430像素×485像素，分辨率为300像素/英寸，RGB模式的文件，如图10-483所示。选择自定形状工具 🔨，在形状下拉面板中选择"左手"形状，如图10-484所示。

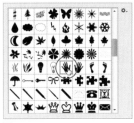

图10-483　　　　　　　　图10-484

03 单击"图层"面板底部的 🔲 按钮，新建一个图层，按住Shift键绘制左手，如图10-485、图10-486所示。

图10-485　　　　　图10-486

04 执行"编辑>定义画笔预设"命令，将图形定义为画笔，如图10-487所示。

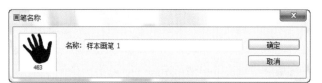

图10-487

✂ **提示**

自定义画笔时所用的图形应为黑色，如果使用了彩色图形，那么定义画笔后，将绘制出具有透明效果的笔触，即使画笔工具的不透明度已经设置为100%，也会如此。

05 单击"图层"面板底部的 🔲 按钮，新建一个图层，位于"裙子"上方，如图10-488所示。选择画笔工具 ✏，按下F5键打开"画笔"面板，选择"样本画笔1"，设置大小为480像素，间距为106%，如图10-489所示。

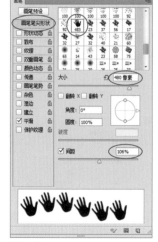

图10-488　　　　　图10-489

06 勾选"形状动态"选项，设置"大小抖动"和"角度抖动"参数，如图10-490所示。勾选"散布"选项，设置"散布"和"数量"参数，如图10-491所示。

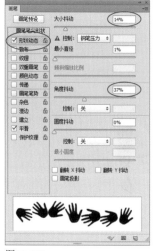

图10-490　　　　　图10-491

07 勾选"双重画笔"选项，选择60像素的笔尖，设置模式为"正片叠底"，其他参数设置如图10-492所示。勾选"颜色动态"选项，参数设置如图10-493所示。

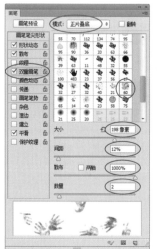
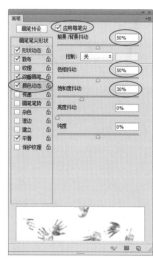

图10-492　　　　　图10-493

✂ **提示**

"双重画笔"是指让描绘的线条中呈现出两种画笔效果。要使用双重画笔，首先要在"画笔笔尖形状"选项设置主笔尖，然后再从"双重画笔"部分中选择另一个笔尖。

08 将前景色设置为黄色，背景色设置为豆绿色，如图10-494所示。用画笔工具 在裙子上绘制图案，如图10-495所示。

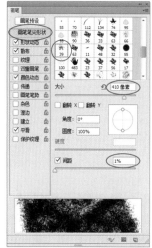

图10-494　　　　图10-495

10 选择"背景"图层，如图10-498所示。选择"干画笔"，笔尖大小设置为410像素，间距设置为1%，如图10-499所示。

图10-498　　　　图10-499

09 按下Alt+Ctrl+G键创建剪贴蒙版，将该图层与它下面的图层创建为一个剪贴蒙版组，裙子以外的图案就被隐藏起来了，如图10-496、图10-497所示。

11 在画笔工具选项栏中设置不透明度为50%，流量为20%，如图10-500所示。

图10-500

12 将前景色设置为粉色，背景色为黄色，如图10-501所示。在画面右侧绘制呈现喷溅质感的笔触，如图10-502所示。

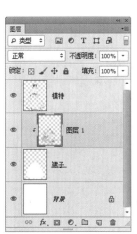

图10-496　　　　图10-497

提示

选择"图层1"，执行"图层>释放剪贴蒙版"命令，可以从剪贴蒙版中释放出该图层，在"图层"面板中，将光标放在分隔两个图层的线上，按住Alt键（光标为↓▢状），单击即可创建剪贴蒙版；按住Alt键（光标为↘▢状）再次单击则可释放剪贴蒙版。剪贴蒙版可以应用于多个图层，但有一个前提，就是这些图层必须上下相邻。

图10-501　　　　图10-502

附录

CONTRAST

Welcome a punch of
black-and-white graphics to
your wardrobe for spring.

Photographed by CHRIS NICHOLLS
Styled by ZEINA ESMAIL

Photoshop常用工具及面板

Fashion

Photoshop全部工具及工具用法、分类和快捷键

工具名称	工具用途	工具种类	快捷键
▸⊕ 移动	移动图层、选中的图像和参考线，按住Alt键拖动图像还可以进行复制		V
▢ 矩形选框	创建矩形选区，按住Shift键操作可创建正方形选区		M
○ 椭圆选框	创建椭圆选区，按住Shift键操作可创建圆形选区		
═══ 单行选框	创建高度为1像素的矩形选区		
▯ 单列选框	创建宽度为1像素的矩形选区	选择类	
○ 套索	徒手绘制选区		L
▽ 多边形套索	创建边界为多边形（直边）的选区		
▷ 磁性套索	自动识别对象的边界，并围绕边界创建选区		
◁ 快速选择	使用可调整的圆形画笔笔尖快速"绘制"选区		W
✦ 魔棒	在图像中单击，可选择与单击点颜色和色调相近的区域		
▯ 裁剪	裁剪图像		C
▦ 透视裁剪	在裁剪图像时应用透视扭曲，校正出现透视畸变的照片	裁剪和切片类	
✐ 切片	创建切片，以便对Web页面布局、对图像进行压缩		
✐ 切片选择	选择切片，调整切片的大小		
✎ 吸管	在图像上单击，可拾取颜色并设置为前景色（按住Alt键操作，可拾取为背景色）	测量类	
✎ 3D材质吸管	在3D模型上对材质进行取样	3D类	
✎ 颜色取样器	在图像上放置取样点，"信息"面板中会显示取样点的精确颜色值		I
▭ 标尺	测量距离、位置和角度	测量类	
▤ 注释	为图像添加文字注释		
1₂³ 计数	统计图像中对象的个数（仅限Photoshop扩展版，即Photoshop Extended）		
✐ 污点修复画笔	除去照片中的污点、划痕，以及图像中多余的内容		J
✐ 修复画笔	利用样本或图案修复图像中不理想的部分，修复效果真实、自然		
✦ 修补	利用样本或图案修复所选图像中不理想的部分（需要用选区限定修补范围）	修饰类	
✕ 内容感知移动	将图像移动或扩展到其他区域时，可以重组和混合对象，产生出色的视觉效果		
✛◉ 红眼	修复由闪光灯导致的红色反光，即人像照片中的红眼现象		
✏ 画笔	绘制线条，还可以更换笔尖，用于绘画和修改蒙版		B
✏ 铅笔	绘制硬边线条，类似于传统的铅笔		
✦ 颜色替换	以将选定颜色替换为新颜色	绘画类	
✎ 混合器画笔	模拟真实的绘画技术（例如混合画布颜色和使用不同的绘画湿度）		
▮ 仿制图章	从图像中拷贝信息，并利用图像的样本来绘画	修饰类	S
▮ 图案图章	使用Photoshop提供的图案，或者图像的一部分作为图案来绘画		
✐ 历史记录画笔	将选定状态或快照的副本绘制到当前图像窗口中，需要配合"历史记录"面板使用	绘画类	Y
✐ 历史记录艺术画笔	使用选定状态或快照，采用模拟不同绘画风格的风格化描边进行绘画		

工具名称	工具用途	工具种类	快捷键
橡皮擦	擦除像素	修饰类	E
背景橡皮擦	自动采集画笔中心的色样，删除在画笔范围内出现的这种颜色		
魔术橡皮擦	只需单击一次即可以将纯色区域擦抹为透明区域		
渐变	创建直线形、放射形、斜角形、反射形和菱形的颜色混合效果	绘画类	G
油漆桶	使用前景色或图案填充颜色相近的区域		
3D材质拖放	将材质应用到3D模型上	3D类	
模糊	对图像中的硬边缘进行模糊处理，减少图像细节，效果类似于"模糊"滤镜		
锐化	锐化图像中的柔边，增强相邻像素的对比度，使图像看上去更加清晰		
涂抹	涂抹图像中的像素，创建类似于手指拖过湿油漆时的效果		
减淡	使涂抹的区域变亮，常用于处理照片的曝光		O
加深	使涂抹的区域变暗，常用于处理照片的曝光		
海绵	修改涂抹区域的颜色的饱和度，增加或降低饱和度取决于工具的"模式"选项		
钢笔	绘制边缘平滑的路径，常用于描摹对象的轮廓，再将路径转换为选区从而选中对象		P
自由钢笔	徒手绘制路径，使用方法与套索工具相似		
添加锚点	在路径上添加锚点		
删除锚点	删除路径上的锚点		
转换点	在平滑点上单击，可将其转换为角点；在角点上单击并拖动，可将其转换为平滑点		
横排文字	创建横排点文字、路径文字和区域文字	绘图和文字类	T
直排文字	创建直排点文字、路径文字和区域文字		
横排文字蒙版	沿横排方向创建文字形状的选区		
直排文字蒙版	沿直排方向创建文字形状的选区		
路径选择	选择和移动路径		A
直接选择	选择锚点和路径段，移动锚点和方向线，修改路径的形状		
矩形	在正常图层（像素）或形状图层中创建矩形（矢量），按住Shift键操作可创建正方形		U
圆角矩形	在正常图层（像素）或形状图层中创建圆角矩形（矢量）		
椭圆	在正常图层（像素）或形状图层中创建椭圆（矢量），按住Shift键操作可创建圆形		
多边形	在正常图层（像素）或形状图层中创建多边形和星形（矢量）		
直线	在正常图层（像素）或形状图层中创建直线（矢量），以及带有箭头的直线		
自定形状	创建从自定形状列表中选择的自定形状，也可以使用外部的形状库		
抓手	在文档窗口内移动图像，按住Ctrl键/Alt键单击还可以放大/缩小窗口	导航类	H
旋转视图	在不破坏原图像的情况下旋转画布，就像是在纸上绘画一样方便		R
缩放	单击可放大窗口的显示比例，按住Alt操作可缩小显示比例		Z
默认前景色和背景色	单击它可以恢复为默认的前景色（黑色）和背景色（白色）		D
切换前景色和背景色	单击它可以切换前景色和背景色的颜色		X
设置前景色	单击它可以打开"拾色器"设置前景色		
设置背景色	单击它可以打开"拾色器"设置背景色		
以快速蒙版模式编辑	切换到快速蒙版模式下编辑选区		Q
屏幕模式	切换屏幕模式，隐藏菜单、工具箱和面板		F

Photoshop全部面板

Kuler面板：可以从网上下载由在线设计人员社区创建的数千个颜色组

画笔面板：可以为绘画工具（画笔、铅笔等），以及修饰工具（涂抹、加深、减淡等）提供各种笔尖

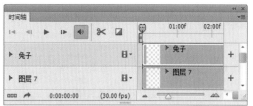

时间轴面板：可以编辑视频，制作基于图层的GIF动画

测量记录面板：可保存测量记录，计算高度、宽度、面积和周长

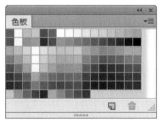

色板面板：显示了Photoshop预设的122种颜色，可设置前景色和背景色

信息面板：可以显示颜色值、文档的状态、当前工具的使用提示等有用信息

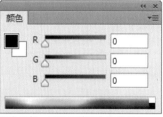

颜色面板：可设置前景色和背景色。既可以通过移动滑块来实时混合颜色，也可以输入数值来精确定义颜色

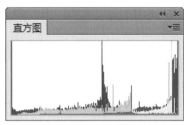

直方图面板：用图形表示了图像的每个亮度级别的像素数量，展现了像素的分布情况

工具预设面板：可存储工具的各项设置预设、编辑和创建工具预设库

调整面板：可以创建调整图层

注释面板：可保存图像中添加的文字注释

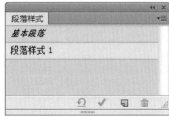

段落样式面板：可保存字符和段落格式属性，并将其应用于一个或多个段落

字符样式面板：可保存文字样式，如字体、大小、颜色等

3D面板：显示了3D场景、网格、材质和光源

属性面板：与调整图层、图层蒙版、矢量蒙版、形状图层和3D功能有关

导航器面板：可调整文档窗口的缩放比例、画面中心的显示位置

历史记录面板：可保存操作记录，恢复图像

路径面板：用来保存和管理路径，显示当前路径和矢量蒙版

图层复合面板：可以保存图层面板中的图层状态

动作面板：用于创建、播放、修改和删除动作

图层面板：可创建、编辑和管理图层，为图层添加样式

字符面板：可设置字符的各种属性，如字体、大小、颜色等

仿制源面板：仿制图章工具和修复画笔工具的专用面板

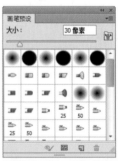

画笔预设面板：提供了预设的笔尖和简单的调整选项

段落面板：用来设置文本的段落属性，如段落的对齐、缩进和行的间距

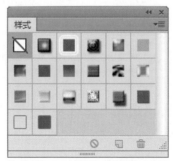

样式面板：可以为图层中的图像内容添加诸如投影、发光、浮雕、描边效果

通道面板：用来保存图像内容、色彩信息和选区

Photoshop CS6画笔库效果大全

画笔库菜单

- 混合画笔
- 基本画笔
- 书法画笔
- DP 画笔
- 带阴影的画笔
- 干介质画笔
- 人造材质画笔
- M 画笔
- 自然画笔 2
- 自然画笔
- 大小可调的圆形画笔
- 特殊效果画笔
- 方头画笔
- 粗画笔
- 湿介质画笔

书法画笔

编号	名称
7	扁平 7 像素
10	扁平 10 像素
15	扁平 15 像素
20	扁平 20 像素
28	扁平 28 像素
35	扁平 35 像素
45	扁平 45 像素
60	扁平 60 像素
7	椭圆 7 像素
10	椭圆 10 像素
15	椭圆 15 像素
20	椭圆 20 像素
28	椭圆 28 像素
35	椭圆 35 像素
45	椭圆 45 像素
60	椭圆 60 像素
	平钝形硬
	平角短中等硬

DP画笔

编号	名称
504	DP 旋绕纹
488	DP 轮廓 1
495	DP 轮廓 2
486	DP 花纹
461	DP 裂纹
486	DP 星纹

混合画笔

编号	名称
18	圆形 1
30	圆形 2
35	圆形 3
59	圆形 4
32	同心圆
25	交叉排线 1
14	交叉排线 2
15	交叉排线 3
48	交叉排线 4
23	虚线圈 1
41	虚线圈 2
47	虚线圈 3
10	菱形
27	装饰 1
26	装饰 2
41	装饰 3
38	装饰 4
23	装饰 5
21	装饰 6
15	装饰 7
11	装饰 8
20	雪花
10	星形 - 小
19	星形 - 大
50	星爆 - 小
49	星爆 - 大
28	纹理 1
28	纹理 2
54	纹理 3
28	纹理 4
36	纹理 5
32	纹理 6
9	三角形
11	三角形 - 圆点

基本画笔

编号	名称
1	硬边机械 1 像素
2	硬边机械 2 像素
3	硬边机械 3 像素
4	硬边机械 4 像素
5	硬边机械 5 像素
6	硬边机械 6 像素
7	硬边机械 7 像素
9	硬边机械 9 像素
12	硬边机械 12 像素
13	硬边机械 13 像素
16	硬边机械 16 像素
18	硬边机械 18 像素
19	硬边机械 19 像素
24	硬边机械 24 像素
28	硬边机械 28 像素
32	硬边机械 32 像素
36	硬边机械 36 像素
38	硬边机械 38 像素
48	硬边机械 48 像素
60	硬边机械 60 像素
1	柔边机械 1 像素
2	柔边机械 2 像素
3	柔边机械 3 像素
4	柔边机械 4 像素
5	柔边机械 5 像素
7	柔边机械 7 像素
9	柔边机械 9 像素
12	柔边机械 12 像素
13	柔边机械 13 像素
14	柔边机械 14 像素
16	柔边机械 16 像素
17	柔边机械 17 像素
18	柔边机械 18 像素
21	柔边机械 21 像素
24	柔边机械 24 像素
28	柔边机械 28 像素
35	柔边机械 35 像素
45	柔边机械 45 像素
48	柔边机械 48 像素
60	柔边机械 60 像素
65	柔边机械 65 像素
100	柔边机械 100 像素
300	柔边机械 300 像素
500	柔边机械 500 像素

带阴影的画笔

编号	名称	
1	投影圆形 1 像素	
3	投影圆形 3 像素	
5	投影圆形 5 像素	
9	投影圆形 9 像素	
13	投影圆形 13 像素	
19	投影圆形 19 像素	
8	投影方形 8 像素	
11	投影方形 11 像素	
13	投影方形 13 像素	
15	投影方形 15 像素	
19	投影方形 19 像素	
21	投影方形 21 像素	
24	投影方形 24 像素	
25	投影方形 25 像素	
32	投影方形 32 像素	
34	投影方形 34 像素	
40	投影方形 40 像素	
43	投影方形 43 像素	
52	投影方形 52 像素	
58	投影方形 58 像素	

人造材质画笔

编号	名称	
25	网格 - 小	
60	网格 - 中	
119	网格 - 大	
40	塑料折痕 - 暗 40 像素	
90	塑料折痕 - 暗 90 像素	
40	塑料折痕 - 高 40 像素	
90	塑料折痕 - 高 90 像素	
20	布团 - 棉 20 像素	
60	布团 - 棉 60 像素	
120	布团 - 棉 120 像素	
20	布团 - 绒 20 像素	
60	布团 - 绒 60 像素	
120	布团 - 绒 120 像素	
110	海绵 1	
90	海绵 2	
65	蜡质海绵 - 干	
65	蜡质海绵 - 旋转	
65	蜡质海绵 - 湿	
100	纹理梳痕 1	
95	纹理梳痕 2	
75	纹理梳痕 3	
75	脉纹羽毛 1	
50	脉纹羽毛 2	

M画笔

编号	名称	
20	交叉底纹手势	
42	大号模糊手势工具 #1	
39	干画笔 1 #1	
27	粉笔刷	
27	方形炭笔	
45	紧密交叉底纹	
35	交叉底纹	
54	磨砂玻璃	
45	松散模糊的镜	
45	紧密模糊的镜	
36	水洗且出血	
35	粗纹理上的油墨	
35	花岗岩	
35	同心圆链	
46	零乱网格	
36	倾斜的彩色树叶	
46	毛状带浅纹理	
44	松散交叉底纹	
55	粗糙水洗	
95	方向可变的粗糙梳痕	
45	石子	
37	蛇皮	
36	软纹理	
65	粗糙石墨笔	
65	画笔 4	
45	轻微出血	
55	粗糙炭笔	
54	烟灰墨 2	
60	柏油	
65	零乱三角形	
50	翻滚行星	
50	模糊	
45	湿扩散	
35	X 底纹	
65	零乱锯齿	
35	大小可调的粗糙油墨笔	
39	干画笔 1 #2	
9	硬边圆 9 #1	
95	粗糙梳痕 #1	
50	柔边圆 50 #1	
18	柔边圆 18 #1	
9	铅笔	
9	铅笔 2	
12	柔边圆 12 #1	
5	硬边圆 5 #1	
10	硬边圆 10 #1	
36	软油彩蜡笔	
60	大号软蜡笔	
20	重抹蜡笔	
5	硬炭笔边	
6	凹凸表面炭精铅笔	

干介质画笔

编号	名称	
	平钝形带纹理	
	圆廓形带纹理	
	平点无间距散布	
63	炭纸蜡笔	
19	粗纹理蜡笔	
2	2 号铅笔	
36	软油彩蜡笔	
60	大号软蜡笔	
10	大号深描石墨笔	
	蜡笔	
	4H 硬铅笔	
5	木炭铅笔	
5	炭精铅笔	
3	石墨铅笔	
6	石蜡铅笔	
9	永久记号笔	
32	中头永久记号笔	
6	炭阁纸	
28	扁平炭笔	
20	重抹蜡笔	
5	硬炭笔边	
6	凹凸表面炭精铅笔	
8	小号炭纸蜡笔	
29	中头蜡笔	

自然画笔

编号	名称	
12	点刻 12 像素	
19	点刻 19 像素	
21	点刻 21 像素	
29	点刻 29 像素	
43	点刻 43 像素	
54	点刻 54 像素	
12	点刻密集 12 像素	
21	点刻密集 21 像素	
26	点刻密集 26 像素	
33	点刻密集 33 像素	
46	点刻密集 46 像素	
56	点刻密集 56 像素	
14	炭笔 14 像素	
21	炭笔 21 像素	
24	炭笔 24 像素	
34	炭笔 34 像素	
41	炭笔 41 像素	
59	炭笔 59 像素	
14	喷色 14 像素	
26	喷色 26 像素	
33	喷色 33 像素	
41	喷色 41 像素	
56	喷色 56 像素	
68	喷色 68 像素	

自然画笔2

编号	名称
50	粉笔-暗
50	粉笔-亮
20	干画笔 20 像素
60	干画笔 60 像素
118	蜡笔暗 118 像素
64	蜡笔暗 64 像素
20	蜡笔暗 20 像素
118	蜡笔亮 118 像素
64	蜡笔亮 64 像素
20	蜡笔亮 20 像素
25	铅笔-粗
9	铅笔-细
20	旋绕画笔 20 像素
60	旋绕画笔 60 像素
49	水彩1
50	水彩2
41	水彩3
50	水彩4
20	湿画笔 20 像素
60	湿画笔 60 像素

大小可调的圆形画笔

编号	名称
1	硬边圆 1 像素
3	硬边圆 3 像素
5	硬边圆 5 像素
9	硬边圆 9 像素
13	硬边圆 13 像素
19	硬边圆 19 像素
5	柔边圆 5 像素
9	柔边圆 9 像素
13	柔边圆 13 像素
17	柔边圆 17 像素
21	柔边圆 21 像素
27	柔边圆 27 像素
35	柔边圆 35 像素
45	柔边圆 45 像素
65	柔边圆 65 像素
100	柔边圆 100 像素
200	柔边圆 200 像素
300	柔边圆 300 像素
9	喷枪硬边圆 9
13	喷枪硬边圆 13
19	喷枪钢笔不透明描画
17	喷枪柔边圆 17
45	喷枪柔边圆 45
65	喷枪柔边圆 65
100	喷枪柔边圆 100
200	喷枪柔边圆 200
300	喷枪柔边圆 300

特殊效果画笔

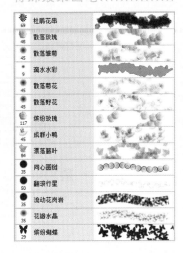

编号	名称
69	杜鹃花串
48	散落玫瑰
45	散落雏菊
45	滴水水彩
45	散落菊花
45	散落野花
117	缤纷玫瑰
45	成群小鸭
84	漂落藤叶
35	同心圆链
50	翻滚行星
35	流动花岗岩
35	花瓣水晶
29	缤纷蝴蝶

方头画笔

编号	名称
1	硬边方形 1 像素
2	硬边方形 2 像素
3	硬边方形 3 像素
4	硬边方形 4 像素
5	硬边方形 5 像素
6	硬边方形 6 像素
7	硬边方形 7 像素
8	硬边方形 8 像素
9	硬边方形 9 像素
10	硬边方形 10 像素
11	硬边方形 11 像素
12	硬边方形 12 像素
14	硬边方形 14 像素
16	硬边方形 16 像素
18	硬边方形 18 像素
20	硬边方形 20 像素
22	硬边方形 22 像素
24	硬边方形 24 像素

粗画笔

编号	名称
111	扁平硬毛刷
111	粗边扁平硬毛刷
100	圆形硬毛刷
104	超平滑圆形硬毛刷
104	粗边圆形硬毛刷

湿介质画笔

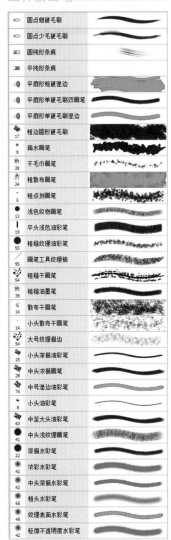

编号	名称
5	圆点细硬毛刷
5	圆点少毛硬毛刷
	圆钝形条痕
	平钝形条痕
	平扁形粗硬湿边
	平扁形单硬毛刷双画笔
	平扁形单硬毛刷湿边
17	粗边圆形硬毛刷
9	滴水画笔
39	干毛巾画笔
24	粗散布画笔
5	粗点刻画笔
13	浅色织物画笔
19	平头浅色油彩笔
55	粗糙纹理油彩笔
95	画笔工具纹理梳
54	粗糙干画笔
39	粗糙油墨笔
14	散布干画笔
14	小头散布干画笔
54	大号纹理描边
15	小头深描油彩笔
28	中头浓描画笔
74	中头湿边油彩笔
8	小头油彩笔
63	中至大头油彩笔
41	中头浅纹理画笔
42	深描水彩笔
42	浓彩水彩笔
42	中头深描水彩笔
65	粗头水彩笔
45	纹理表面水彩笔
42	轻微不透明度水彩笔

Photoshop CS6图案库效果大全

图案库菜单...........

- 艺术表面
- 艺术家画笔画布
- 彩色纸
- 侵蚀纹理
- 灰度纸
- 自然图案
- 图案 2
- 图案
- 岩石图案
- 填充纹理 2
- 填充纹理

艺术表面...........

- 深色粗织物
- 石头
- 粗麻布
- 贝伯轻薄缎面织物
- 加厚画布
- 粗织物
- 花岗岩
- 纱布
- 厚织物
- 羊皮纸
- 画布
- 褪色水彩纸
- 水彩画
- 浅色油彩蜡笔画
- 浅色硬炭笔画
- 炭纸蜡笔画
- 素描板蜡笔画
- 画布毛笔画
- 描图纸蜡笔画
- 浅色水粉水彩画
- 画布油彩蜡笔画

艺术家画笔画布......

- 意大利画布
- 生亚麻
- 黄麻
- #10 特厚
- 洋基画布
- 上底色亚麻

侵蚀纹理...........

- 野地
- 水平排列
- 垂直排列
- 蜡纸
- 冷压
- 微粒
- 卵石板
- 砂纸

灰度纸...........

- 黑色编织纸
- 木炭斑纹纸
- 绉纹纸
- 深灰斑纹纸
- 纤维纸 1
- 纤维纸 2
- 灰色花岗岩花纹纸
- 自制纸
- 牛皮纸
- 牛皮格子纸
- 横格纹
- 亚麻纸
- 大理石花纹纸
- 斑纹光亮纸
- 卵石纹纸
- 信纸
- 纹理纸

彩色纸...........

- 水绿色纸
- 浅褐色白桦纸
- 蓝色绉纹纸
- 蓝底黄斑纸
- 蓝底斑点纸
- 蓝色纹理纸
- 蓝色犊皮纸
- 浅黄软牛皮纸
- 金色光亮纸
- 金色羊皮纸
- 金色犊皮纸
- 坐标纸
- 灰色犊皮纸
- 墨绿色纸
- 绿色纤维纸
- 牛皮纸
- 牛皮格子纸
- 树叶图案纸
- 亚麻编织纸
- 大理石花纹纸
- 黑色光亮纸
- 斑纹光亮纸
- 笔记本纸
- 桃色卵石纹纸
- 粉色纹理纸
- 粉底斑纹纸
- 红色纹理纸
- 红色犊皮纸
- 描图纸
- 白色竖条纹纸
- 白色斜条纹纸
- 白色信纸
- 白色纹理纸
- 白色木质纤维纸
- 黄格纸

自然图案...........

- 蓝色雏菊
- 叶子
- 常春藤叶
- 黄菊
- 紫色雏菊
- 草
- 多刺的灌木

图案...........

- 气泡
- 编织（平）
- 编织（宽）
- 斑马
- 褶皱
- 编织
- 木质
- 蜂窝
- 拼贴 - 平滑
- 扎染
- 绳线
- 绸光
- 生锈金属
- 嵌套方块
- 鱼眼棋盘
- 星云
- 分子
- 金属蛇皮
- 金属画
- 箭尾 2
- 裂痕
- 云彩
- 细胞
- 蚁穴

图案2................. 　岩石图案............. 　填充纹理2.............. 　填充纹理.............

| 地毯 |
| 粗织物 |
| 水晶 |
| 斜纹布 |
| 紫红布 |
| 野地 |
| 板岩 |
| 石头 |
| 条痕 |
| 灰泥 |
| 水滴 |

| 黑色人理石 |
| 石头 |
| 砾石 |
| 花岗岩 |
| 红岩 |
| 石墙 |
| 浅色大理石 |
| 纹理拼贴 |
| 泥土 |

| 碎石 |
| 破碎塑料 |
| 稀疏基本杂色 |
| 绳股 |
| 灰泥1 |
| 灰泥2 |
| 灰泥3 |
| 灰泥4 |
| 泡沫塑料 |
| 浓发 |
| 毛巾 |
| 织物1 |
| 织物2 |
| 织物3 |
| 织物4 |
| 织物5 |
| 网 |

| 喷粉 |
| 变形虫 |
| 树皮 |
| 起泡油漆 |
| 粗麻布 |
| 画布 |
| 混凝土 |
| 五彩纸屑 |
| 斜纹布 |
| 吹积雪 |
| 脚印 |
| 霜覆玻璃 |
| 冻雨 |
| 皮革 |
| 青苔 |
| 蓬松细线 |
| 山脉 |
| 杂色 |
| 锈片 |
| 纱门 |
| 长绒毯 |

油漆桶工具 🖌 可以填充前景色或图案。如果创建了选区，填充的区域为所选区域；如果没有创建选区，则可填充与鼠标单击点颜色相近的区域。

油漆桶工具选项栏

在选区内填充图案　　　未创建选区的情况下填充图案

蓝色雏菊　　　　黄菊　　　　　斑马

绸光　　　　　紫红布　　　　地毯

- **填充内容：** 单击油漆桶图标右侧的 ⬍ 按钮，可以在下拉列表中选择填充内容，包括"前景色"和"图案"。选择"图案"选项后，单击按钮可以在图案下拉面板中选择图案。单击 ⚙ 按钮，打开面板菜单，可以选择要加载的图案库。

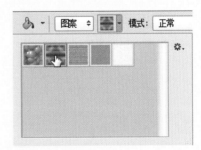

图案下拉面板

- **模式／不透明度：** 用来设置填充内容的混合模式和不透明度。如果将"模式"设置为"颜色"，则填充颜色时不会破坏图像中原有的阴影和细节。

- **容差：** 用来定义必须填充的像素的颜色相似程度。低容差会填充颜色值范围内与单击点像素非常相似的像素，高容差则填充更大范围内的像素。

- **消除锯齿：** 可以平滑填充选区的边缘。

- **连续的：** 只填充与鼠标单击点相邻的像素；取消勾选时可填充图像中的所有相似像素。

- **所有图层：** 选择该项，表示基于所有可见图层中的合并颜色数据填充像素；取消勾选则仅填充当前图层。

Photoshop常用快捷键

工具快捷键

工具名称	快捷键
⊹ 移动	V
⬚ 矩形选框	M
○ 椭圆选框	
⬚ 单行选框	
⬚ 单列选框	
○ 套索	L
⬚ 多边形套索	
⬚ 磁性套索	
⬚ 快速选择	W
⬚ 魔棒	
⬚ 裁剪	C
⬚ 透视裁剪	
⬚ 切片	
⬚ 切片选择	
⬚ 吸管	I
⬚ 3D材质吸管	
⬚ 颜色取样器	
⬚ 标尺	
⬚ 注释	
1₂³ 计数	
⬚ 污点修复画笔	J
⬚ 修复画笔	
⬚ 修补	
⬚ 内容感知移动	
⬚ 红眼	
⬚ 画笔	B
⬚ 铅笔	
⬚ 颜色替换	
⬚ 混合器画笔	
⬚ 仿制图章	S
⬚ 图案图章	

工具名称	快捷键
⬚ 历史记录画笔	Y
⬚ 历史记录艺术画笔	
⬚ 橡皮擦	E
⬚ 背景橡皮擦	
⬚ 魔术橡皮擦	
⬚ 渐变	G
⬚ 油漆桶	
⬚ 3D材质拖放	
⬚ 模糊	
⬚ 锐化	
⬚ 涂抹	
⬚ 减淡	O
⬚ 加深	
⬚ 海绵	
⬚ 钢笔	P
⬚ 自由钢笔	
⬚ 添加锚点	
⬚ 删除锚点	
⬚ 转换点	
T 横排文字	T
⬚ 直排文字	
⬚ 横排文字蒙版	
⬚ 直排文字蒙版	
⬚ 路径选择	A
⬚ 直接选择	

工具名称	快捷键
⬚ 矩形	U
⬚ 圆角矩形	
⬚ 椭圆	
⬚ 多边形	
⬚ 直线	
⬚ 自定形状	
⬚ 抓手	H
⬚ 旋转视图	R
⬚ 缩放	Z
⬚ 默认前景色和背景色	D
⬚ 切换前景色和背景色	X
⬚ 设置前景色	
⬚ 设置背景色	
⬚ 以快速蒙版模式编辑	Q
⬚ 屏幕模式	F

技巧

在工具箱中，相近用途的多个工具被编入一个工具组中，并使用相同的快捷键。例如，套索、多边形套索和磁性套索工具属于同一工具组，并以L作为快捷键。按下L键可以选择套索工具，按下Shift+L快捷键则可在这三个工具间切换。其他工具的快捷键的使用方法也是如此。

面板快捷键

面板名称	快捷键
动作	Alt+F9
画笔	F5
图层	F7
信息	F8
颜色	F6

命令快捷键

"编辑"菜单命令	快捷键
还原/重做	Ctrl+Z
前进一步/后退一步	Shift+Ctrl+Z / Alt+Ctrl+Z
剪切	Ctrl+X
拷贝	Ctrl+C
合并拷贝	Shift+Ctrl+C
粘贴	Ctrl+V
原位粘贴	Shift+Ctrl+V
填充	Shift+F5
自由变换	Ctrl+T
键盘快捷键	Alt+Shift+Ctrl+K
首选项	Ctrl+K

"图像"菜单命令	快捷键
调整 > 色阶	Ctrl+L
调整 > 曲线	Ctrl+M
调整 > 色相/饱和度	Ctrl+U
调整 > 色彩平衡	Ctrl+B
调整 > 去色	Shift+Ctrl+U
自动色调	Shift+Ctrl+L
自动对比度	Alt+Shift+Ctrl+L
自动颜色	Shift+Ctrl+B
图像大小	Alt+Ctrl+I
画布大小	Alt+Ctrl+C

"图层"菜单命令	快捷键
新建 > 图层	Shift+Ctrl+N
新建 > 通过拷贝的图层	Ctrl+J
新建 > 通过剪切的图层	Shift+Ctrl+J
创建剪贴蒙版	Alt+Ctrl+G
图层编组	Ctrl+G
取消图层编组	Shift+Ctrl+G
合并图层	Ctrl+E
合并可见图层	Shift+Ctrl+E

"选择"菜单命令	快捷键
全部	Ctrl+A
取消选择	Ctrl+D
重新选择	Shift+Ctrl+D
反向	Shift+Ctrl+I
所有图层	Alt+Ctrl+A
调整边缘	Alt+Ctrl+R
修改 > 羽化	Shift+F6

"滤镜"菜单命令	快捷键
上次滤镜操作	Ctrl+F
镜头校正	Shift+Ctrl+R
液化	Shift+Ctrl+X
消失点	Alt+Ctrl+V

"视图"菜单命令	快捷键
校样颜色	Ctrl+Y
色域警告	Shift+Ctrl+Y
放大	Ctrl++
缩小	Ctrl+−
按屏幕大小缩放	Ctrl+0
实际像素	Ctrl+1
显示额外内容	Ctrl+H
标尺	Ctrl+R
对齐	Shift+Ctrl+;
锁定参考线	Alt+Ctrl+;

"帮助"菜单命令	快捷键
Photoshop 帮助	F1

国内外服装设计大赛

巴黎国际青年时装设计师大赛

巴黎国际青年时装设计师大赛创始于1982年，由法国文化交流部主办，大赛专门为世界各地服装高校的在校生设立，每年12月份的圣诞节前夕在巴黎举行。大赛的初评均在各参赛国国内进行，推选出10张优秀作品进行制作，制作期间设计师可以根据效果图进行二次创作，最后作品送交巴黎参加最终评审，陪审团成员均是国际上知名的时装设计师、时装评论家及服装教育家等。大赛只设一个最高奖，其余每个国家一名国家奖。

"汉帛奖"

"汉帛奖"即"兄弟杯"中国国际青年时装设计师作品大赛。起源于1982年，由法国航空公司和日本兄弟工业株式会社联合创办，每年冬季在法国巴黎举行，是国际时装设计领域的一项重要赛事。自1993年起，国际青年服装设计师大赛移师中国举办，由日本兄弟工业株式会社赞助，连续10年在每年春季的中国国际服装服饰博览会期间举办。

自2003年起，中国服装设计师协会邀请浙江汉帛服饰有限公司共同举办"汉帛"中国国际青年时装设计师作品大赛，至此"兄弟杯"中国国际青年时装设计师作品大赛冠名为"中国国际青年时装设计师作品大赛汉帛奖"。中国国际青年时装设计师作品大赛汉帛奖每年9月份开始征稿，决赛定在次年3月份于北京的中国国际时装周期间举行。

"中华杯"国际服装设计大赛

"中华杯"国际服装设计大赛作为国家级、国际性的服装设计赛事，是历届上海国际服装文化节的重要活动之一，由上海市人民政府、上海国际服装文化节组委会主办，上海服装行业协会、上海国际时尚联合会承办。"中华杯"共拥有男装、女装、童装、内衣/沙滩装等4项国际性专业赛事，还包括摄影大赛等多项赛事。其中童装、内衣/沙滩装、男装设计大赛是目前国内唯一国际级的专业赛事。作品应征截止到每

年的10月份，决赛于次年3月份的上海国际服装文化节期间举行。

CCTV中华服装设计电视大赛

CCTV服装设计电视大赛旨在发现中国服装设计英才，努力寻求民族的、传统的服装与国际服装设计文化的融合，打造中国服装名牌，中国服装设计名师，在国际舞台上树立中国服装新形象。

参赛作品要求高级时装5套，季节不限。由国内外著名服装设计师、专家、艺术家和社会知名人士、企业家组成评委团；评委团对设计图进行初评，评出20名选手制作成衣，并通知其赴京参加电视决赛；评委团将以参赛作品的创意和制作工艺为基础，结合作品的市场价值进行综合评审；电视决赛由评委当场评分并公布评审结果。作品征集截止到每年的9月份。

中国"真维斯"杯休闲装设计大赛

中国真维斯杯休闲装设计大赛由中国服装协会、中国服装设计师协会和真维斯国际（香港）有限公司主办，中国纺织教育学会、香港贸易发展局等协办，现已举办了17届。

大赛以休闲装为主，要求设计新颖，体现舒适自由的穿衣风格，表现现代人的时尚追求。大赛分华北、华东、西南、苏皖鲁、华中、东北、华南（含港澳与海外）等八个赛区预赛，6月份截稿，12月份在北京总决赛。

"大连杯"中国青年时装设计大赛

"大连杯"中国青年时装设计大赛是经原中国纺织工业部批准设置，中国服装设计师协会首批认定的全国性服装设计大赛，由日本伊藤忠商事株式会社、香港贸易发展局、国际羊毛局和大连市人民政府主办，大连市服装行业协会、大连市服装设计师协会承办，大连市科技局、大连非凡专利事务所协办。凡年龄不超过40周岁的内地和港澳地区公民以及台湾同胞均可参加大赛。

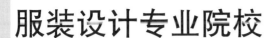

服装设计专业院校

国外服装设计院校

伦敦圣马丁艺术和设计学院

伦敦圣马丁艺术和设计学院（Central Saint Martins）享誉国际，是The London Institute最大的艺术学院。校园坐落于考文特花园内，就在伦敦剧院区附近。学院提供最多元化及广泛的学士甚至研究生学位课程。

中央圣马丁艺术和设计学院的时装课程包括女装设计、男装设计、服装印花、针织设计、服装交流与推广、针对营销的服装设计、服装史和服装理论等。

爱丁堡艺术学院

爱丁堡艺术学院（Edinburgh College of Art）是欧洲历史最悠久、规模最大的艺术类院校之一，其前身可以追溯到1760年成立的爱丁堡美术学院。学院坐落于历史悠久的古镇中心，就在举世闻名的城堡下面。学校下设6个系，即绘画系、设计与实用艺术系、雕塑系、视觉传播系、建筑系和园林建筑系。

纽约FIT学院（纽约时装学院）

纽约FIT学院（Fashion Institute of Technology）1944年建校，有着悠久的历史。在经历了数十年的成长后，如今的FIT已经拥有正式学生11000人，开设了30个不同的专业。如时装设计、形象包装、电脑、广告、商品营销等。

学士学位课程：服饰配件设计、互动媒体设计、面料发展与市场、面料外观设计、服装营销管理、时装设计、平面设计、家用产品开发、室内设计、玩具设计、包装设计等。

硕士学位研究方向：化妆品与香水营销管理、装饰品设计、珠宝设计、包装设计等。

纽约和巴黎的帕森斯设计学院

学院分三个课程方向：服装设计课程、服装应用设计课程、服装营销课程。

服装设计课程：高级服装模特写生、创意开发、服装工业、、时装模特写生等。

服装应用设计课程：服装工业、服装画、缝纫工艺、立体剪裁、制版、结构、服装企划书、手工工艺、服装效果图、服装面料调查、服装结构平面图、紧身内衣、服装CAD等。

服装营销课程：广告、贸易计算、商务信函、色彩和设计、顾客调查、电子商务、服装史、产品销售、产品开发等。

里昂国立时装设计大学

里昂国立时装设计大学隶属里昂国立第二大学。也是全法国唯一的一所公立的时装设计大学。

专业介绍：五年制服装设计职业硕士研究生、四年制时装设计业研究校级文凭、三年制纺织服装设计专业的校级文凭、三年制纺织时装专业职业化学士、三年制设计纺织时尚与环境专业校级文凭。

巴黎高等时装学院ESMOD

巴黎高等时装学院ESMOD是世界顶级的时装院校，坐落于巴黎第九区，紧邻巴黎歌剧院，世界时尚的集散地。ESMOD悠久的历史和享誉时装界的教学，吸引着来自世界各地的学生。1841年阿历克斯·拉维尼创建该校，推行其独特的教育方法，将长期的学习过程浓缩为高效率、专业化的短期培训，开服装界之先河。时至今日，他的理论仍然具有极高的参考价值，他的教育方式一直备受现代服装界专业人士及学生的推崇，ESMOD也因此而名扬四海。

日本文化服装学院

学院受到日本国内的产业盛情的支援，并且和世界上相关产业界的合作关系也极为密切。每年校内"文化祭"的服装秀，更因为相关业界，甚至是海外厂商提供一流的材料，才使得演出更加出色。学院培养出一批优秀的服装设计师，如高田贤三、三宅一生等，现在都已成为顶尖服装设计师。

专业介绍：服饰专门课程服装科（2年）、服饰研究科（2年）、风尚工艺专门课程风尚工艺科（3年）、风尚工科专门课程风尚工科基础科（3年）、风尚沟通专门课程风尚商务科（2年）、造型科（2年）、风尚信息（2年）。

国内服装设计院校

清华大学美术学院（原中央工艺美术学院）	北京服装学院
中国美术学院	中国美术学院上海设计艺术分院
东华大学	江南大学
湖北美术学院设计系	上海大学美术学院
鲁迅美术学院	天津工业大学服装与艺术学院
山东工艺美术学院	大连服装艺术学院
山东轻工业学院	天津轻工业学院
浙江工程学院	苏州大学艺术学院
南京艺术学院设计学院	青岛大学
武汉科技学院服装设计与工程系	河北科技大学
湖南工程学院	吉林工学院（原长春工业大学）
内蒙古工业大学	大连轻工业学院艺术设计学院
郑州轻工业学院艺术设计系	安徽工程科技学院艺术设计系
哈尔滨学院	安徽农业大学
齐齐哈尔大学	南通工学院
宁波大学	上海工程技术大学
福州工艺美术学院工业设计系	福建师范大学

世界各地时装周

高级时装周

巴黎高级时装周（Paris Haute Couture）	www.modeaparis.com
罗马高级时装周（Alta Roma）	www.cameramoda.it

成衣周

米兰女装成衣周（Mliano Moda Donna）	www.cameramoda.it
巴黎女装成衣周（Paris Women's Ready-to-Wear）	www.modeaparis.com

时装周

伦敦时装周（London Fashion Week）	www.londonfashionweek.co.uk
纽约时装周（Mercedes-Benz NY Fashion Week）	info@7thonsixth.com
多伦多时装周（Toronto Fashion Week）	www.torontofashionweek.com
中国国际时装周（China Fashion Week）	
柏林服装展（Bread Butter）	www.breadandbutter.com
东京国际服装展（International Fashion Fair Tokyo）	www.senken.co.jp/iff
上海国际时尚品牌服装（饰）博览会	

上海国际服装文化节
大连国际服装节
青岛国际时装周

男装周

米兰男装发布周（Milano Collezioni Uomo）
巴黎男装发布周（Defiles des Createurs de la Mode Masculine）
中国国际服装服饰博览会（男装/休闲装）（CHIC Men wear and Casual wear）
佛罗伦萨国际男装博览会（Pitti Immagine UoMo）

世界著名的服装设计师

- 在创造中寻找华贵的感觉：尼娜·瑞西 Nina Ricci
- 风格高雅精致的"浪漫屋"／吉恩·兰纹（JEAN LANVIN）
- 迷你裙之王（Mary Quant）
- Junya Watanabe
- 另类设计师—川久保玲
- 传统与现代之绅士典范—PAUL SMITH
- 色彩大师：伊夫·圣罗兰（Yves SaintLaurent）
- 世界时装日本浪潮的新掌门人：山本耀司（Yohji Yamamoto）
- 东京国际时装之父：三宅一生（Issey Miyake）
- 执著于优雅品位的设计师：于贝尔·德·纪梵希（Hubert de Givenchy）
- 在市场与优雅间创造完美平衡：乔治·阿玛尼（Giorgio Armani）
- 颇具浓厚传奇色彩的设计师：加布里埃·夏奈尔（Gabrelle Chanel）
- 具有大众亲和力的品牌设计师：唐娜·卡伦（Donna Karan）
- 追求极度完美的设计师：贾尼·范思哲（Gianni Versace）
- 在现实和幻想间徘徊的设计师：克利斯汀·拉夸（Christian Lacroix）最先重视女性造型线条的设计师：克里斯汀·迪奥（Christian Dior）
- 纽约第七大道的王子：卡文·克莱（Calvin Klein）
- 成功演绎童话色彩的设计师：本哈德·威荷姆（Bernhard Willhelm）
- 充满摇滚与颓废气质的设计师：安娜·苏（Anna Sui）
- 设计充满戏剧性及狂野魅力的新秀：亚历山大·麦克奎恩（Alexander MacQueen）
- 吹毛求疵尽善尽美的设计师：瓦伦蒂诺·加拉瓦尼（Valentino Garavani）
- 时装界最不安分的老太太：维维安·威斯特伍德（Vivienne Westwood）
- 力挽狂澜的设计高手：汤姆·福特（Tom Ford）
- 针织女王、摩登女性的典范：索尼亚·里基尔（Sonia Rykiel）
- 异军突起的澳洲设计师典范：瑞奇·泰勒（Richard Tyler）
- 全美十大设计师之一：拉夫·劳伦（Ralph Lauren）
- 50年来服装界成功的典范：皮尔·卡丹（PierreCardin）
- 获时装界最高荣誉的最年轻的设计师：马克·雅各布斯（Marc Jacobs）
- 色彩魔术师：高田贤三（Kenzo Takada）
- 世界时装界的凯撒大帝：卡尔·拉格菲尔德（Karl Lagerfeld）
- 时装界的坏孩子：让·保罗·戈尔蒂埃（Jean Paul Gaultier）
- Dolce & Gabbana
- 平凡中有伟大创意的设计师：约翰·加利亚诺（John Galliano）